U0673328

中高职一体化衔接系列教材

煤气化生产技术

王壮坤　主　编

王欣羽　副主编

齐向阳　主　审

化学工业出版社

·北京·

本书为中高职一体化教材。教材以学生素质教育为基础，以应用能力为主线，以技术技能培养为重点，内容包括绪论、空气分离技术、煤气化技术、煤气净化技术、合成氨生产、甲醇生产、二甲醚生产。在选择内容时，结合煤气化生产技术的发展现状，以项目为导向，坚持必须而够用的理论基础，突出实用性和实践性，同时考虑学习者未来的发展和煤气化生产技术的新进展。

　　本书可作为高职煤化工、应用化工及相关专业的教材，也可作为煤化工企业的培训教材，还可供煤化工生产技术人员参考。

图书在版编目（CIP）数据

　　煤气化生产技术/王壮坤主编．—北京：化学工业出版社，2016.3（2025.8重印）
　　中高职一体化衔接系列教材
　　ISBN 978-7-122-26361-2

　　Ⅰ.①煤…　Ⅱ.①王…　Ⅲ.①煤气化-生产工艺-教材
　　Ⅳ.①TQ546

　　中国版本图书馆CIP数据核字（2016）第036584号

责任编辑：张双进　　　　　　　　　　　　文字编辑：向　东
责任校对：吴　静　　　　　　　　　　　　装帧设计：王晓宇

出版发行：化学工业出版社（北京市东城区青年湖南街13号　邮政编码100011）
印　　装：北京科印技术咨询服务有限公司数码印刷分部
787mm×1092mm　1/16　印张10½　字数262千字　2025年8月北京第1版第3次印刷

购书咨询：010-64518888　　　　　　　　售后服务：010-64518899
网　　址：http://www.cip.com.cn
凡购买本书，如有缺损质量问题，本社销售中心负责调换。

定　　价：28.00元

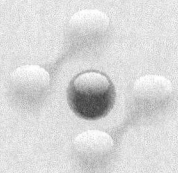

前言

FOREWORD

本书以煤气化生产技术为立足点，以煤气化生产岗位所需理论知识、技术技能及职业素质为构成要素进行编写，内容主线为空气分离、煤气化、煤气净化、煤化工产品生产四大部分。精选了目前煤化工项目中广泛采用的大规模空气分离技术、鲁奇加压气化技术、德士古煤气化技术、壳牌煤气化技术、CO 宽温变换、低温甲醇洗、合成氨生产、甲醇生产、二甲醚生产等生产工艺，对其基本原理、工艺条件、工艺流程、主要设备及岗位操作进行了介绍。

教材编写以学生素质教育为基础，以应用能力为主线，以技术技能培养为重点，以项目为导向，坚持必须而够用的理论基础，突出实用性和实践性，同时考虑学习者未来的发展和煤气化生产技术的新进展。全书分为 6 章和绪论，内容包括空气分离技术、煤气化技术、煤气净化技术、合成氨生产、甲醇生产、二甲醚生产。

本书体例灵活与多样，便于学生自主学习，注重启发引导，提高应用能力。每章前都设有教学目的及要求，使学生明确学习本章的目的及应达到的要求；每章后面附有本章小结，利于学生复习并系统掌握、理解本章内容。章末设有自测题，利于学生检验学习成果。根据教学内容适当插入与新技术、新工艺、新信息相关的知识点，以丰富教材内容，拓宽专业知识，开阔学生视野。

本书由辽宁石化职业技术学院王壮坤主编，辽宁石化职业技术学院王欣羽副主编。绪论、第二章、第三章由王壮坤编写；第一章、第四章由王欣羽编写；第五章由辽宁石化职业技术学院国玲玲编写；第六章由辽宁石化职业技术学院鞠凡编写；史荣林、赵京福、宋淑群、段树斌、卢中民、杜凤及孙志岩参与了资料收集工作。全书由王壮坤统稿，由辽宁石化职业技术学院教授齐向阳审稿。

在本书编写过程中，参考了相关的资料，也得到了煤化工企业工程技术人员的大力支持，在此表示感谢！

由于编者水平所限，书中不妥之处在所难免，敬请读者批评指正。

编者
2015 年 9 月

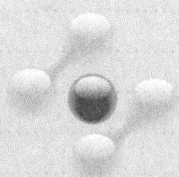

目录

CONTENTS

第三章　煤气净化技术

第四章　合成氨生产

第五章　甲醇生产

第六章　二甲醚生产

绪论

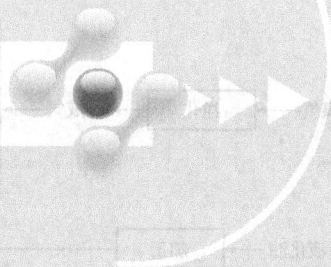

◈ 教学目的及要求

了解煤化工的范畴及新型煤化工特点，了解煤气化技术的应用及发展，了解课程的性质、内容、任务及学习方法。

随着科学技术的发展和进步，人类对能源的需求也大大增加。由于石油的长期开采，造成了储量的日益枯竭。煤炭作为地球上储量最多、分布最广的化石燃料，其在能源、化工领域已占有越来越重要的地位。

一、煤化工及其特点

（一）煤化工分类及产品

煤化学工业是以煤为原料，经过化学加工使煤转化为气体、液体或固体燃料以及化学品，从而实现煤综合利用的工业，简称煤化工。根据生产工艺与产品的不同，煤化工包括煤的干馏（含炼焦和低温干馏）、煤气化、煤液化及化学品合成等。煤化工分类及产品见图 0-1。

1. 煤的干馏

煤的干馏是指煤在隔绝空气条件下加热、分解，生成焦炭（或半焦）、煤焦油、粗苯、煤气等产物的过程。按加热终温的不同，可分为三种：900～1100℃为高温干馏，即炼焦；700～900℃为中温干馏；500～600℃为低温干馏。

煤化工生产中，炼焦工艺应用最早，至今仍然是煤化学工业的重要组成部分。炼焦主要生产炼铁用焦炭，同时生产焦炉煤气、苯、萘、蒽、沥青以及碳素材料等产品。

低温干馏的煤气可作燃料气；低温煤焦油分离后可得有用的化学产品，也可经过加氢生产液体燃料；半焦可作无烟燃料，或用作气化原料、发电燃料以及碳质还原剂等。

2. 煤气化

煤气化是在高温条件下，煤（或煤焦）与气化剂经化学反应转化成气体产物（即煤气）的热化学过程。气化剂通常采用氧气、空气、水蒸气或氢气，煤气的有效成分包括氢气、一氧化碳及甲烷等。

煤气化在煤化工中占有重要地位，用于生产各种工业用、民用的燃气，煤气是清洁能源，有利于保护环境；煤气经净化后制成的合成气，是生产合成氨、合成化肥、甲醇、乙酐、乙酸、烯烃、天然气及合成液体燃料等多种产品的原料。

气化 → 煤气 → 净化 → 合成气 → 氨合成 → 合成氨
甲醇合成 → 甲醇 → 甲醇
毛比尔法 → 汽油
费托合成 → 液体燃料、化学品
乙酐合成 → 乙酐、乙酸甲酯

直接液化 → 液化油 → 加工 → 液体燃料、化学品

炼焦 → 焦炉煤气 → 分离 → 煤气 → 城市煤气
粗苯 → 苯、甲苯、二甲苯
煤焦油 → 加工 → 萘、蒽、吡啶、酚
沥青、碳素制品
焦炭 → 冶金焦

石灰石 → 电石炉 → 电石 → 乙炔化学品

低温干馏 → 煤气 → 燃料气
低温煤焦油 → 加工 → 液体燃料、酚
半焦 → 无烟燃料、还原剂、气化原料

其他加工 → 褐煤蜡、活性炭、碳分子筛

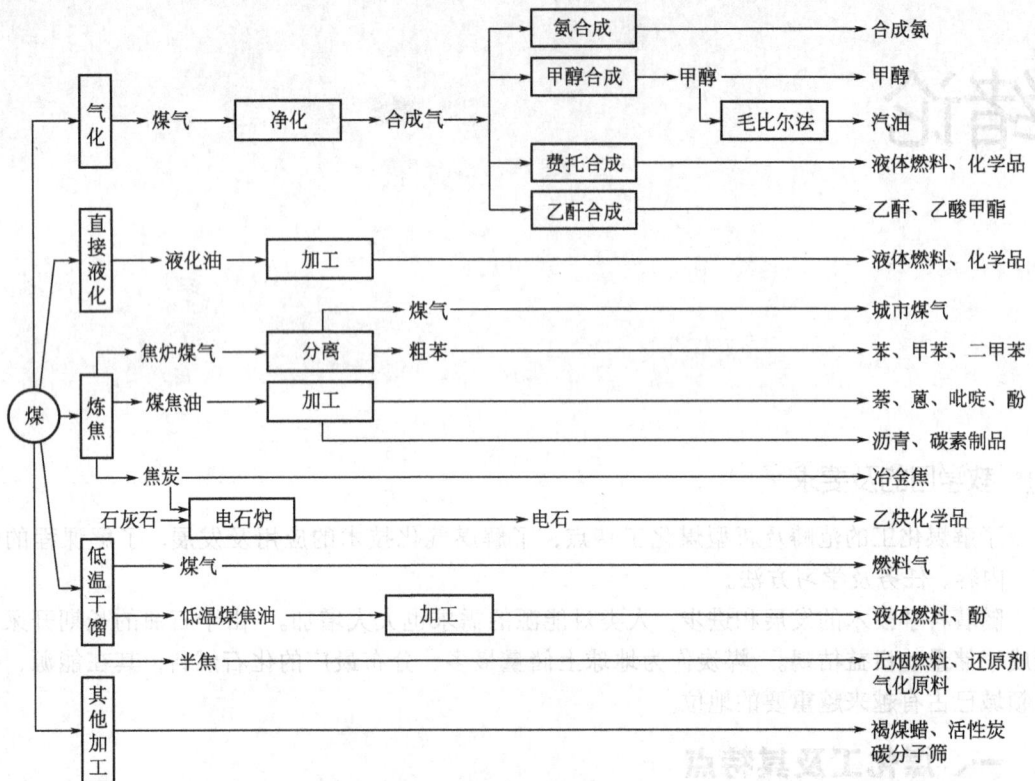

图 0-1 煤化工分类及产品

3. 煤液化

煤液化包括直接液化和间接液化。煤直接液化是在较高温度、压力下，煤和溶剂与氢反应使其降解、加氢，从而转换为液体油类的过程，可以生产液体燃料和化学产品。煤间接液化是由煤气化生产合成气，再以合成气为原料合成液体燃料或化学产品的过程。煤液化是一种彻底的高级洁净煤技术，煤的液化产品是目前的天然石油的重要补充，在国外已实现大规模生产，近几年在我国也得到快速发展。

（二）新型煤化工及特点

传统煤化工包括煤焦化、煤电石、煤合成氨（化肥）等领域。新型煤化工是建立在传统煤化工基础上的，以煤炭为基本原料、碳一化工技术为基础，生产洁净能源和可替代石油化工的产品，如柴油、汽油、航空煤油、石油液化气、乙烯原料、聚丙烯原料、替代燃料（甲醇、二甲醚）及芳香烃类产品等。新型煤化工包括煤气化、煤制甲醇、煤制烯烃、煤液化（煤制油）等，其特点是高新技术及优化集成，煤炭-能源-化工一体化，如煤焦化-煤直接液化联产，煤气化合成-电力联产，煤焦化-化工合成联产，煤化工-矿物加工联产等，使经济效益最大化。新型煤化工注重煤的洁净、高效利用，强化对副产煤气、合成尾气、煤气化及燃烧灰渣等废物和余能的利用，通过资源的充分利用及对"三废"的集中治理，减少环境污染，实现环境友好。

今后煤化工的更多机会在新型煤化工，即煤制甲醇、煤制烯烃、二甲醚和煤制油中，它与能源、化工技术结合，可形成煤炭-能源-化工一体化的新兴产业。

二、煤气化技术的应用及发展

（一）煤气化技术的应用

1. 制取合成气，作化工合成和燃料油合成的原料气

随着合成气化工和碳一化工技术的发展，以煤气化制取合成气，进而直接合成各种化学品已经成为现代煤化工的基础，主要包括合成氨、合成甲烷、合成甲醇、乙酐、二甲醚以及合成液体燃料等。目前，我国合成甲醇 50％以上来自煤炭气化合成工艺。预计到 2020 年煤气化消耗煤炭 360Mt/a，其中煤液化 200Mt/a；煤基甲醇 100Mt/a；煤基合成氨 60Mt/a。

2. 生产工业燃气、民用煤气及联合循环发电燃气

一般热值为 $4620\sim5670kJ/m^3$ 的煤气可作为工业燃气，主要用于钢铁、机械、卫生、建材、轻纺、食品等部门，用以加热各种炉、窑，以及直接加热产品或半成品。民用煤气一般热值在 $12600\sim16800kJ/m^3$。民用煤气可以明显提高用煤效率，减轻环境污染，而且使用方便。出于安全、环保及经济等因素的考虑，要求民用煤气中的 CO 含量小于 10％，而 H_2、CH_4 及其他烃类可燃气体含量应尽量高，以提高煤气的热值。整体煤气化联合循环发电（简称 IGCC）是煤在加压下气化，产生的煤气经净化后燃烧，高温烟气驱动燃气轮机发电，再利用烟气余热产生高压过热蒸汽驱动蒸汽轮机发电。用于 IGCC 的煤气，对热值要求不高，一般为 $9240\sim10500kJ/m^3$，但对煤气净化度（如粉尘及硫化物）含量的要求很高。

3. 制取氢气

氢气广泛地用于电子、冶金、玻璃生产、化工合成、航空航天、煤炭直接液化及氢能电池等领域。目前世界上 96％的氢气来源于石化燃料转化，煤炭气化制氢也起着很重要的作用。煤气化制取氢气是将煤转化成 CO 和 H_2，然后通过变换反应将 CO 转换成 H_2 和 CO_2，再将富氢气体经过低温分离或变压吸附及膜分离后获得氢气。

4. 煤气在冶金工业中作还原气

煤气中的 CO 和 H_2 具有很强的还原作用。在冶金工业中，利用还原气可直接将铁矿石还原成海绵铁；在有色金属工业中，镍、铜、钨、镁等金属氧化物也可用还原气来冶炼。

5. 作煤炭气化燃料电池

燃料电池是由 H_2、天然气或煤气等燃料通过电化学反应直接转化为电的化学发电技术，目前主要由磷酸盐型（PAFC）、质子交换膜型（PEMFC）、熔融碳酸盐型（MCFC）、固体氧化物型（SOFC）、碱型（AFC）等，与高效煤气化结合的发电技术就是 IG-MCFC 和 IG-SOFC。

（二）煤气化技术的发展

1. 煤气化发展简史

煤气化发展可按进程分为四个阶段，见表 0-1。

表 0-1　煤气化发展简史

名称	起始时间	简史
第一阶段—— 起始阶段	18 世纪后半叶	18 世纪后半叶开始用煤生产民用煤气，在欧洲当时用煤干馏方法，生产的干馏煤气用于城市街道照明，1840 年由焦炭制发生炉煤气来炼铁，1875 年使用增热水煤气作为城市煤气，我国 1934 年在上海建成第一座煤气厂生产城市煤气

名称	起始时间	简　史
第二阶段——煤制油发展阶段	20 世纪 30 年代	第二次世界大战时期,煤气化在德国得到迅速发展,1932 年费托合成法生产液体燃料获得成功,1934 年德国创建第一个费托合成油厂,1935—1945 年期间德国共建立了 9 个合成油厂,总产量达 570kt。南非 1939 年购买了德国费托合成技术,成立了 SASOL 公司,1955 年建立了 SASOL-Ⅰ厂,1980 年和 1982 年建成了 SASOL-Ⅱ厂和 SASOL-Ⅲ厂 第二次世界大战后,石油、天然气迅速发展,使煤气化进入低迷时期,主要用于城市煤气、合成氨原料气生产等,直到 20 世纪 70 年代成功开发由合成气制甲醇技术,由于甲醇的用途广泛,煤气化工业又重新引起人们重视
第三阶段——C1 化学发展阶段	20 世纪 80 年代末	新生产技术——羰基合成是煤气化的一个重要突破。1975 年,美国 Eastaman 公司通过开发催化剂,以乙酸甲酯与一氧化碳为原料羰基合成制取乙酐,并于 1977 年中试成功。到 20 世纪 80 年代末,由煤气化制合成气,羰基合成生产乙酸、乙酐开始大型化生产,煤气化进入了 C1 化学发展阶段
第四阶段——战略与经济发展阶段	21 世纪	随着煤气化技术的不断发展,煤气化技术已经进入战略与经济发展阶段。目前,以生产含氧燃料为主的煤气化合成甲醇、二甲醚,有广阔的市场前景。甲醇除了用作化工原料外,还可作为替代燃料应用;二甲醚不仅是从合成气经甲醇制汽油、低碳烯烃的重要中间体,而且也是多种化工产品的重要原料。煤气化技术在单元工艺(如煤气化和气体净化)、中间产物(如合成气、氢气)、目标产品等方面有很大互补性,将不同工艺进行优化组合实现多联产,并与尾气发电、废渣利用等形成综合联产,达到资源、能源综合利用的目的,能有效地减少工程建设投资、降低生产成本、减少污染物排放。可以预见,煤-电-化工联产是煤气化发展的重要方向

2. 煤气化的发展方向

由于碳一化工系列生产技术的突破,煤气化发展应用领域越来越广泛,其发展目标是,能使用劣质固体燃料,提高单炉生产能力,同时连续高强度和高效地生产不同组成的煤气,并避免环境污染。

(1) 不断开发新型气化炉　煤气化设备从固定床气化向流化床、气流床、熔融床气化发展。古老的煤气化技术是利用炼焦炉、发生炉和水煤气炉气化。到 20 世纪,针对不同煤种及煤气用途,发展了几百种气化方法,其中以鲁奇加压气化炉、常压 K-T 炉、温克勒气化炉等应用最广。20 世纪 70 年代,为提高碳转化率和煤气质量,开发了气流床、熔融床气化工艺。如 Texaco(德士古)气化炉、Shell(壳牌)气化炉、CE 两段式气化炉、KRW 气化炉、U-Gas(灰熔聚)气化炉等。

我国目前采用的煤气化技术除常压固定床煤气发生炉和水煤气发生炉外,还有水煤气两段炉、鲁奇加压气化炉和 Texaco 气化炉、Shell 气化炉。目前新建厂多是效率较高、制取煤气成分较好的加压 Texaco 气化炉、Shell 气化炉和具有自主知识产权的多喷嘴技术。

(2) 气化条件向高温高压发展　Texaco 气化温度 1400～1500℃,Shell 气化温度高达 1400～1700℃。气化温度高,煤中有机物质分解气化,消除或减少环境污染,对煤种适应性广。气化压力由常压、低压(<1.0MPa)向高压(2.0～8.5MPa)发展,从而提高了气化效率、碳转化率和气化炉能力,实现了气化装置大型化和能量高效回收利用,降低了合成气的压缩能耗或实现等压合成(如甲醇低压合成),降低了生产成本。如 Texaco 气化压力可

达 6.5～8.5MPa，Shell 气化压力为 2～4MPa。

（3）现代煤气化技术与其他先进技术联合应用　如与燃气轮机发电组合的 IGCC 发电技术；高压气化与低压合成甲醇、二甲醚技术联合实现等压合成，省去合成气压缩机，使生产过程简化，总能耗降低。

（4）环保效果更好　煤气化技术与先进脱硫、除尘技术相结合，实现环境友好，减少污染。如在气化炉内加入脱硫剂（石灰石），脱硫效率可达 80%～90%；采用高效除尘器使煤气中含尘降到 1～2mg/m³。

煤气化未来长期发展将是技术多样化、国产化为支柱，以煤气化和 IGCC 多联产等构成强强结合的产业结构和技术联手。

三、本课程的性质、内容及任务

本课程是煤化工类专业的专业核心课程，理论与实践密切结合，直接服务和应用于煤气化生产第一线。

本课程以空气分离、煤气化、煤气净化及合成氨生产、甲醇生产、二甲醚生产作为课程内容。

本课程的任务是认识各单元工艺的生产装置和工艺过程，掌握工艺流程组织并识读工艺流程图；掌握各单元工艺的基本原理，能够进行工艺条件影响分析；熟悉各单元工艺的主要设备结构及工作原理；学会各单元过程的岗位操作；能在工程实践中综合运用知识分析和解决实际问题。

本课程不仅需要应用煤化学、化学、化工原理、化工热力学和化工动力学等基础知识建立完整的专业技术理论体系，而且要用到工程和技术经济知识以处理实际问题。

由于本课程的综合性和实践性，学习中应注意培养分析问题和解决问题的能力，在学习时要注意以下几方面。

① 对于典型过程，要求理解并掌握工艺原理、选定工艺条件的依据、工艺流程的确立及特点、不同反应设备的结构特点等。

② 对于典型产品的不同原料、不同工艺路线应进行分析比较，比较其技术经济指标、能量回收利用方法、副产物回收利用和废料处理方法等，找出其各自的优缺点。

③ 对于生产操作控制，特别强调理论和实践相结合，应安排更多的机会适时接触生产现场。

只有这样，才能把这门课学好。

自测题

一、填空

1. 煤气的有效成分是_____、_____和_____等。
2. 煤的干馏按加热终温的不同，可分_____、_____和_____。
3. 煤气化是在高温条件下，煤或焦炭与_____发生化学反应生成_____的热化学过程。
4. 工业燃气热值一般为_____，民用煤气的热值一般为_____。
5. 煤气化迄今已有_____多年的历史，其发展经历了_____个阶段。
6. 民用煤气出于安全、环保及经济等因素的考虑，其中的_____含量小于10%，而_____、_____及其他烃类可燃气体含量应尽量高。

二、判断

1. 民用煤气、工业燃气、焦炉煤气及合成气是煤气化的气体产物。 （　　）

2. 煤气化向高压发展是为了提高气化效率、碳转化率和气化炉能力。 （　　）

3. 煤气化过程使用的气化剂有空气、水蒸气、氧气及氢气。 （　　）

4. 气化炉的型式有固定床、沸腾床、气流床和熔融床。 （　　）

5. 煤气中的氢气和甲烷具有很强的还原作用，可以在冶金、催化剂还原等过程中作还原气。 （　　）

三、名词解释

煤的干馏、煤气化、煤液化、IGCC、羰基合成。

四、简答

1. 传统煤化工和现代煤化工的分别主要包括哪些范畴？

2. 现代煤化工有哪些特点？

3. 煤气化技术有哪些应用？

4. 简述我国煤气化技术的发展方向。

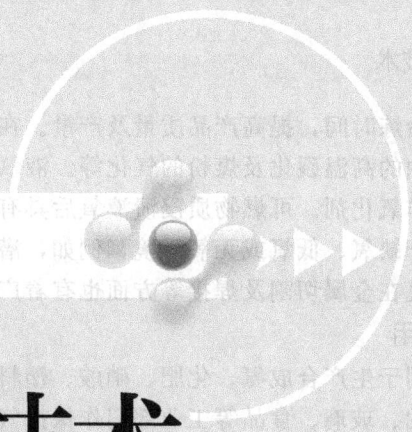

第一章

空气分离技术

教学目的及要求

了解空气分离的方法，掌握空气深冷分离的基本原理，掌握空气净化、空气液化、空气分离的方法，熟悉主要设备的结构、特点。

能够绘制空气深冷分离装置的工艺流程框图，分析主要生产岗位的任务，识读空气分离装置的工艺流程图，能根据操作规程进行开车及正常操作，掌握主要设备的维护方法，能够综合运用知识分析解决空气分离操作中的实际问题。

空气主要由氮气和氧气组成，对空气进行分离，可获得氮气、氧气。在煤气化过程中，氧气可以作气化剂与煤反应生产煤气。空气分离除在煤化工行业中应用外，还广泛用于冶金、石油化工、轻纺、电子、食品、医疗等行业和领域。

第一节　空气分离的生产方法

一、空气的组成及氧、氮的应用

1. 空气的组成

空气主要由氮气和氧气组成，占99%以上；其次是氩，占0.93%。干空气的组成及各成分的沸点列于表1-1。

表1-1　干空气的组成及各成分的沸点

项目	氮	氧	氩	氖	氦	氪	氙	氢	臭氧	二氧化碳
分子式	N_2	O_2	Ar	Ne	He	Kr	Xe	H_2	O_3	CO_2
体积分数/%	78.09	20.95	0.93	1.8×10^{-3}	5.2×10^{-4}	1.0×10^{-4}	8.0×10^{-6}	5.0×10^{-3}	1.0×10^{-5}	0.03
沸点/℃	-195.79	-182.97	-185.86	-246.08	-268.94	-153.4	-108.11	-252.76	-111.90	-78.44

另外，在空气中还有少量的烃类、氮氧化物、水蒸气和机械杂质。

2. 氧的应用

氧在煤气化过程中可作为气化剂。在炼钢、炼铁及有色金属冶炼过程中，吹以高纯度氧气，可以缩短冶炼时间，提高产品质量及产量。在合成氨生产中，氧气主要用于原料气的制备，例如，重油的高温裂化及煤粉的气化等。液氧是现代火箭最好的助燃剂，在超音速飞机中也需要液氧作氧化剂。可燃物质浸渍液氧后具有强烈的爆炸性，可制作液氧炸药。氧可以供给呼吸，用于缺氧、低氧或无氧环境，例如，潜水、登山、高空飞行、宇宙航行、医疗抢救等。此外氧气在金属切割及焊接等方面也有着广泛的用途。

3. 氮的应用

氮气主要用于生产合成氨、化肥、硝酸、塑料等，另外还广泛地用于化工、冶金、原子能、电子、石油、玻璃、食品等工业部门作保护气。液氮可用于国防工业，作为火箭燃料的压送剂和在宇宙航行导弹的冷却装置中使用。此外，液氮还广泛地用于科研部门作低温冷源，以及用于金属的低温处理、生物保存、冷冻法医疗和食品冷藏等。

二、空气分离的方法

（一）空气分离的几种方法

空气分离（简称空分）的方法有深冷分离、变压吸附及膜分离三种类型。变压吸附仅适用于小气量的独立用户，而大型化工生产所需氮、氧量较大，并且纯度较高，多用深冷分离法。近些年发展起来的膜法富氧、富氮空气分离技术，在纯度和产量上不如深冷分离和变压吸附两种技术，但其具有节能、快捷、安全、便利等优势，见表1-2。

表1-2　空气分离的几种方法

项 目	深冷分离法	变压吸附法	膜分离法
制氧规模	大中型	中小型	中小型
O_2 纯度	>99.5%	95%左右	30%~42%
N_2 纯度	>99.9%	湿气，干燥后99.9%	96%~98%
适用场合	大型制氧系统采用此技术有优势，可同时生产氮、氩等多种产品	中小型对氧纯度要求不高的场合	膜分离装置只能生产一种产品，富氮或富氧

（二）深冷分离法

氧和氮的沸点相差约13℃，氩和氮的沸点相差约10℃，氩和氧的沸点相差约3℃。空气深冷分离装置是利用深度冷冻原理将空气液化，然后根据空气中各组分沸点的不同，在精馏塔内进行精馏，获得氧、氮、一种或几种稀有气体（氩、氖、氦、氪、氙）的装置。

1. 空分装置发展概况

1903年，德国林德公司制成第一台采用高压节流制冷循环的工业制氧机，开辟了低温精馏空气工业制取氧气的工艺流程。随后的发展主要为：在制冷循环中膨胀机的使用和改进；冻结法清除空气中的水分和二氧化碳；高效板翅式换热器的使用；应用常温分子筛吸附空气中的杂质；电子计算机自动控制；液氧泵内压缩流程取代氧压机；规整填料塔的使用等。经过上百年的改进和发展，空分装置的操作压力从最初的高压发展为现今的中压和低压；生产规模从最初的 $10m^3 O_2/h$，到现在的每小时几万立方米甚至十几万立方米的制氧量。氧提取率达99%以上，氩提取率达90%以上。

根据冷冻循环压力的大小，空分装置分为高压、中压和低压三种基本类型。高压装置一般为小型制取气态产品和液态产品的装置；中压装置主要为小型制取气态产品的装置；低压装置多为中型和大型制取气态产品的装置。空分装置类型见表1-3。

表 1-3　空分装置类型

装置类型	高压	中压	低压
操作压力/MPa	7～20	1.5～2.5	<1
产氧量/(m³/h)	8～20	50～300	>800
O₂ 纯度/%	>99.2	>99.2	>99.5
N₂ 纯度/%	>99.5	>99.5	>99.99

2. 空分的基本过程

空气深冷分离法分为空气净化、空气液化和空气分离三个工序，工艺流程框图见图 1-1。

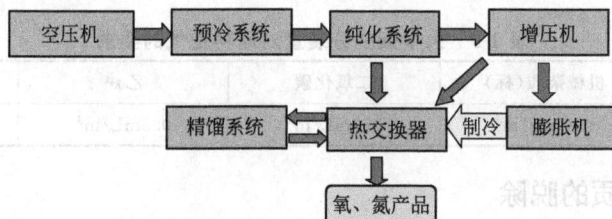

图 1-1　空气深冷分离工艺流程框图

（1）空气的过滤和压缩　空气首先经过空气过滤器除去灰尘等机械杂质，避免损坏压缩机和造成设备阻塞。然后在空气透平压缩机中被压缩到所需的压力，压缩产生的热量在预冷系统被冷却水带走。

（2）空气中水分、二氧化碳及乙炔等的清除　空气中的水分和二氧化碳，在空分设备的低温区，会形成冰和干冰阻塞换热器的通道和塔板上的小孔，精馏过程中乙炔在液化空气和液氧中浓缩到一定程度，就有可能发生爆炸，因而在纯化系统用分子筛吸附器来清除空气中的水分、二氧化碳和乙炔等杂质。

（3）空气冷却　空气的冷却在主换热器中进行，空气被来自精馏塔的返流气体冷却到接近液化温度。与此同时，冷的返流气体被复热。

（4）冷量的制取　精馏塔所需的冷量由空气在增压机中增压，再进入膨胀机中等熵膨胀和等温节流效应而获得。

（5）精馏　由于氧、氮组分沸点的不同，采用精馏操作，实现氧、氮的分离。在精馏塔中，气体自下而上流动，而液体自上而下流动，两流体之间进行传热、传质。空气精馏一般采用双级精馏，气体在上升过程中氮的浓度不断增加，只要精馏塔内有足够多的塔板（或填料），在塔顶即可获得高纯度的氮气。液体在下降过程中，氧的浓度不断增加，在下塔底部可获得富氧液化空气（也称为液空），在上塔底部可获得高纯度氧气。

（6）危险杂质的排放　空气中的危险杂质是烃类化合物，前已述及，乙炔在空分装置中积累到一定程度时易造成爆炸事故，因此乙炔在液氧中的含量不得超过 0.1mg/kg。乙炔及其他碳氢化合物在液氧中的含量极限值见表 1-4。可通过从精馏塔液氧蒸发器中连续排放部分液氧来防止烃类化合物的浓缩。另外，当在液氧蒸发器中不断抽取液氧时，也能防止烃类化合物的浓缩。

表 1-4　乙炔及其他烃类化合物在液氧中的含量极限值

项目	正常值	报警值	停车值
乙炔	0.1mg/kg	0.1mg/kg	1mg/kg
其他烃类化合物		3mg/L 液氧	100mg/L 液氧

第二节 空气深冷分离工艺

一、空气的净化

空气净化的目的是脱除空气中所含的机械杂质、水分、二氧化碳、烃类化合物（主要为乙炔）等杂质，以保证空分装置顺利进行和长期安全运转。大中型空分装置对原料空气的要求见表1-5。

表1-5 大中型空分装置对原料空气的要求

杂质	机械杂质（标）	二氧化碳	乙炔	C_nH_m
允许含量	$<30mg/m^3$	$350mL/m^3$	$0.5mL/m^3$	$\leqslant30mL/m^3$

（一）机械杂质的脱除

空气中的机械杂质一般用设置在空气压缩机入口管道上的空气过滤器脱除。常用的空气过滤器分湿式和干式两类。湿式包括拉西环式过滤器和油浸式过滤器；干式包括袋式过滤器、干带式过滤器和自洁式空气过滤器等。

拉西环式过滤器通常适用于小型空分装置。油浸式过滤器通常用于大型空分装置或含大量灰尘的场合，并常与干带式过滤器串联使用。袋式过滤器主要用于大型空分装置以及含灰尘量少的场合。干带式过滤器一般与油浸式过滤器串联使用，其主要作用是清除通过油浸式过滤器后空气中所带的油雾。

自洁式空气过滤器的结构如图1-2所示。主要由高效过滤桶、文氏管、自洁专用喷头、反吹系统、控制系统、净气室、出风口和框架等组成。

在压缩机吸气负压作用下，自洁式空气过滤器吸入周围的环境空气。当空气穿过高效过

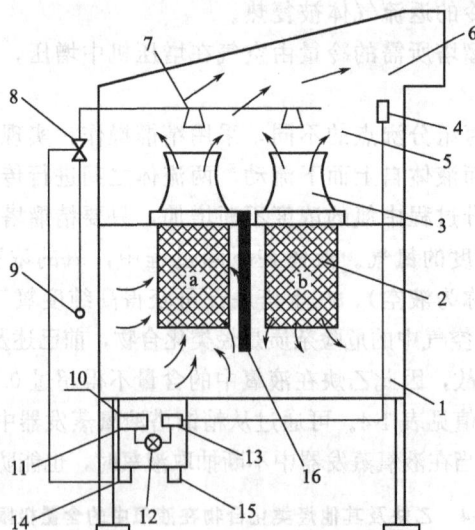

图1-2 自洁式空气过滤器的结构

1—吸入机箱；2—过滤筒；3—文氏管；4—负压探头；5—净气机箱；6—净气出口；7—自洁气喷头；
8—电磁隔膜阀；9—自洁用压缩空气管线；10—PLC微电脑；11—电控箱；12—压盖报警；
13—压差控制仪；14—电磁隔膜阀接线端子；15—电源入口；16—中间隔板

滤桶时，粉尘由于重力、静电、接触等作用被阻留在滤桶外表面，净化空气进入净气室，然后由风管送出。当滤桶的阻力达到一定数值时，电磁阀启动并驱动隔膜阀打开，瞬间释放一股压力为 $0.4\sim0.6MPa$ 的脉冲气流。气流经专用喷头整流，经文氏管吸卷、密封、膨胀等作用，从滤桶内部均匀地向外冲出，将积聚在滤桶外表的粉尘吹落。

自洁式空气过滤器的过滤效率高，$1\mu m$ 尘粒脱除效率 99.5%，$2\mu m$ 尘粒脱除效率 99.9%，过滤阻力小，能耗小，结构简单，部件使用寿命长，在工业生产中广泛使用。

（二）水分、二氧化碳及烃类化合物的脱除

前已述及，空气中的水分及 CO_2 在低温下均呈固态冰和干冰析出，这会造成设备和管道的堵塞，因此在空气进入冷箱之前必须加以脱除。脱除 CO_2、水蒸气一般有吸附法和冻结法。吸附法是空气通过装有分子筛或硅胶的吸附器，二氧化碳、水蒸气及烃类化合物被分子筛或硅胶吸附，达到清除的目的。冻结法是在低温下，水分、二氧化碳以固态形式冻结，在切换式换热器的通道内被除去。经过一段时间后，自动将通道切换，让干燥的返流气体通过该通道，使前一阶段冻结的水分和二氧化碳在该气流中蒸发、升华而被带出装置。在此仅介绍大型空分装置所用的空气预冷和分子筛吸附法。

1. 空气预冷

空气预冷系统是空气分离设备的一个重要组成部分，它位于空气压缩机和分子筛吸附系统之间，用来降低进入分子筛吸附系统的空气的温度及 CO_2、水蒸气含量，合理利用空气分离系统的冷量。空气预冷流程见图1-3，水冷塔与空冷塔见图1-4。

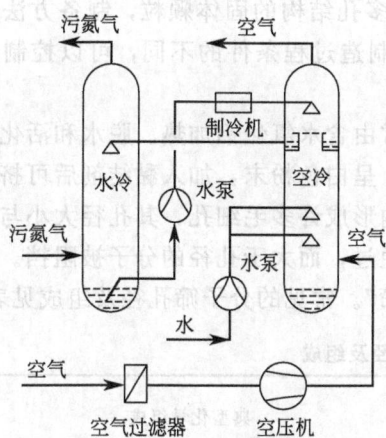

图1-3 空气预冷流程

图1-4 水冷塔与空冷塔

如图1-3所示，在填料式空气冷却塔（简称空冷塔）的下段，出空压机的热空气被常温的水喷淋降温，并洗涤空气中的灰尘和能溶于水的 NO_2、SO_2、Cl_2、HF 等对分子筛有毒害作用的物质；在空冷塔的上段，用经污氮气降温过的冷水喷淋热空气，使空气的温度降至 $10\sim20℃$。来自空冷塔上段的水在水冷塔内自上而下流经填料，与从精馏塔出来的污氮气及氮气进行热质交换，使水冷却下来，在塔底被水泵抽走，污氮气带走热量后从塔顶排往大气。

2. 分子筛吸附

(1) 吸附现象 当流体与某些多孔性固体接触时，固体的表面对流体分子会产生吸附作用，其中多孔性固体物质称为吸附剂，而被吸附的物质称为吸附质。

根据吸附剂表面与吸附质之间作用力的不同，吸附可分为物理吸附与化学吸附。物理吸附是指由于吸附剂与吸附质之间的分子间力的作用所产生的吸附，此过程是可逆的。化学吸附是一种发生在固体颗粒表面的化学反应，其作用力是吸附质与吸附剂分子间的化学键力，一般是不可逆的。

（2）吸附容量　吸附剂的吸附容量指单位数量的吸附剂最多吸附的吸附质的量。吸附容量大，则吸附时间长、吸附效果好。吸附容量通常受吸附过程的温度和被吸附组分的分压（或浓度）、气体流速、气体湿度和吸附剂再生完善程度的影响。

吸附容量随吸附质分压的增加而增大，但增大到一定程度以后，吸附容量大体上与分压无关。吸附容量随吸附温度的降低而增大，所以应尽量降低吸附温度，而且温度降低，饱和水分含量也相应减少，有利于吸附器的正常工作。

流速越高，吸附剂的吸附容量越小，吸附效果越差。流速不仅影响吸附能力，而且影响气体的干燥程度。

（3）解吸与吸附剂的再生　当系统温度升高或流体中吸附质浓度（或分压）降低时，被吸附物质将从固体表面逸出，这就是解吸（或称脱附），是吸附的逆过程。这种吸附-解吸的可逆现象在物理吸附中均存在。工业上利用这种现象，在处理混合物时，在吸附剂将吸附质吸附之后，改变操作条件，使吸附质解吸，同时吸附剂再生并回收吸附质。

吸附剂达到饱和后需要再生，再生方法有加热解吸再生、降压或真空解吸再生、溶剂萃取再生、置换再生及化学氧化再生等。

（4）吸附剂　空分系统中常用的吸附剂有分子筛、活性氧化铝和硅胶等。

硅胶是一种坚硬的由无定形的 SiO_2 构成的具有多孔结构的固体颗粒，制备方法是用硫酸处理硅酸钠水溶液生成凝胶，再经脱水即得。依制造过程条件的不同，可以控制微孔尺寸、空隙率和比表面积的大小。

活性氧化铝为一种无定形的多孔结构物质，通常由含水氧化铝加热、脱水和活化而得。

分子筛是人工合成的沸石，是硅铝酸盐的晶体，呈白色粉末，加入黏结剂后可挤压成条状、片状和球状。分子筛经加热失去结晶水，晶体内形成许多毛细孔，其孔径大小与气体分子直径相近，且非常均匀。它允许小于孔径的分子通过，而大于孔径的分子被阻挡。它可以根据分子的大小，实现组分分离，因此称为"分子筛"。常见的分子筛孔径及组成见表1-6。

表 1-6　常见分子筛孔径及组成

分子筛类型	主要阳离子	孔径/nm	SiO_2/Al_2O_3（摩尔比）	典型化学组成
3A	K^+	0.3～0.33	2	$K_2O \cdot Na_2O_3 \cdot Al_2O_3 \cdot 2SiO_2 \cdot 4.5H_2O$
4A	Na^+	0.42～0.47	2	$Na_2O \cdot Al_2O_3 \cdot 2SiO_2 \cdot 4.5H_2O$
5A	Ca^{2+}	0.49～0.56	2	$0.7CaO \cdot 0.3Na_2O \cdot Al_2O_3 \cdot 2SiO_2 \cdot 4.5H_2O$
10X	Ca^{2+}	0.8～0.99	2.3～3.3	$0.8CaO \cdot 0.2Na_2O \cdot Al_2O_3 \cdot 2.5SiO_2 \cdot 6H_2O$
13X	Na^+	0.9～1	3.3～5	$Na_2O \cdot Al_2O_3 \cdot 5SiO_2 \cdot 6H_2O$

分子筛有很大的比表面积，其数值一般为 $800 \sim 10000 m^2/g$，因此有很强的吸附能力。分子筛对杂质的吸附具有选择性，其选择性首先取决于分子直径，凡大于其毛细孔直径的分子，不能进入，因此不会被吸附；其次进入毛细孔内的分子能否被吸附，与其极性、极化率和不饱和度等性质有关。一般对极性分子如水、二氧化碳，对不饱和分子如乙炔等易吸附；而对氢、乙烷等非极性和饱和分子不易吸附。

（5）分子筛吸附工艺　分子筛吸附器见图 1-5，分子筛吸附工艺流程见图 1-6。在空冷塔预冷后的空气，自下而上流过分子筛吸附器，空气中所含有的水分、CO_2 及乙炔等杂质被分子筛吸附剂吸附清除。吸附器一般有两台，一台吸附时，另一台再生，两台交替使用。再生时先用蒸汽将来自主换热器的污氮气加温，进入分子筛吸附器进行解吸，加温结束后，停止蒸汽加热，使用污氮气冷吹，解吸后和冷吹后的氮气经消声器放空。

此种流程具有产品处理量大、操作简便、运转周期长和使用安全可靠等许多优点，成为现代空分工艺的主流技术。

图 1-5　分子筛吸附器

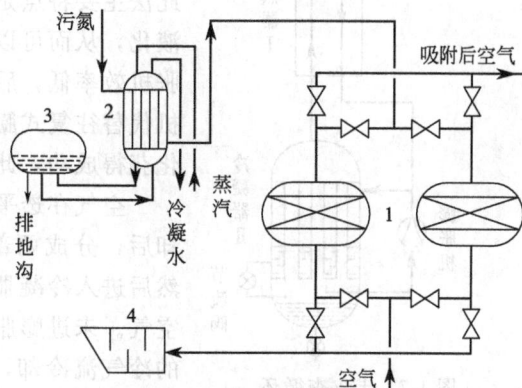

图 1-6　分子筛吸附工艺流程
1—分子筛吸附器；2—蒸汽加热器；3—气液
分离器；4—放空消声器

二、空气的液化

由于氧和氮的沸点相差约 13℃，因此可采用精馏的方法将氧、氮分离为较纯的组分。但是常温常压下，空气为气态物质，因此要进行精馏，首先必须将空气液化。当空气的温度降至临界温度 −140.6℃ 以下时，才能液化。工业上通常将获得 −100℃ 以下温度的方法称为深度冷冻法，简称深冷法。空气的液化必须采用深冷技术。

1. 空气液化的基本原理

工业上深度冷冻一般是利用高压气体进行绝热膨胀来获得低温的。

（1）节流膨胀　在绝热和对外不做功的条件下，高压气体通过节流阀膨胀到低压的过程称为节流膨胀。节流时由于压力降低而引起的温度变化称为节流效应（焦耳-汤姆逊效应）。导致节流后气体温度降低的原因是节流后气体的压力降低，引起气体分子间的位能增加，而动能相应减少。此过程中绝热且对外不做功，所以焓变为零，是等焓膨胀。由于在节流过程中的摩擦等原因产生的热量不可能完全转换成其他形式的能，所以节流过程是不可逆的熵值增加的过程。

（2）等熵膨胀　等熵膨胀是压缩气体经过膨胀机在绝热条件下膨胀到低压，同时输出外功的过程。等熵膨胀过程由于对外做功，使膨胀后的气体不仅温度降低，同时还产生冷量；由于该过程以同样大小的功由反方向施加给膨胀机，则气体可返回到初始状态，所以这一过程为可逆过程。等熵膨胀的降温效果比节流膨胀的降温效果好。以温度为 20℃ 的空气为例，压力由 1MPa 膨胀到 0.1MPa 时，采用等熵膨胀可使温度降至 −119℃，而用节流膨胀则能降至 18℃。所以等熵膨胀是空分装置制造低温并获得冷量的主要方法，但膨胀机的结构比节流阀复杂。膨胀机是空分装置产生冷量的重要机器。

2. 空气的液化循环

(1) 以节流膨胀为基础的液化循环 以节流膨胀为基础的深度冷冻循环称为一次节流循环。一次节流循环也称为林德循环，该循环流程简单但效率较低。

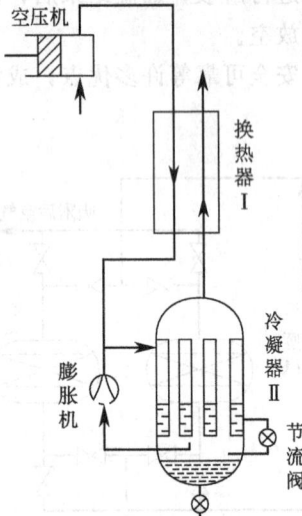

(2) 以等熵膨胀与节流膨胀相结合的液化循环 带膨胀机的低压循环是法国工程师克劳德提出的，称为克劳德循环，此法主要特点是使用了往复式膨胀机进行等熵膨胀来使空气液化，从而可以获得较好的降温及产冷效果。由于往复式膨胀机效率低，后来前苏联院士卡皮查使用高效率的透平膨胀机代替往复式膨胀机，在低压（0.6～0.7MPa）下使空气液化获得成功，此法称为卡皮查循环，见图1-7。

空气在透平压缩机中被压缩至约0.6MPa，经换热器Ⅰ冷却后，分成两部分，绝大部分进透平膨胀，膨胀至大气压，然后进入冷凝器Ⅱ，将其冷量传递给未进膨胀机的另一部分空气。未进膨胀机的空气在冷凝器的管间，被从膨胀机出来的冷气流冷却，在0.6MPa的压力下冷凝成液体，而后节流到大气压。节流后小部分汽化变成饱和蒸气，与来自膨胀机的冷气流汇合，通过冷凝器管逆流，流经换热器Ⅰ冷却等温压缩后的加工空气，而液体留在冷凝器的底部。

图1-7 卡皮查循环

由于卡皮查循环在低压下运行，运行安全可靠、流程简单、单位能耗低，已在现代大、中型空分装置中得到广泛的应用。

三、空气的分离

1. 空气分离的基本原理

空气经低温液化后，利用液体精馏的原理即可将液体空气进行分离。空气的精馏根据所需的产品不同，通常有单级精馏和双级精馏，两者的区别在于：单级精馏以仅分离出空气中的某一组分（氧或氮）为目的，而双级精馏以同时分离出空气中的多个组分为目的。这里主要介绍双级精馏。

(1) 双级精馏 要获得氧氮双高浓度的产品，精馏塔塔釜必须加热蒸发，塔顶必须冷凝回流，由于精馏过程在很低温度下进行，一个精馏塔不能同时满足这两个条件，因此采用双级精馏。

双级精馏如图1-8所示，双级精馏塔由下塔、上塔和上、下塔之间的冷凝蒸发器组成。经过压缩、净化并冷却后的空气进入下塔底部，自下向上穿过每块塔板，至下塔顶部得到一定纯度的气氮。下塔塔板数越多，气氮纯度越高。氮进入冷凝蒸发器的冷凝侧时，由于它的温度比蒸发侧液氧温度高，被液氧冷却变成液氮。一部分作为下塔回流液沿塔板流下，至下塔塔釜便得到氧含量36%～40%的富氧液化空气；另一部分聚集在液氮槽中，经液氮节流阀节流后，进入上塔顶部作为上塔的回流液。

下塔塔釜中的液化空气经液化空气节流阀节流后进入上塔中部，沿塔板逐块流下，参加精馏过程。只要有足够多的塔板，在上塔的最下一块塔板上可以得到纯度很高的液氧。液氧进入冷凝蒸发器的蒸发侧，被下塔的气氮加热蒸发。蒸发出来的气氧一部分作为产品引出，另一部分自下向上穿过每块塔板进行精馏，气体越往上升，其氮含量越高。

双级精馏塔可在上塔顶部和底部同时获得纯氮气和纯氧气；也可以在冷凝蒸发器的蒸发侧和冷凝侧分别取出液氧和液氮。精馏塔中的空气分离分为两级，空气首先在下塔进行第一次分离，获得液氮，同时得到富氧液化空气；富氧液化空气被送往上塔进行进一步精馏，从而获得纯氧和纯氮。上塔又分为两段，一段是从液化空气进料口至上塔底部，是为了将液体中氮组分分离出来，提高液体中的氧含量，称为提馏段。从富氧液化空气进料口至上塔顶部的一段称为精馏段，它是用来进一步精馏上升气体，回收其中氧组分，不断提高气体中氮组分的含量。冷凝蒸发器是连接上、下塔，使两者进行热量交换的设备，对下塔而言是冷凝器，对上塔则是蒸发器。

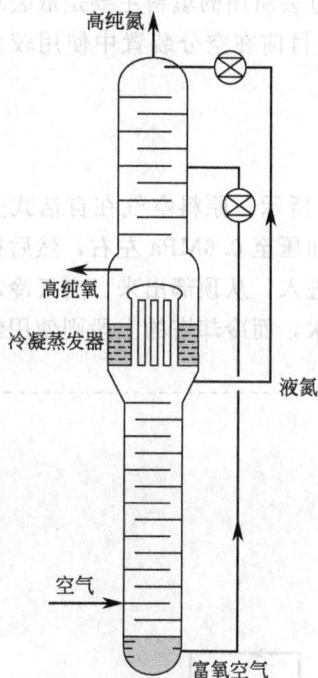

图 1-8　双级精馏示意图

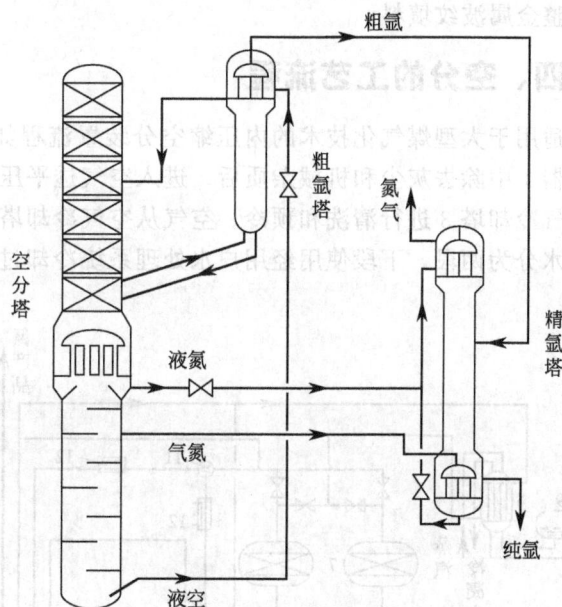

图 1-9　空分装置中的提氩流程

（2）纯氩的制取　图 1-9 是空分装置中的提氩流程的示意图。粗氩塔及精氩塔均采用规整填料塔。从上塔液化空气进料口之下适当部位抽出氩馏分，氩馏分中氮组分 0.1% 以下，氩组分 10% 以上，余者为氧，引入粗氩塔精馏后得 95% 左右的粗氩。粗氩在精氩塔中精馏，得 99.99% 以上的纯氩。

2. 空分塔

目前工业上用的空分塔主要有板式塔和填料塔两大类。在板式塔中有筛板塔和泡罩塔之分；在填料塔中又有散装填料和规整填料两种。

（1）筛板塔　筛板塔是空分装置中最常用的一种塔。筛板塔主要由塔体和一定数量的筛孔塔板组成。筛孔塔板上具有按一定规则排列的筛孔，孔径为 0.8~1.3mm，孔间距为 2.1~3.25mm，同时板上还装有溢流和降液装置。全塔由铝合金制成。

下塔板数与氮纯度有关，当不产纯氮时，下塔板数 25 块即可。上塔板数取决于氧的纯度，当氧纯度 98.5% 时，上塔板数大于 50 块即可；当氧纯度 99.5% 时，板数需大于 76 块。

（2）泡罩塔　泡罩塔是由很多构造相同的泡罩塔板组成的。泡罩由罩帽、升气管、支撑板等组成。与筛板塔一样，回流液体通过溢流装置溢流到下一块板，塔板上的液层高度由溢流挡板来维持，使泡罩淹没一定的深度。泡罩板压力降大，结构复杂，造价高，塔板效率不如筛板塔，使它的使用受限。由于泡罩塔板上蒸气流道较大，不易被 CO_2 等固体颗粒堵塞，所以在空分装置下塔的最下面一块塔板通常采用泡罩塔板，用于洗涤空气中的固体杂质。

（3）填料塔 填料塔内装有一定高度的填料，液体自塔顶经喷淋装置喷淋下来，均匀地沿着填料的表面自上而下地流动，气体自塔底沿着填料的空隙均匀上升。气液两相间的热量和质量交换是借助于在填料表面上形成的较薄的液膜表面进行的。由于填料和塔壁之间的缝隙比填料层的缝隙大，这样沿填料表面下流的液体容易向塔壁处流动，产生壁流现象，使传质效果变差。因此在较高的塔中填料要分段填装，设置液体再分配器。

填料塔传质效果的好坏与填料的结构形式有很大关系。过去所用的填料主要是散装环形填料（如拉西环等）。这种填料传质效果差，现已很少使用。目前在空分装置中使用较多的为规整金属波纹填料。

四、空分的工艺流程

适用于大型煤气化技术的内压缩空分装置流程如图 1-10 所示。原料空气在自洁式空气过滤器 1 中除去灰尘和机械杂质后，进入空气透平压缩机 2 加压至 0.6MPa 左右，然后被送入空气冷却塔 3 进行清洗和预冷。空气从空气冷却塔的下部进入，从顶部出来。空气冷却塔的给水分为两段，下段使用经用户水处理系统冷却过的循环水，而冷却塔的上段则使用经水

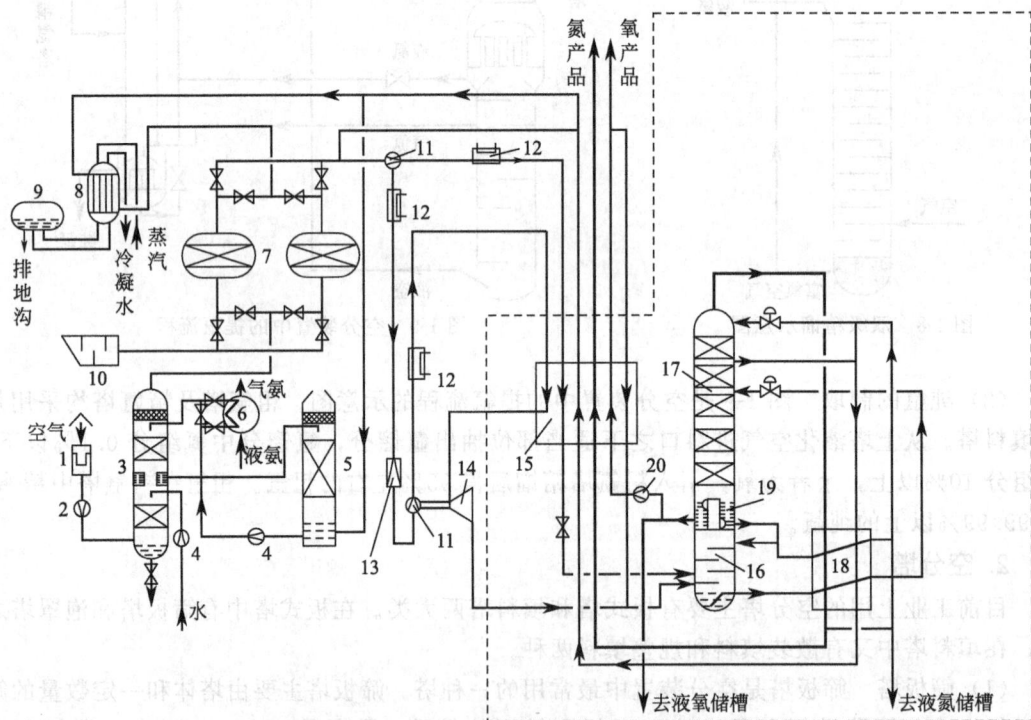

图 1-10　内压缩空分装置流程

1—自洁式空气过滤器；2—空气透平压缩机；3—空气冷却塔；4—水泵；5—水冷却塔；6—氨冷器；7—分子筛
吸附器；8—蒸汽加热器；9—气液分离器；10—放空消声器；11—空气增压机；12—空气冷却器；
13—空气过滤器；14—膨胀机；15—主换热器；16—空分下塔；17—空分上塔；
18—液化空气、液氮过冷器；19—冷凝蒸发器；20—液氧泵

冷却塔 5 冷却后的水，使空气冷却塔 3 出口空气温度降至 15℃左右。空气冷却塔顶部设有丝网除雾器，以除去空气中的水滴。

出空气冷却塔 3 的空气进入交替使用的分子筛吸附器 7。在吸附器内原料空气中的水分、二氧化碳、乙炔等杂质被分子筛吸附。分子筛设有两台，定期自动切换使用，其中一台在工作时，另一台进行活化再生。活化再生时被吸附的杂质被污氮带出，排入大气。

净化后的加压空气分为两股。一股进入主换热器 15，与返流的污氮气和产品气换热，被降温至 −171℃后进入空分下塔 16 进行精馏；另一股经空气增压机压缩后再分为两股，一股空气从增压机一段抽出，经增压膨胀机的增压端增压至 3.8MPa 后，经气体冷却器冷却，进入主换热器冷至 −118℃，从中部抽出，经膨胀机 14 膨胀后，进入空分下塔 16 进行精馏；另一股气体经增压机继续增压至 6.96MPa，再进入主换热器 15 换热降温至 −161℃，节流减压后进入空分下塔 16。

空气经空分下塔 16 初步精馏后，在下塔底部获得液化空气，在下塔顶部获得纯氮。从下塔抽取的液化空气、纯液氮，经液化空气、液氮过冷器 18 过冷后进入上塔相应部位。另抽取一部分液氮直接送入液氮储槽。

经上塔进一步精馏后，在上塔底部获得纯液氧，经液氧泵 20 加压至所需压力后，经主换热器 15 复热至 20℃出冷箱，得到带压氧气产品。液氧产品从冷凝蒸发器底部抽出，进入储槽。

从上塔顶部得到的氮气，经液化空气、液氮过冷器 18 和主换热器 15 复热后出冷箱作为产品输出。

从上塔中上部引出的污氮气，经液化空气、液氮过冷器 18 和主换热器 15 复热后出冷箱，一部分进入蒸汽加热器 8 作为分子筛再生气体，另一部分送水冷却塔 5 回收冷量。

冷箱是高效、绝热保冷的低温换热设备，在深冷分离过程中经常采用，它由结构紧凑的高效板式换热器和气液分离器所组成。因为低温极易散冷，要求极其严密的绝热保冷，故用绝热材料把换热器和分离器均包装在一个箱形物内，称之为冷箱。冷箱见图 1-11；主换热器为板翅式换热器，见图 1-12。

图 1-11　冷箱

图 1-12　主换热器

第三节　空气深冷分离操作

一、空分系统的开车步骤

1. 启动准备

启动准备指在供电、供水、供汽正常，空分系统的各设备、仪表、控制程序具备了启动条件后，启动空分系统的空气输送及净化系统，产生洁净的空气，对冷箱内的设备、管道、阀门等进行吹刷，降低冷箱内装置中的水蒸气及灰尘含量。

其主要操作步骤为：启动冷却水系统；启动用户仪表空气系统；启动分子筛纯化系统切换程序；启动空气透平压缩机；启动空气预冷系统；启动分子筛纯化系统；加温、吹刷和干燥精馏系统的设备和管路。

2. 冷却阶段

冷却空分塔的目的，是将正常生产时的低温部分设备从常温冷却到接近空气液化温度，为积累液体及氧和氮分离准备低温条件。其主要步骤为：启动增压透平膨胀机制冷；按各冷却流路逐渐给装置降温，直至下塔底部出现流体。

3. 积液和调整阶段

此阶段的主要任务为逐步建立精馏设备的液位，调整精馏装置至正常操作状态。其主要步骤为：控制主换热器冷端的温度接近液化点，约为$-173℃$，中部空气温度约为$-108℃$；建立空分塔的液位；调整空分塔的工况。

二、空分的正常操作

1. 主冷凝蒸发器液位的调节

冷凝蒸发器中液氧的液位与制冷量相关，冷量增加，液位上升；反之，则下降。冷量主要由膨胀机产生，所以产冷量的调节是通过对膨胀机膨胀气量的调节来达到的，通过调节，使在各种情况下的冷凝蒸发器液氧液位稳定在规定的范围内。

2. 精馏控制

精馏控制主要指控制好塔内的液位，使出塔的各物料成分稳定。

① 下塔塔釜的液位必须稳定，可将液化空气进上塔调节阀投入自动控制，使下塔液位保持在规定的高度。

② 精馏过程的控制主要由液氮进上塔调节阀控制。液氮进上塔调节阀开大，则液氮中的氧含量升高；关小，则液氮中的氧含量降低。

③ 产品气取出量的多少也将影响产品的纯度，取出量增加，纯度下降；取出量减少，则纯度升高。

3. 达到规定指标的调节

① 把全部仪表调节至设定值。

② 用液氮进上塔调节阀调节下塔顶部氮气的浓度和底部液化空气纯度，使其达到规定值。

③ 上塔产品气的纯度调节，应先减少产品取出量，待纯度达标后再逐步增大取出量，直至达到规定值。

三、空分设备的维护

1. 热交换器维护

热交换器的维护，主要是注意压力和温度的变化。热交换器的异常情况通常由冰、干冰和粉末阻塞引起，当发生换热器阻力过大影响正常运行时，只有使装置停车，通过加温吹除来消除。另外通过分析热交换器进、出口气体的组分，判断热交换器有无渗漏。

2. 主冷凝蒸发器维护

需控制冷凝蒸发器中液氧所含的乙炔及其他烃类化合物含量不超过 $0.1mg/m^3$。当乙炔含量过高时，应尽可能多地加大排液量，同时需加大膨胀量以保持液氧液位，并对冷凝蒸发器中的液氧成分不断进行分析。如果乙炔含量继续上升，并达到 $1mg/m^3$，应把所有的液体全部排空，并停车加温和进行分子筛吸附器再生。还需分析原因，并采取相应的措施。为防止乙炔的局部增浓和二氧化碳堵塞冷凝蒸发器的换热单元，一定要避免冷凝蒸发器在低液氧液位下长时间运行。若液面过低应立即增加制冷量，使液位上升到规定范围。正常情况下应保持主冷凝蒸发器在液氧完全淹没条件下操作。

3. 空分塔

在空分塔上、下设有压差计，可以测定精馏过程中的压降。第一次启动空分设备时，应将工况调整正常以后所测的压降作为运转的依据。当压降减小时，表明有渗漏或者塔板上液位太低。如果阻力增大，通常是由于塔内液泛或塔板（填料）堵塞造成的。在这种情况下，应首先降低负荷，若压降仍大，则只通过加温精馏塔实现消除。当精馏塔底部液位升得太高，使最下面一块塔板淹没，就会造成淹塔，此时阻力会显著增大。

4. 分子筛吸附器

分子筛吸附器管理的一个重要方面是切换程序管理。需定时对吸附器检查，看再生和冷却期间是否达到规定的温度，切换时间是否符合规定。如有异常，应进行调整。

吸附器使用两年后，要测定分子筛颗粒破碎情况。必要时，要全部取出分子筛过筛，以清除沉积在上面的微粒和粉末。要按规定加添或更换分子筛，不得选用未经鉴定的分子筛，并要确保吸附层达到规定厚度。

四、故障处理

1. 透平膨胀机故障

透平膨胀机若转速过高，影响膨胀机正常运行；若转速过低，制冷量降低，冷凝蒸发器液氧液面下降，产量下降。

处理方法：

（1）紧急措施　启动备用膨胀机；调整转速，使膨胀机稳定；减少产品量，检验产品的纯度，必要时减少产品产量或液体排出量或完全停车。

（2）进一步措施　立即排除故障；调整流量、转速和产量到正常值。

（3）排除故障方法　透平膨胀机的常见故障是冰和干冰引起堵塞，必须进行加热才能排除故障。至于其他的故障，则应按透平膨胀机的使用说明书查明原因，排除。

2. 吸附器切换装置发生故障

切换周期出现失控后，若分子筛纯化系统的切换过程停止进行，正在工作的分子筛吸附器的吸附时间势必延长，先是二氧化碳，后是水分进入冷箱内，使板翅式换热器堵塞。

处理方法：

（1）紧急措施　紧急暂停分子筛切换程序。

（2）进一步措施　如果预计排除时间要很长时间，则空分设备停止运行。

（3）排除故障方法　按照仪控说明书规定查明原因，排除。

阅读资料

变压吸附法分离空气

与低温精馏装置相比，变压吸附（PSA）装置具有随时开机即可制氧、设备简单、操作简便、投资和管理费用低、启动时间短，设备维护简便，产品纯度可在一定范围内任意调节、吸附在常温下进行等优点。近年来变压吸附在中小装置的应用日益增加。

1. 变压吸附的基本过程

工业上变压吸附一般都采用固定床结构，采用两个以上的吸附床系统，使吸附剂的吸附和再生交替进行，从而保证分离过程的循环和连续，一般包括以下几个过程。

（1）吸附　在较高吸附压力下，吸附器内通入气体混合物，其中强吸附组分被吸附剂选择吸附，弱吸附组分作为流出相从吸附床的出口端流出。

（2）解吸再生　吸附结束后，根据吸附组分的特点，选择降压、抽真空、产品冲洗和置换等方法对吸附剂进行再生操作。

（3）升压　解吸剂再生完成后，用弱吸附组分气对吸附床进行逐步充压，直到吸附压力，完成下一次吸附的准备。

2. 变压吸附流程

图1-13为美国空气制品与化学制品公司研制的能同时生产出富氧和富氮的变压吸附流程，该装置采用PSA装置与TSA干燥装置相结合，流程使用两个吸附床，主吸附床采用钠丝光沸石分子筛，预处理床内充填钠型分子筛，其容积为主塔的25%。该装置对氧、氮均有较高的回收率，均可达到50%。产品氧气的纯度为95%，产品氮气为湿气，其干燥过程不降低回收率和纯度，其纯度为99.9%。

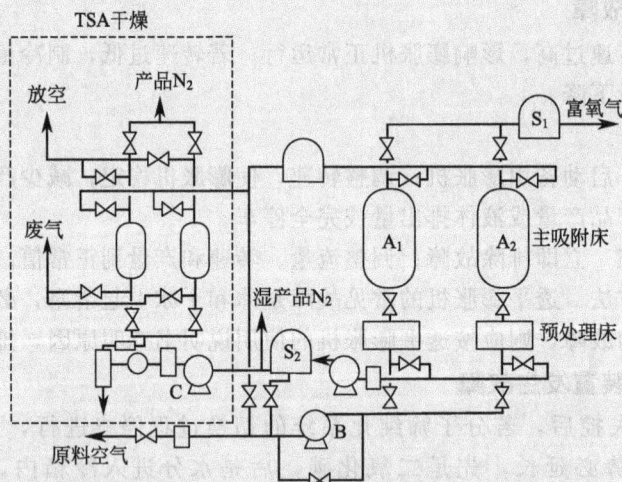

图1-13　美国空气制品与化学制品公司PSA装置流程

A_1，A_2—吸附罐；B，C—风机；S_1，S_2—缓冲罐

除此之外，还有美国UEI公司研制的将PSA和低温精馏法组合式制氧装置，原料空气先经过PSA装置，将氧含量浓缩到80%左右，再进入低温分馏系统提纯，既能保持氧的高纯度，又能增加产量。

本章小结

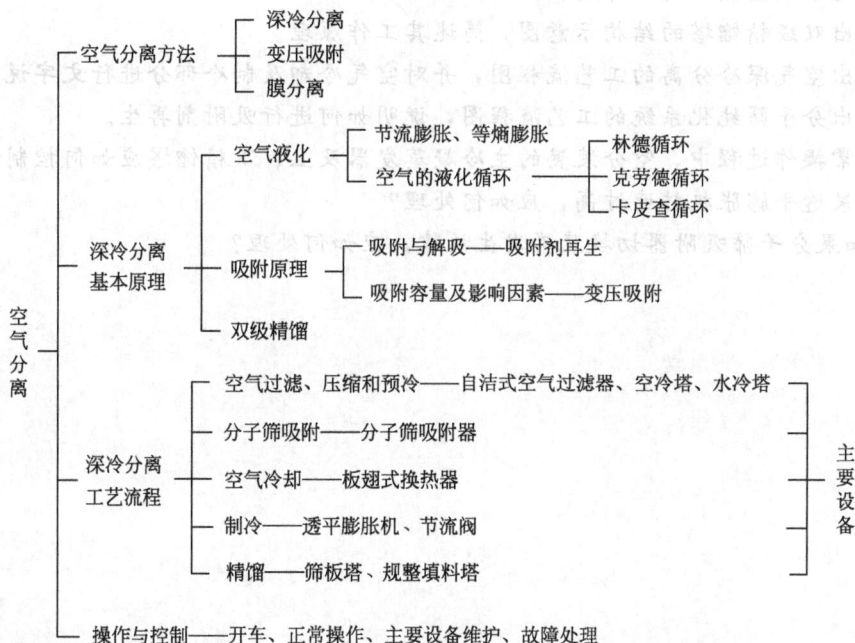

自测题

一、填空

1. 空气分离的方法有_____、_____及_____三种类型。

2. 空气深冷分离法分为_____、_____和_____三个工序。

3. 空分系统中常用的吸附剂有_____、_____及_____等。

4. 吸附采用的温度及压力条件是_____，而解吸则是_____。

5. 分子筛吸附的目的是_____。

二、判断

1. 工业上通常将获得－100℃以下温度的方法称为深度冷冻法。 （ ）

2. 节流膨胀是等熵膨胀，膨胀机膨胀是等焓膨胀。 （ ）

3. 空气的单级精馏只能分离出空气中的某一组分（氧或氮），而双级精馏可以同时分离出氮和氧。 （ ）

4. 双级精馏塔的冷凝蒸发器对下塔而言是冷凝器，对上塔则是再沸器。 （ ）

5. 使用透平膨胀机的低压循环被称为卡皮查循环。 （ ）

三、名词解释

深度冷冻、节流膨胀、等熵膨胀、林德循环、克劳德循环、卡皮查循环、吸附、解吸

四、简答

1. 空气分离的方法有哪些？试对几种方法进行比较。

2. 大中型空分常使用什么方法脱除机械杂质？

3. 画出空气预冷的工艺流程图，说明其冷量的综合利用。

4. 简述卡皮查循环的工作过程。

5. 画出双级精馏塔的结构示意图，简述其工作原理。

6. 画出空气深冷分离的工艺流程图，并对空气冷却及制冷部分进行文字说明。

7. 画出分子筛纯化系统的工艺流程图，说明如何进行吸附剂再生。

8. 正常操作过程中，空分装置的主冷凝蒸发器及上、下精馏塔应如何控制调节？

9. 如果透平膨胀机转速过高，应如何处理？

10. 如果分子筛吸附器切换装置发生故障，应如何处理？

第二章

煤气化技术

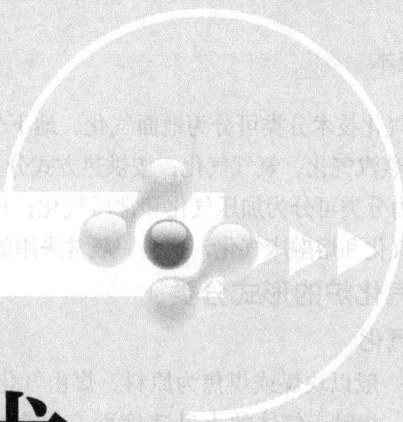

教学目的及要求

了解煤气化的分类方法，了解煤气的种类和用途，掌握煤气化的基本原理，掌握固定床、流化床、气流床气化技术的工艺特点，掌握鲁奇加压气化、德士古煤气化及壳牌煤气化工艺，熟悉主要设备结构、特点，了解其他煤气化工艺及气化炉结构。

能够识读典型煤气化工艺的工艺流程图，能根据生产原理进行生产条件的确定和工业生产的组织；能认真执行工艺规程和岗位操作方法，完成典型煤气化装置的开停车及正常操作。

煤炭气化是煤炭转化的主导途径之一。煤气化过程是一热化学加工过程，它是以煤或煤焦为原料，以空气、氧气、水蒸气、氢气等为气化剂，在高温下发生化学反应将煤或煤焦中的可燃部分转化为可燃性气体的过程。气化时所得的可燃气体称为煤气，煤气化的设备称为煤气发生炉（气化炉）。

煤气的成分取决于燃料、气化剂的种类以及气化过程的条件。煤气可用作城市煤气、工业燃气和化工原料气。例如煤气作燃料使用时，其有效成分为一氧化碳、氢气和甲烷等，其质量以气体的热值来衡量；当煤气用作合成氨原料气时，要求煤气中氢气与一氧化碳的含量高，且其中 $(CO+H_2)/N_2$ 的摩尔比应为 3.1～3.2。因此，在煤气化时必须根据煤气用途来选择气化剂和气化过程操作条件。

气化用的原料以煤为主，其次是煤焦。从褐煤到无烟煤，所有的煤种都可以作为气化原料，但是黏结性煤多作为炼焦工业原料。考虑到价格因素、资源条件以及气化技术和设备对煤种适应性的影响，气化煤种多为褐煤、长焰煤、贫瘦煤和无烟煤，也包括部分弱黏结煤。煤质的差异、供应状况、价格因素及粒度等级，是造成气化技术的差别及发展的原因。

第一节　煤气化技术的基本原理

一、煤气化技术的分类

煤炭气化技术已有 150 多年的历史，尤其是 20 世纪 70 年代石油危机的出现，世界各国广泛开始了煤气化技术的研究。迄今为止，已开发及处于研究发展中的气化方法不下百种。煤气化分类方法较多，按气化技术分类可分为地面气化、地下气化；按气化剂分类可分为空气（富氧空气）-蒸汽气化、氧气-蒸汽气化、氢气气化；按供热方式分类可分为自热式气化、外热式气化、热载体式气化；按操作压力分类可分为加压气化和常压气化；按气化炉的形式分类可分为固定床气化、流化床气化、气流床气化和熔融床气化，这是一般常采用的分类方法，本书也采用此法进行分类。

（一）按气化炉的形式分类

1. 固定床气化

固定床气化一般以块煤或煤焦为原料，煤由气化炉顶部加入，气化剂由炉底部加入，煤料与气化剂逆流接触，相对于气体的上升速度而言，煤料下降速度很慢，可视为固定不动；而实际上，煤料在气化过程中是以很慢的速度向下移动的，因此固定床气化又称为移动床气化。

固定床气化的特性是简单、可靠，由于气化剂与煤逆流接触，气化过程进行得比较完全，热量能得到合理利用，具有较高的热效率。

2. 流化床气化

流化床气化采用流态化技术，以粒度为 0～10mm 的小颗粒煤为气化原料，细煤粒在自下而上的气化剂作用下，处于悬浮状态运动，固体颗粒的运动如沸腾着的液体，又称为沸腾床气化。由于流化床气化颗粒迅速进行混合和热交换，从而使得煤料层内温度和组成均匀。

流化床的特点是：生产强度比固定床大，可以直接使用小颗粒碎煤为原料，适应采煤技术发展，避开了块煤供求矛盾，对煤种煤质的适应性强，可以利用褐煤等高灰劣质煤做原料。

3. 气流床气化

气流床气化是一种并流气化。气化剂（氧与蒸汽）将煤粉（70%以上的煤粉通过 200 目筛孔）夹带入气化炉内，在 1500～1900℃高温下将煤一步转化为一氧化碳、氢气、二氧化碳等气体，残渣以熔渣形式排出气化炉。也可将煤粉先制成水煤浆用泵送入气化炉内。在气化炉内，煤料与气化剂经特殊喷嘴喷入反应室，瞬间着火，在高于其灰熔点的温度下同时发生热解、燃烧和气化反应。随着气流的运动，未反应的气化剂、热解挥发物以及燃烧产物裹挟着煤焦粒子高速运动，在运动过程中进行着煤焦颗粒的气化反应。这种运动状态，相当于流化技术中对固体颗粒的气流输送，这种气化习惯上称为气流床气化。

4. 熔融床气化

熔融床气化是指煤在熔融的渣、金属或盐浴中直接接触蒸汽、空气（或氧气）而气化的方法。它是将粉煤和气化剂从切线方向高速喷入一个温度较高且高度稳定的熔池内，把一部分动能传给熔渣，使池内熔融物做螺旋状的旋转运动，此时，气、固、液三相紧密接触，在高温条件下完成气化反应，生成氢气和一氧化碳为主要成分的煤气。生成的煤气由炉顶导出，灰渣则以液态和熔融物一起溢流出气化炉。

熔融床气化炉是一种气-固-液三相反应的气化炉，炉内温度很高，燃料一进入床内便迅速被加热气化，因而没有焦油类的物质生成，生产的煤气几乎不含硫化物。熔融床不同于移动床、沸腾床和气流床，对煤的粒度没有过分限制，可以用较粗的煤，也可以用粉煤，强黏结煤甚至高灰煤和高硫煤都能气化，而且气化是在不太高的压力下进行的。熔融床的缺点是热损失大，熔融物对环境污染严重，高温熔盐会对炉体造成严重腐蚀。熔融床有三类：熔渣床、熔盐床和熔铁床。目前该方法并未完全商业化。

（二）按气化剂分类

1. 空气（富氧空气）-蒸汽气化

使用空气（富氧空气）、水蒸气作气化剂进行的煤气化过程，生成的煤气种类和用途不同。

（1）空气煤气　以空气为气化剂生成的煤气。其中含有 60%（体积分数）的氮及一定量的一氧化碳、少量二氧化碳和氢气。在煤气中，空气煤气的热值最低，主要作为化学工业原料、煤气发动机燃料等。

（2）混合煤气　以空气和适量的水蒸气的混合物为气化剂所生成的煤气。这种煤气在工业上一般用作燃料。

（3）水煤气　以水蒸气作为气化剂生成的煤气，其中氢气和一氧化碳的含量共达 85%（体积分数）以上，用作化工原料。

（4）半水煤气　以水蒸气为主加适量的空气或富氧空气同时作为气化剂制得的煤气。合成氨生产较多使用半水煤气，此时氢气与一氧化碳的总质量是氮气质量的 3 倍。

工业煤气组成见表 2-1。

表 2-1　工业煤气组成

种类	气体组成（体积分数）/%						
	H_2	CO	CO_2	N_2	CH_4	O_2	H_2S
空气煤气	0.9	33.4	0.6	64.6	0.5		
水煤气	50.0	37.3	6.5	5.5	0.3	0.2	0.2
混合煤气	11.0	27.5	6.0	55	0.3	0.2	
半水煤气	37.0	33.3	6.6	22.4	0.3	0.2	0.2

2. 氧气-蒸汽气化

以工业氧和水蒸气作气化剂，近代气化技术，几乎都是以工业氧和高压蒸汽作为气化剂的。

3. 氢气气化

以氢气或富含氢气的气体作为气化剂，可生成富含甲烷的煤气。由于在煤与氢的反应中仅部分碳转变成甲烷。此时可加水蒸气、氧气与未反应的碳进行气化生成 H_2、CO、CO_2 等。

阅读资料

目前主要的煤气化技术

一、固定床气化

固定床气化技术主要有常压固定床间歇式气化（UGI）和鲁奇加压连续气化（Lurgi），是最早开发和使用的煤气化技术。

1. 固定床间歇式气化

以块状无烟煤或焦炭为原料，以空气和水蒸气为气化剂，在常压下生产合成原料气或燃料气。该技术是 20 世纪 30 年代开发成功的。优点为投资少、操作简单；缺点是气化效率低、原料单一、能耗高，环境污染严重。我国中小化肥厂有 900 余家，多数厂仍采用该技术生产合成原料气。随着能源政策和环境的要来越来越高，固定床间歇式气化会逐步被新的煤气化技术所取代。

2. 鲁奇加压连续气化

20 世纪 30 年代德国鲁奇公司开发成功固定床连续块煤气化技术，由于其原料适应性较好，单炉生产能力较大，在国内外得到广泛应用。缺点是气化炉结构复杂，炉内设有破黏机、煤分布器和炉箅等转动设备，制造和维修费用大，入炉煤必须是块煤，原料来源受一定限制；出炉煤气中含焦油、酚等，污水处理和煤气净化工艺复杂。针对上述问题，1984年鲁奇公司和英国煤气公司联合开发了液态排渣气化炉（BGL）。其特点是气化温度高，灰渣成熔融态排出，碳转化率高，合成气质量较好，煤气化产生废水量小并且处理难度小，单炉生产能力同比提高3~5倍，是一种有发展前途的气化炉。

二、流化床气化

流化床气化由于生产强度较固定床大、对煤种适应性强和生产能力大等原因，在近几十年得到了迅速的发展。已出现的技术有温克勒（Winkler）、灰熔聚（U-Gas和ICC）、循环流化床（CFB）和加压流化床（PFB）等。

循环流化床和加压流化床可以生产燃料气，但国际上尚无生产合成气先例；Winkler炉已有用于合成气生产案例，但对粒度、煤种要求较为严格，煤气中甲烷含量较高，设备生产强度较低，已不代表发展方向。U-Gas灰熔聚设备在上海焦化厂1994年开车，长期运转不正常，于2002年初停运。

中国科学院山西煤炭化学研究所研究开发了ICC灰熔聚流化床粉煤气化技术，相应建立了小型试验装置和中间试验装置，并于2001年在陕西省城化股份有限公司与陕西秦晋煤气工程设备公司、中西部煤气化工程技术中心等单位共同进行了100t/d煤灰熔聚流化床粉煤气化制合成气的工业示范装置试验。2002年3月至2003年6月累计运行达8000h以上，所产煤气送入原生产系统，满足合成氨生产的需要。该技术已具备了工业化推广应用条件。

三、气流床气化

气流床气化是一种并流式气化，对煤种、粒度、含硫、含灰都具有较大的兼容性，国际上已有多家单系列、大容量、加压厂在运作，其清洁、高效的特点代表着当今技术发展潮流。按进料的状态分有干粉进料和水煤浆进料两种。干粉进料的主要有K-T炉、Prenflo炉、Shell炉、GSP炉和ABB-CE炉；水煤浆进料的主要有德士古（Texaco）气化炉和Destec炉。

1. 德士古气化

煤气成分$CO+H_2$为80%左右，不含焦油、酚等有机物质，对环境无污染，碳转化率96%~99%，气化强度大，炉子结构简单，能耗低，运转率高，而且煤适应范围较宽。我国约有60台Texaco炉，从已投产的水煤浆加压气化装置的运行情况看，主要优点是：水煤浆制备输送、计量控制简单、安全、可靠；设备国产化率高，投资省。由于工程设计和操作经验的不完善，还没有达到长周期、高负荷、稳定运行的最佳状态，存在的问题还较多。主要缺点：喷嘴寿命短、激冷环和耐火砖寿命仅1年；因汽化煤浆中的水要耗去煤能量的8%，比以干煤粉为原料氧耗高12%~20%，所以效率稍低。

2. Shell气化

采用干煤粉进料，氧耗比水煤浆低15%；碳转化率高，可达99%，煤耗比水煤浆低8%；调节负荷方便，关闭一对喷嘴，负荷则降低50%；炉衬为水冷壁，据称其寿命为20年，喷嘴寿命为1年。主要缺点：设备投资大于水煤浆气化技术，气化炉及废热锅炉结构过于复杂，加工难度加大。目前我国已有20套Shell装置，这些装置大部分处于开车试运行阶段，从运行的情况看，还有许多亟待解决的问题。

二、煤气化的基本原理

煤在气化炉内会发生一系列复杂的物理变化和化学变化，包括煤的干燥、煤的干馏和煤的气化反应。其中干燥指煤中水分的挥发，是一个简单的物理过程，在此不再多述。煤的干馏和气化反应都是复杂的热化学过程，受煤种、温度、压力、加热速率和气化炉形式等多种因素的影响。

（一）煤的干馏

煤的干馏又称为煤的热解，指煤中的有机质在高温的情况下发生分解而逸出煤中的挥发分，并残存半焦或焦炭的过程。

$$煤 \longrightarrow CO，CO_2、H_2、H_2O、H_2S、NH_3、气态烃、焦油、焦$$

对固定床气化来说，煤的干馏基本接近于低温干馏（500～600℃），而对于流化床和气流床气化，情况稍微复杂，尤其对于气流床来讲，煤的几个主要变化过程几乎是瞬间同时进行的。

1. 煤的干馏过程

（1）第一阶段（从室温～350℃） 一般来说，150℃前主要为干燥阶段。在150～200℃时，放出吸附的气体，主要为甲烷、二氧化碳和氮气等。在温度达200℃以上时，即可发现有机质的分解，如褐煤在200℃以上发生脱羧基反应，300℃左右时开始热解反应，烟煤和无烟煤只发生有限的热作用（缩合）。

（2）第二阶段（350～550℃） 活泼分解是这一阶段的主要特征。以解聚和分解反应为主，生成大量挥发物（煤气及焦油），煤黏结成半焦。煤中的灰分几乎全部存于半焦中。煤气成分除热解水、一氧化碳和二氧化碳外，主要是气态烃。烟煤在这一阶段经历了软化、熔融、流动和膨胀直到再固化等过程，出现了一系列特殊现象，并形成气、液、固三相共存的胶质体。在分解的产物中出现烃类和焦油的蒸气，在450℃左右时焦油量最大，在450～550℃温度范围内，气体析出量最多。黏结性差的气化用煤，胶质体不明显，半焦不能黏结为大块，而是松散的原粒度大小，或因受压受热而碎裂。

（3）第三阶段（超过550℃） 这一阶段以缩聚反应为主，又称二次脱气阶段。半焦变成焦炭，析出的焦油量极少，挥发分主要是多种烃类气体、氢气和碳的氧化物。

煤的热解结果生成三类分子：小分子（气体）、中等分子（焦油）、大分子（半焦、焦）。上述干馏产物为一次热分解产物，若在一定的停留时间或更高温的热作用下，会发生二次热分解反应。主要的二次热分解反应有：裂解、芳构化、加氢和缩聚反应。

2. 影响煤的干馏过程的因素

（1）煤种的影响 年轻煤干馏时，煤气、焦油和热解水产率高，煤气中 CO、CO_2 和 CH_4 含量多，残炭没有黏结性。烟煤干馏时，煤气、焦油产率高，热解水少，残炭黏结性强。年老煤干馏时，煤气、焦油产率很低，残炭没有黏结性。

（2）加热条件的影响 包括最终温度、加热速率和压力的影响。

由于最终温度的不同，可以分为低温干馏（最终温度600℃）、中温干馏（最终温度800℃）和高温干馏（最终温度1000℃）。这三种干馏所得的产品产率、煤气组成都不相同。低温干馏时煤气产率较低，而煤气中甲烷含量高。

固定床气化属于慢速加热，流化床与气流床气化则具有快速加热裂解的特点。提高加热速率可以增加煤气和焦油的产率。当加热的最终温度较低（约500℃）时，如果增加加热速率，则挥发物产率增加，但气体烃与液体烃的比例下降。而在最终温度较高（约1000℃）

时，采用加速加热，则挥发物产率和气体烃与液体烃的比例均增加。

压力对煤干馏亦有影响。特别当有活性介质（如氢气、水蒸气）存在时，随着压力增加，气体产率与低温焦油的产率均增加，而半焦及热解水的产率下降。这说明了活性介质的存在影响了热分解反应和热分解产物的二次反应。压力越高，其作用越大。

（二）气化过程中的气化反应

煤气化反应是一个十分复杂的体系，可分为均相和非均相反应两种类型。即非均相的气-固相反应和均相气-气相反应。生成煤气的组成取决于这些反应的综合过程。煤结构很复杂，含有碳、氢、氧和硫等多种元素，在讨论煤气化反应时，一般仅考虑碳与气化剂（水蒸气、氧气和氢气）的反应，称为一次反应；还有反应产物再与碳的反应以及反应产物之间的反应，称为二次反应。主要反应如下：

1. 碳-氧间的反应

$$C + O_2 \longrightarrow CO_2 \tag{2-1}$$
$$2C + O_2 \longrightarrow 2CO \tag{2-2}$$
$$C + CO_2 \Longleftrightarrow 2CO \tag{2-3}$$
$$2CO + O_2 \Longleftrightarrow 2CO_2 \tag{2-4}$$

其中式(2-3)反应称为二氧化碳还原反应，该反应是较强的吸热反应，需在高温条件下才能进行反应，二氧化碳还原反应是重要的二次反应，该反应很大程度上确定了所获得煤气的质量。除该反应外，其他三个反应为放热反应。

2. 碳-水蒸气的反应

$$C + H_2O \Longleftrightarrow CO + H_2 \tag{2-5}$$
$$C + 2H_2O \longrightarrow CO_2 + 2H_2 \tag{2-6}$$

这是制造水煤气的主要反应，也称为水蒸气分解反应，两反应均为还原反应、吸热反应。反应生成的CO可以进一步与水蒸气发生如下反应：

$$CO + H_2O \Longleftrightarrow H_2 + CO_2 \tag{2-7}$$

该反应称为一氧化碳变换反应，是放热反应。在有关工艺过程中，为了把CO全部或部分转换为H_2，往往利用此反应。

3. 甲烷生成反应

$$C + 2H_2 \Longleftrightarrow CH_4 \tag{2-8}$$
$$CO + 3H_2 \Longleftrightarrow CH_4 + H_2O \tag{2-9}$$
$$2CO + 2H_2 \Longleftrightarrow CH_4 + CO_2 \tag{2-10}$$
$$CO_2 + 4H_2 \Longleftrightarrow CH_4 + 2H_2O \tag{2-11}$$
$$2C + 2H_2O \Longleftrightarrow CH_4 + CO_2 \tag{2-12}$$

上述生成甲烷的反应均为放热反应，除式(2-12)外，均为体积缩小的反应。其中式(2-8)称为加氢反应，其余可称为甲烷化反应。

4. 煤中其他元素与气化剂的反应

因为煤中有硫、氮等元素存在，气化过程中还可能同时发生以下反应：

$$S + O_2 \Longleftrightarrow SO_2 \tag{2-13}$$
$$SO_2 + 3H_2 \Longleftrightarrow H_2S + 2H_2O \tag{2-14}$$
$$SO_2 + 2CO \Longleftrightarrow S + 2CO_2 \tag{2-15}$$
$$2H_2S + SO_2 \Longleftrightarrow 3S + 2H_2O \tag{2-16}$$

$$C+2S \Longleftrightarrow CS_2 \tag{2-17}$$

$$CO+S \Longleftrightarrow COS \tag{2-18}$$

$$N_2+3H_2 \Longleftrightarrow 2NH_3 \tag{2-19}$$

$$N_2+H_2O+2CO \Longleftrightarrow 2HCN+\frac{3}{2}O_2 \tag{2-20}$$

$$N_2+xO_2 \Longleftrightarrow 2NO_x \tag{2-21}$$

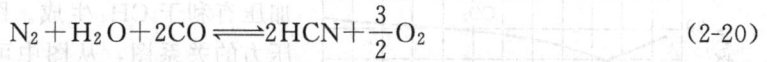

在以上反应中生成许多硫及硫的化合物，它们可能造成对设备的腐蚀和对环境的污染，在气体净化时必须除去。

（三）气化反应的化学平衡

在煤气化过程中，有相当多的反应是可逆过程。在一定条件下，当正反应速率与逆反应速率相等时，化学反应达到化学平衡。

$$mA+nB \Longleftrightarrow pC+qD$$

$$k_p=\frac{p_C^p p_D^q}{p_A^m p_B^n} \tag{2-22}$$

式中　　　　k_p——化学反应平衡常数；

p_C，p_D，p_A，p_B——各气体组分分压，kPa；

1. 温度的影响

温度是影响气化反应过程煤气产率和化学组成的决定性因素。温度与化学平衡的关系为：

$$\lg k_p=\frac{-\Delta H}{2.303RT}+C \tag{2-23}$$

式中　R——气体常数，8.314kJ/(kmol·K)；

　　　T——热力学温度，K；

　　　ΔH——反应热效应，放热为负，吸热为正，kJ/kmol；

　　　C——常数；

从上式可以看出，放热反应，温度升高，k_p值减小，对于这一类反应，一般说来降低反应温度有利于反应的进行。吸热反应，温度升高，k_p值增大，此时升高温度对反应有利。

例如CO_2还原反应为吸热反应，升高温度，平衡向吸热方向移动，即升高温度对正反应有利。C与CO_2还原成CO的反应在不同温度下的平衡组成见表2-2。

表 2-2　$C+CO_2 \Longleftrightarrow 2CO$ 平衡组成

温度/℃	450	650	700	750	800	850	900	950	1000
CO_2体积分数/%	97.8	60.2	41.3	24.1	12.4	5.9	2.9	1.2	0.9
CO 体积分数/%	2.2	39.8	58.7	75.9	87.6	94.1	97.1	98.8	99.1

从表2-2可以看到，随着温度变化，其还原产物CO的组成随着温度升高而增加。从表上还可见，温度越高，一氧化碳平衡浓度越高。当温度升高到1000℃时，CO的平衡组成为99.1%。

2. 压力的影响

平衡常数k_p不仅是温度函数，而且随压力变化而变化。压力对于液相反应影响不大，而对于气相或气液相反应的平衡的影响是比较显著的。根据化学平衡原理，升高压力平衡向气体体积减小的方向进行；反之，降低压力，平衡向气体体积增加的方向进行。在煤气化的

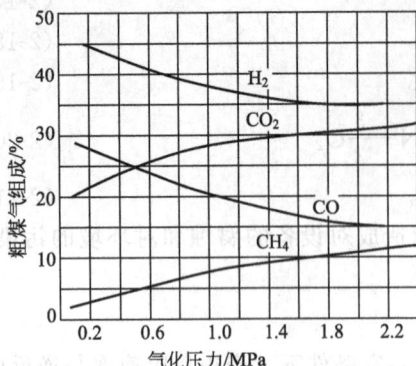

图 2-1 粗煤气组成与气化压力的关系

一次反应中，所有反应均为增大体积的反应，故增加压力，不利于反应进行。

加氢反应及甲烷化反应均为缩小体积的反应，加压有利于 CH_4 生成。图 2-1 为粗煤气组成与气化压力的关系图，从图中可见，压力对煤气中各气体组成的影响不同，随着压力的增加，粗煤气中甲烷和二氧化碳含量增加，而氢气和一氧化碳含量则减少。因此，压力越高，一氧化碳平衡浓度越低，煤气产率随之降低。

由上述可知，在煤炭气化中，可根据生产产品要求确定气化压力，当气化炉煤气主要用作化工原料时，可在低压下生产；当所生产气化煤气需要较高热值时，可采用加压气化。

（四）气化反应的反应速率

1. 气固相反应的历程

煤气化时，包括了碳的氧化、二氧化碳还原、水蒸气分解三个主要气-固相过程。气化反应时，在固体（碳）表面进行的非均相气化反应分为以下几个步骤：

① 气体反应物向碳表面转移或扩散（外扩散）；

② 气体反应物通过颗粒内孔道进入颗粒的内表面（内扩散）；

③ 反应气体分子被吸附在碳的表面，形成中间配合物；

④ 中间配合物的分解或与气相中到达碳表面的气体分子发生表面反应；

⑤ 吸附态的产物从碳表面脱附；

⑥ 产物分子通过固体的内孔道扩散出来（内扩散）；

⑦ 产物分子从碳表面扩散到气相中（外扩散）。

在上述七个步骤中，第①和第⑦步是外扩散过程；第②和第⑥步是内扩散过程；第③、第④、第⑤步总称为化学过程。上述各步骤的阻力不同，进行的速率也不同。反应过程的总速率将取决于阻力最大的步骤，亦称速率最慢的步骤，该步骤就是控制步骤。

当总反应速率受化学过程控制时，称为化学动力学控制；反之，当总反应速率受扩散过程控制时，称为扩散控制。对扩散控制，又可分为外扩散控制和内扩散控制两种。

在气化过程中，当温度很低时，气化剂与碳之间的化学反应速率很低，气体反应的消耗量很小，反应速率由气化剂与碳的化学反应速率来决定，而与扩散速率无关。即总过程速率取决于化学反应速率。该区间称为化学动力学控制区。当处于化学动力学控制区时，凡是有利于提高化学反应速率的因素，如温度、压力、浓度、催化剂和颗粒度等的改善，都能提高总过程进行的速率。

随着温度的升高，在碳粒表面的化学反应速率增加。温度越高，化学反应速率就越快。此时扩散过程对总反应速率起了决定作用。该区间称为扩散控制区。凡是能提高扩散速率的因素，如压力、组分浓度等的改善，都能提高总过程的速率。在外扩散控制时，提高气体流过固体颗粒的流速很常用，因为流速高，传质气膜厚度薄，阻力小，扩散速率常数大；在内扩散控制时，常用减小颗粒度的办法改善过程速率，因为粒度小，扩散路径短，阻力小。

气化反应的动力学控制区与扩散控制区是反应过程的两个极端情况，实际气化过程有可能是在中间过渡区进行的。如果操作条件介于扩散控制区和化学动力学控制区之间，此时物理作用和化学作用同样重要，则应考虑两种阻力对总速率的影响。

2. 气化生产过程的强化措施

对于外扩散控制的过程，气化过程进行的总速率取决于气体向反应表面的质量传递速率。增加气体的线速率和减小煤炭颗粒度，即能增加单位体积内的反应表面积，可达到强化过程的目的。

对内扩散控制的过程，颗粒外表面和部分内表面参加反应。这时减小颗粒尺寸是强化反应过程的关键。

对于动力学控制的过程，反应总速率取决于气体在煤炭的内、外表面化学反应的速率。在这种情况下反应过程的强化可用提高温度来达到。

对处于过渡型或扩散控制的工况，随着压力的增加，虽然分子扩散阻力增加是不利的，但增加压力有利于提高反应物的浓度，而且反应速率随着反应物浓度增加而增加。加压气化使气体体积缩小，煤气通过床层速度减小，加长了反应的时间，使反应接近平衡。

在强化生产的过程中，注重采用提高温度、减少燃料粒度和利用加压气化的可能性。在有可能的情况下，应当力求同时运用若干个强化因素，例如粉煤的加压气流床气化，细颗粒燃料的流化床加压气化等。

三、煤种及煤质对气化的影响

（一）气化用煤分类

气化用煤的种类对气化过程有很大的影响，煤种不仅影响气化产品的产率与质量，而且关系到气化的生产操作条件。所以，在选择气化用煤种类时，必须结合气化方式和气化炉的结构进行考虑，也要充分利用资源，合理选用原料。气化用煤大致分为以下四类：

第一类，气化时不黏结也不产生焦油，代表性原料有无烟煤、焦炭、半焦、贫煤；

第二类，气化时黏结并产生焦油，代表性原料有弱黏结或不黏结烟煤；

第三类，气化时不黏结但产生焦油，代表性原料有褐煤；

第四类，以泥炭为代表性原料，气化时不黏结，能产生大量的甲烷。

（二）煤种对气化的影响

1. 对煤气的组分和产率的影响

（1）煤气组分　不同的煤种所产煤气的组成不同，发热值也不同。例如，以年轻的褐煤为气化原料时，由于褐煤的变质程度低、挥发分高，所制得的煤气甲烷含量高，其发热值比其他煤种都高。煤种与净煤气热值的关系如图2-2所示，粗煤气组成与气化原料的关系如图2-3所示。

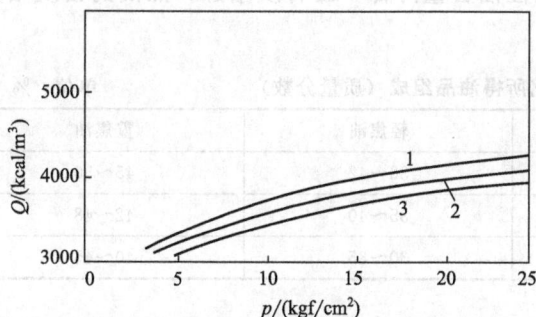

图2-2　煤种与净煤气热值的关系
（1kgf/cm² = 98.0665kPa，1kcal = 4.1868J）
1—褐煤；2—气煤；3—无烟煤

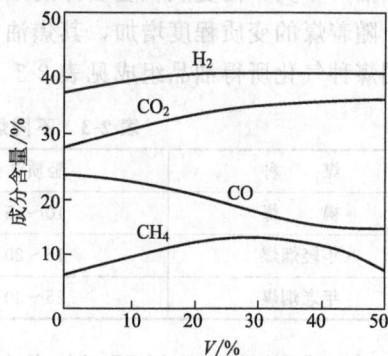

图2-3　粗煤气组成与气化原料的关系

从图 2-2 可知，增大压力，同一煤种制取的煤气的发热值提高，同一操作压力下，煤气发热值由高到低的顺序依次是褐煤、气煤、无烟煤。用加压气化法制取城市煤气时，劣质的褐煤或弱黏结煤作为气化原料最佳。由图 2-3 可知，随着煤中挥发分的提高，制得的煤气中氢气、甲烷和二氧化碳的含量上升，一氧化碳呈下降趋势。

（2）煤气产率　煤中挥发分越高，转变为焦油的有机物就越多，煤气的产率越低。煤中挥发分与煤气产率、干馏煤气量之间的关系如图 2-4 所示。

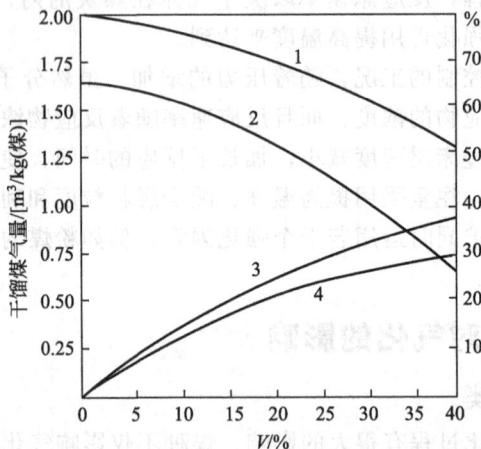

图 2-4　煤中挥发分与煤气产率、干馏煤气量之间的关系
1—粗煤气产率；2—净煤气产率；3—干馏煤气占粗煤气热能百分数；
4—干馏煤气占净煤气热能

2. 对消耗指标的影响

煤气化过程主要是煤中的碳和水蒸气反应生成氢和一氧化碳，这一反应需要吸收大量的热量，该热量是通过炉内的碳和氧气燃烧以后放出的热量来维持的。不同煤种，其变质程度不同，随着变质程度的加深，固定碳增加，挥发分降低，在气化时所消耗的水蒸气、氧气等气化剂的数量也相应增大。另外，煤活性好，挥发分高，有利于甲烷的生成，可相应降低氧气消耗量。

3. 焦油组成和产率的影响

焦油产率与煤种性质有关，一般来说，变质程度较深的气煤和长焰煤比变质程度浅的褐煤焦油产率大，而变质程度更深的烟煤和无烟煤，其焦油产率却更低。焦油分重焦油和轻焦油，随着煤的变质程度增加，其焦油中的酸性油含量降低，沥青质增加，焦油的密度增大。不同煤种气化所得油品组成见表 2-3。

表 2-3　不同煤种气化所得油品组成（质量分数）　　　　单位：%

煤　　种	轻质油	轻焦油	重焦油
褐　　煤	10～15	38～42	45～50
年轻烟煤	15～20	35～40	42～48
年老烟煤	25～30	30～35	40～45

（三）煤的理化性质对气化的影响

1. 粒度对气化的影响

煤的粒度对气化炉的运行负荷、煤气和焦油的产率以及气化时的各项消耗指标影响很大。煤的粒径越小，其比表面积越大。在动力学控制区的吸附和扩散速度加快，有利于气化反应的进行。煤粒度的大小对传热过程的影响尤其显著，进而影响焦油的产率。粒度越大，传热越慢，煤粒内外温差越大，粒内焦油蒸气的扩散和停留时间增加，焦油的热分解加剧。煤粒的大小对气化炉的生产能力影响也很大，煤的粒度太小，当气化速率较大时，小颗粒的煤有可能被带出气化炉外，从而使炉子的气化效率下降。

颗粒的粒径分布也是生产上一个比较重要的问题，一般固定床煤气发生炉所用的原料要进行过筛分级，最大粒度与最小粒度的比例要适宜，一般为 5 左右，低生产负荷下可放宽到 8 左右。粒度范围大，容易造成炉内局部气流短路或沟流，也可能出现偏析现象。流化床和气流床气化炉采用小颗粒或粉煤为原料，对粒度范围也有一定的要求。

通常，煤的粒度减小，相应的氧气和水蒸气消耗将增大。

2. 水分含量对气化的影响

煤中的水分和其变质程度有关。水分高的煤，往往挥发分较高，在干馏阶段，煤半焦形成时的气孔率大，当其进入气化层时，反应气体通过内扩散进入固体内部时容易进行，因而，气化的速率加快，生成的煤气质量也好。

但煤中水分过高，又会给气化过程带来不良影响。水分过高，煤料干燥不充分，影响干馏的正常进行，进而又会降低气化段的温度，使得甲烷的生成反应和二氧化碳、水蒸气的还原反应速率显著减小，降低了煤气的产率和气化效率。水分过高还会增加干燥所需热量，从而增加了氧气的消耗。

加压气化炉对炉温的要求比常压气化炉低，而炉身一般比常压气化炉高，能提供较高的干燥层，允许进炉煤的水分含量高。

炉型不同对气化用煤的水分含量要求也是不同的。对固定床来说，一般生产中煤中水分含量在 8%～10%。采用流化床和气流床气化时，煤的含水量小于 5%，尤其是对烟煤的气流床气化法，采用干法加料时，要求原料煤的水分含量应小于 2%。

3. 灰分及灰熔点对气化的影响

煤中的灰分含量对气化反应而言一般影响不大，鲁奇炉甚至可气化灰分高达 50% 的煤。但灰分较高时对气化过程带来危害。

煤中灰分高，灰渣中的残炭总量增大，燃料的损失增加。另外灰分增大后，带出的显热增加，从而使气化过程的热损失增大，热效率降低。此外，随着煤中灰分的增加，气化的各项消耗指标均增加，如氧气的消耗指标、水蒸气的消耗指标和煤的消耗指标都有所上升，而净煤气的产率下降。根据经验，一般加压气化用煤的灰分在 19% 以下时较为经济。

就固态排渣气化炉而言，煤中灰分的灰熔点对气化过程至关重要。一般要求灰熔点越高越好。灰熔点低的煤在气化时容易结渣，结渣导致床层透气性差，造成气化剂分布不均，致使工况恶化。为防止结渣，就要加大水蒸气的用量，使氧化层的温度维持在灰熔点以下。对于灰熔点高的煤种，可采用较高的操作温度，在较低的汽气比下获得较高的气化强度。

液态排渣却相反，灰熔点越低越好，采用液态排渣的气化炉，可以对入炉煤采用混配的方法，对一些高黏度灰渣的煤，可以混配一些低黏度灰渣的煤，达到液态排渣的要求。也可以通过添加一定的助熔剂提高液渣的流动性。

4. 煤的黏结性对气化的影响

黏结性煤在气化时，干馏层能形成一种黏性胶状流体，称胶质体，这种物质有黏结煤粒的能力，使料层的透气性变差，阻碍气体流动，出现炉内崩料或架桥现象，使煤料不易往下移动，导致操作恶化。

对于一些黏结性煤的气化，为破坏煤的黏结，一种方法是在煤气发生炉上部设置机械搅拌装置，并在搅拌器的上面安装有一起旋转的布煤器，可以减轻和破坏煤的黏结并能使煤在炉膛内分布均匀。另一种方法是对原料进行瘦化处理，气化一些黏度较大的煤时，在入炉煤内混配一些无黏结性的煤或灰渣，以降低煤料的黏结性。

5. 煤的机械强度和热稳定性对气化的影响

煤的机械强度是指煤的抗碎能力。机械强度差的煤在运输过程中，会产生许多粉状颗粒，造成燃料损失，在进入气化炉后，粉状燃料的颗粒容易堵塞气道，造成炉内气流分布不均，严重影响气化效率。在固定床气化炉中，煤的机械强度与灰带出量和气化强度有关。在流化床气化炉中，煤的机械强度与流化床层中是否能保持煤粒大小均匀一致的状态有关。在气流床气化炉中，煤的机械强度对生产操作不会产生太大的影响。

煤的热稳定性是指煤在加热时，是否容易碎裂的性质。热稳定性差的煤在气化时，伴随气化温度的升高，煤易碎裂成煤末和细粒，一方面对气化过程带来不利影响；另一方面气化时煤块破碎增加了反应表面积，从而增加了气化反应速率，提高了气化强度。

6. 煤的反应性对气化的影响

燃料的反应性就是燃料的化学活性，是指燃料煤与气化剂中的氧气、水蒸气、二氧化碳的反应能力。煤的反应性与煤的变质程度有密切的关系。一般地，变质程度浅的煤，其反应性高；而随着煤的变质程度的加深，煤的化学反应活性降低。

反应性主要影响气化过程的起始反应温度，反应性越高，则发生反应的起始温度越低。煤起始反应温度分别为：褐煤大约 650℃；焦炭约 843℃。

煤的起始反应温度低，气化温度就低，这有利于甲烷的生成反应，从而降低了氧气的消耗量。通常来讲，高反应性的褐煤比反应性差的烟煤氧消耗量低约 50%。当使用具有相同的灰熔点而活性较高的原料时，由于气化反应可在较低的温度下进行，容易避免结渣现象。

四、煤气化过程的主要评价指标

煤气化过程的主要评价指标有煤气组成和热值、煤气产率、气化强度、冷煤气效率、气化效率、碳转化率和消耗指标等。

1. 煤气产率

煤气产率是指气化单位质量原料煤所得到煤气的体积（标准状况），单位为 m^3/kg，煤气产率的高低决定于原料煤的水分、灰分、挥发分和固定碳含量，也与碳转化率有关。挥发分含量愈高，煤气产率愈低；而原料煤固定碳含量越高，则煤气产率越高。

2. 气化强度

气化强度指单位时间、单位气化炉截面积上处理的原料煤重量或产生的煤气量。气化强度越大，炉子的生产能力越大。气化强度与煤的性质、气化剂供给量、气化炉炉型结构及气化操作条件有关。

3. 冷煤气效率

用于衡量原料中的化学能转化成产品化学能的效率，可用式(2-24) 计算

$$冷煤气效率 = \frac{煤气的热值}{原料的热值} \times 100\% \tag{2-24}$$

4. 气化效率

用于衡量原料中化学能转化为可回收的能量的效率，可用式(2-25) 计算

$$气化效率 = \frac{煤气的热值 + 可回收的热量}{原料的热值} \times 100\% \qquad (2\text{-}25)$$

5. 碳转化率

碳转化率是指在气化过程中消耗的（参与反应的）总碳量占入炉原料煤中碳量的百分数，可用式（2-26）计算

$$碳转化率 = \frac{入炉煤碳含量 - 飞灰碳含量 - 灰渣中碳含量}{入炉煤碳含量} \times 100\% \qquad (2\text{-}26)$$

6. 消耗指标

（1）水蒸气消耗量和水蒸气分解率　水蒸气的消耗量是指气化 1kg 煤所消耗水蒸气的量。水蒸气消耗量的差异主要是由于原料煤的理化性质不同而引起的。

水蒸气分解率是指参加反应的水蒸气与加入炉内水蒸气总量之比。水蒸气分解率越高，蒸汽消耗越低，则气化效率越高，得到的煤气质量好，粗煤气中水蒸气含量低。该指标一般用于固定床和流化床气化，水煤浆进料气流床气化无此项指标，干粉进料因入炉水蒸气量很少，其分解率 > 90%。

（2）汽氧比　汽氧比是指气化时加入气化剂中水蒸气与氧气之比，单位为 kg/mol，也有的使用 kg/kg。汽氧比主要用于固定床和流化床，是最主要的控制指标之一，它可控制气化炉内反应温度的高低。

（3）氧煤比　氧煤比是指气化时单位干燥无灰基煤所消耗的氧气量，单位 kg/kg。对纯氧气化它是一个重要控制指标，关系到气化过程操作温度的高低。

第二节　固定床气化技术

一、固定床气化过程的工艺特点

固定床中燃料由上部的加煤装置加入，底部通入气化剂，燃料与气化剂逆向流动，反应后的灰渣由底部排出。固定床及其炉内料层温度分布情况如图 2-5 所示。燃料主要有褐煤、长焰煤、烟煤、无烟煤、焦炭等，气化剂有空气、空气-水蒸气、氧气-水蒸气等。

当炉料装好进行气化时，炉内料层自上而下分为干燥层、干馏层、还原层、氧化层、灰

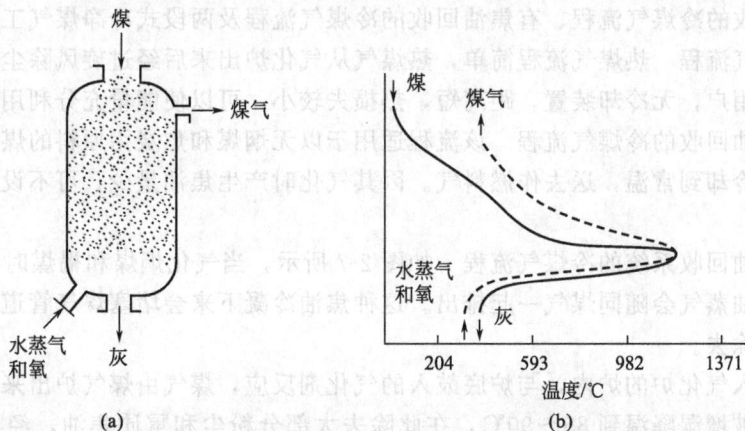

图 2-5　固定床（a）及其炉内料层温度分布（b）

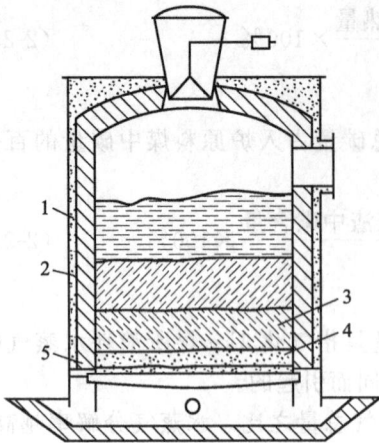

图 2-6　固定床内料层分布

1—干燥层；2—干馏层；3—还原层；
4—氧化层；5—灰层

层，如图 2-6 所示。

灰层可预热气化剂、保护炉栅不受高温影响和均匀分布气化剂。氧化层也称燃烧层，主要进行碳的氧化反应，碳的氧化反应都是放热反应，因而氧化层的温度是最高的。考虑到灰分的熔点，氧化层的温度太高有烧结的危险，所以一般在不烧结的情况下，火层温度越高越好，温度低于灰分熔点 80～120℃为宜，约 1200℃。氧化层厚度控制在 150～300mm，要根据气化强度、燃料块度和反应性能来具体确定。火层温度低可以适当降低鼓风温度，也可以适当增大风量来实现。

还原层在氧化层的上面，主要是水蒸气、二氧化碳与碳发生的还原反应。还原反应是吸热反应，其热量由氧化层供给。还原层厚度一般控制在 300～500mm。如果煤层太薄，还原反应进行不完全，煤气质量降低，煤层太厚，对气化过程也有不良影响，尤其是在气化黏结性强的烟煤时，容易造成气流分布不均、局部过热，甚至烧结和穿孔。

氧化层和还原层通称为气化层。气化层厚度与煤气出口温度有直接的关系，气化层薄出口温度高；气化层厚出口温度低。因此，在实际操作中，以煤气出口温度控制气化层厚度，一般煤气出口温度控制在 600℃左右。干燥层、干馏层位于上部，进行原料的预热、干燥和干馏。

上述各层的划分及高度，随燃料的性质和气化条件而异，且各层间没有明显的界限。

固定床按气化压力来分类，可以分为常压固定床和加压固定床；按排渣性质可以分为固态排渣固定床和液态排渣固定床。

二、常压固定床气化工艺

（一）煤气发生站的工艺

1. 工艺流程

以煤或焦炭为原料，以空气和水蒸气为气化剂通入发生炉内制得的煤气称为发生炉煤气（混合煤气）。煤气发生站的工艺流程按气化原料性质、燃料气的用途不同，可分为热煤气流程、无焦油回收的冷煤气流程、有焦油回收的冷煤气流程及两段式冷净煤气工艺流程。

（1）热煤气流程　热煤气流程简单，热煤气从气化炉出来后经过旋风除尘器除尘直接作为燃料气送给用户，无冷却装置，距离短，热损失较小，可以使能量充分利用。

（2）无焦油回收的冷煤气流程　该流程适用于以无烟煤和焦炭为原料的煤气站，设有冷却装置，煤气冷却到常温，送去作燃料气。因其气化时产生焦油量少，可不设专门的焦油回收装置。

（3）有焦油回收系统的冷煤气流程　如图 2-7 所示，当气化烟煤和褐煤时，气化过程中产生的大量焦油蒸气会随同煤气一起排出。这种焦油冷凝下来会堵塞煤气管道和设备，所以必须从煤气中除去。

原料煤送入气化炉的炉内，与炉底鼓入的气化剂反应，煤气由煤气炉出来后，首先进入双竖管，煤气被增湿降温到 85～90℃，在此除去大部分粉尘和重质焦油，经半净煤气管道进入除油雾效率较高的电捕焦油器脱除油雾，然后进入洗涤塔使煤气去湿降温到 35℃左右，

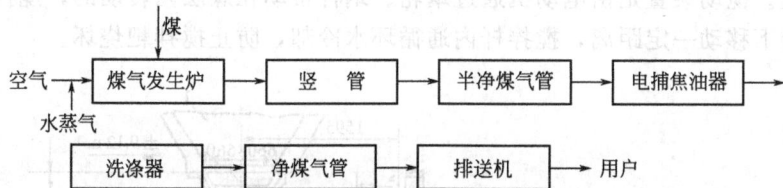

图 2-7　有焦油回收系统的冷煤气流程

进入净煤气管道，经排送机送给用户。

（4）两段式冷净煤气工艺流程　该流程如图 2-8 所示。该流程使用两段式气化炉，炉顶部和底部形成两段煤气。顶部煤气温度低，一般为 100～150℃，主要含有焦油，飞灰颗粒少；底部煤气温度为 500～600℃，主要含有飞灰颗粒，而焦油含量少。两段煤气的净化工序不同。底部煤气首先流经旋风除尘器，除去煤气中的大量粉尘，然后流经强制风冷器，冷却到 120℃左右。此时经电捕焦油器除去大部分焦油蒸气的顶部煤气，和风冷器来的底部煤气混合一起送入洗涤塔，在塔内混合煤气被冷却到 35℃左右。洗涤后的煤气进一步引入电捕轻油器，在此除去煤气中剩余的粉尘和油雾，然后经过排送机加压送用户使用，或者送下一工序进一步进行脱硫等净化处理。

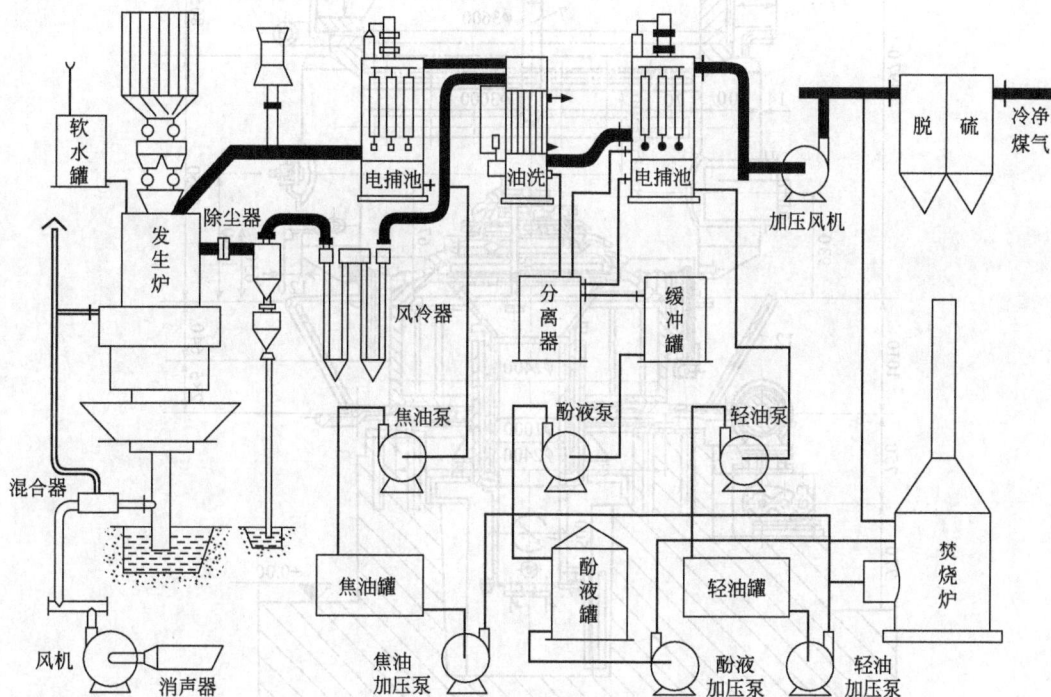

图 2-8　两段式冷净煤气工艺流程

2. 煤气发生炉

（1）具有凸型炉箅的煤气发生炉　凸型炉箅的煤气发生炉中，较普遍使用的有两种形式，3M21 型发生炉主要用于气化贫煤、无烟煤和焦炭等不黏结性煤，而 3M13 型发生炉主要用于弱黏结性烟煤，这两种炉都是湿法排渣，灰渣通过具有水封的旋转灰盘排出。如图2-9 所示的 3M13 型煤气发生炉是一种带搅拌装置的机械化煤气发生炉。设搅拌装置的目的是当气化弱黏结性烟煤时可用以搅动煤层，破坏煤的黏结，并扒平煤层。上部加煤机构为双滚筒加料装置。搅动装置是由电动机通过蜗轮、蜗杆带动在煤层内转动的，搅拌耙可根据需要在煤层内上下移动一定距离，搅拌杆内通循环水冷却，防止搅拌耙烧坏。

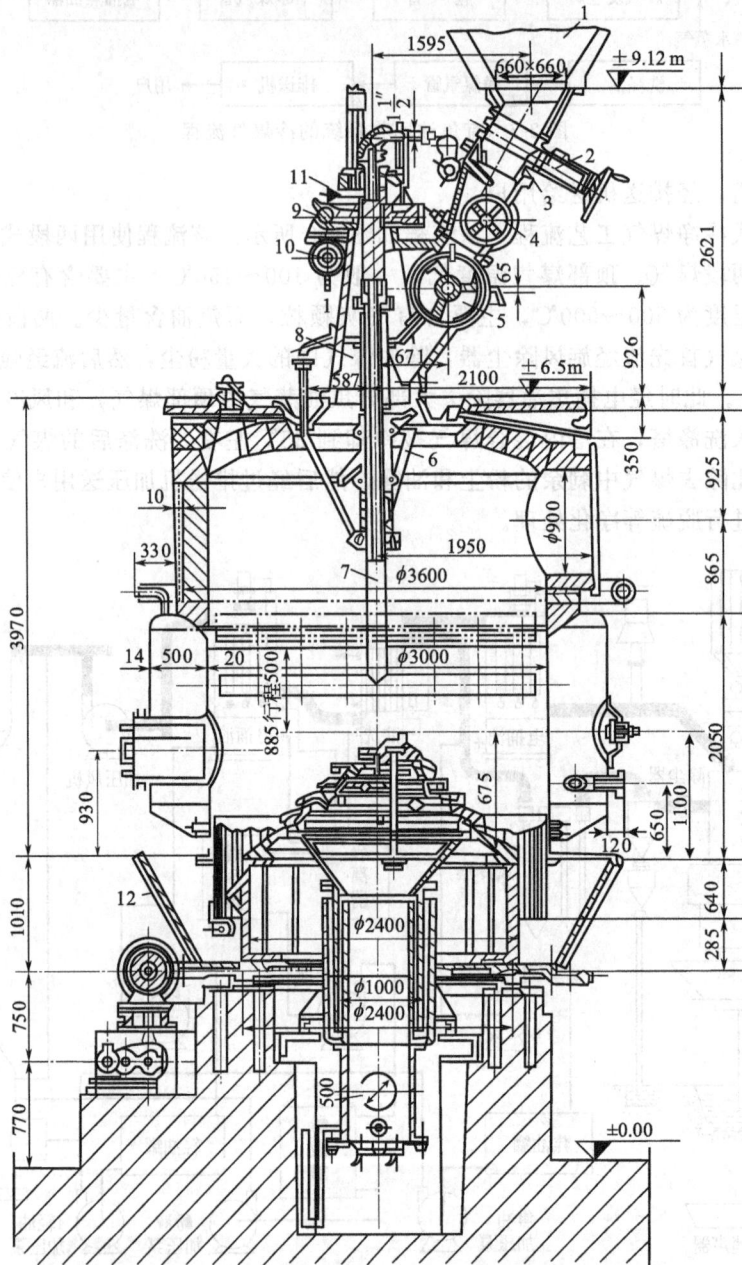

图 2-9　3M13 型煤气发生炉（单位：mm）

1—煤斗；2—煤斗闸门；3—伸缩节；4—计量给煤器；5—计量锁气器；6—托盘和三角架；
7—搅拌装置；8—空心柱；9—蜗杆减速机；10—圆柱减速机；11—四头蜗杆；12—灰盘

发生炉炉体包括耐火砖砌体和水夹套，水夹套产生的蒸汽可做气化剂。在炉盖上设有汽封的探火孔，用以探视炉内操作情况或通过"打钎"处理局部高温和破碎渣块。发生炉下部为炉箅及除灰装置，包括炉箅、灰盘、排灰刀及气化剂入口管。灰盘和炉箅固定在铸铁大齿轮上，由电动机通过蜗轮、蜗杆带动大齿轮转动，从而带动炉箅和灰盘转动。带有齿轮的灰盘坐落在滚珠上以减少转动时的摩擦力，排灰刀固定在灰盘边侧，灰盘转动时通过排灰刀将灰渣排出。

炉箅的主要作用是：支撑炉内总料层的重量，使气化剂在炉内均匀分布，与碎渣圈一起对灰渣进行破碎、移动和下落。它由四层或五层炉箅和炉箅座重叠后用一长杆螺栓固定成一整体，然后固定在灰盘上。每两层炉箅之间及最后一层炉箅和炉箅座之间开有布气孔，每层的布气量通过试验来确定。

（2）魏尔曼-格鲁夏（W-G）煤气发生炉
W-G 发生炉有两种形式：一种是无搅拌装置的，用于气化无烟煤、焦炭等不黏结性燃料；另一种是有搅拌装置的，用于气化弱黏结性烟煤。图 2-10 为不带搅拌装置的 W-G 煤气发生炉。

该炉加煤部分分为两段，煤料由提升机送入炉子上面的受煤斗，再进入煤箱，然后经煤箱下部四根煤料供给管加入炉内。在煤箱上部设有上阀门，在四根煤料供给管上各设有下阀门，下阀门经常打开，使煤箱中的煤连续不断地加入炉中。当下阀门开启时，关闭上阀门，以防煤气经煤箱逸出。只有当煤箱加煤时，先关闭四根煤料供给管上的下阀门，然后才能开启上阀门加料。

当加料完毕后，关闭上阀门，接着开启下阀门，上、下阀门间有联锁装置。发生炉炉体

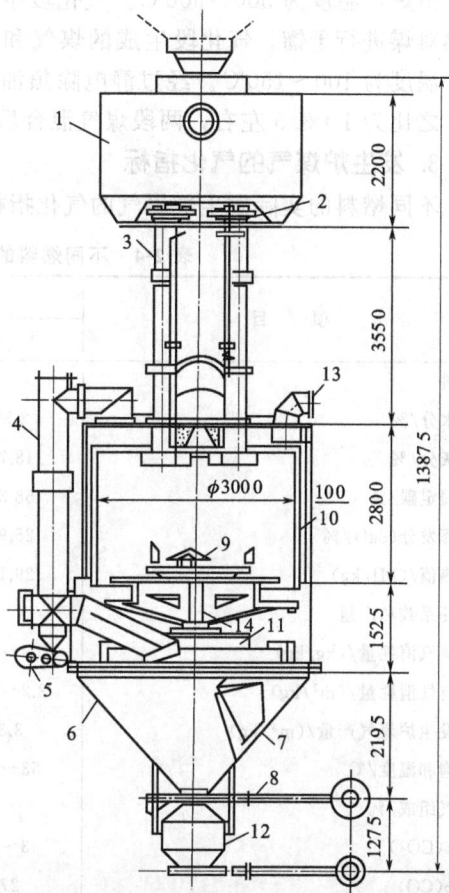

图 2-10 W-G 型煤气发生炉（单位：mm）
1—中料仓；2—圆盘加料阀；3—输料管；4—气化剂管；
5—传动装置；6—灰斗；7—刮灰机；8—插板阀；
9—炉箅；10—水夹套；11—支撑板；12—下灰
斗；13—风管；14—中央支柱

较一般发生炉高，煤在炉内停留时间较长，有利于气化进行完全。发生炉炉体为全水套，鼓风空气经炉子顶部夹套空间水面通过，使饱和了水蒸气的空气进入炉子底部灰箱经炉箅缝隙进入炉内，灰盘为三层偏心锥形炉箅，通过齿轮减速传动，炉渣通过炉箅间隙落入炉底灰箱内，定期排出。由于煤层厚，煤气出口压力高，故为干法排灰，W-G 炉生产能力较大，操作方便，整个发生炉中铸件很少，故制造方便。

（3）连续式两段煤气发生炉 连续式两段炉如图 2-11 所示。气化段包括水套、转动炉箅、灰盘等主要部分。水套上部是干馏段，其炉壁由钢板外壳内衬耐火砖构成，炉膛内用格子砖砌成十字拱形隔墙，隔墙中空，和外壳衬砖的环状空间一起构成热气体的通道，用来对干馏段内的煤料进行间壁加热。干馏段的上部直径比下部直径小，可以防止搭桥悬料。当使用微黏煤时，煤气经过环状通道和格子砖的空隙将热量传给干馏段，以防止煤黏在壁上。气化原料煤由炉顶的煤斗通过加煤机加入到炉内，空气被蒸汽饱和后从炉底气化剂入口送入，混合气化剂穿过炉箅，和半焦发生燃烧、气化反应。生成的煤气大部分通过上部的干馏段四周的环形砖道和中间的分隔砖道，隔墙加热干馏段的煤，而后再从气化炉中部的下段煤气出

口 5 出炉,温度为 500~600℃。气化段生成的煤气中的另一部分则进入干馏段煤层,利用显热对煤进行干馏,气化段生成的煤气和干馏段产生的干馏煤气混合后由上段煤气出口引出,温度为 100~150℃。经过静电除焦油器可得到轻质焦油。一般上段煤气和下段煤气的产量之比为 1:3.5 左右,两段煤气混合后,煤气高热值为 6.0~7.5MJ/m³。

3. 发生炉煤气的气化指标

不同燃料的实际发生炉煤气的气化指标见表 2-4。

表 2-4　不同燃料的实际发生炉煤气的气化指标

项　目	燃料种类			
	大　同	阳　泉	焦　炭	鹤　岗
燃料				
水分/%	2.50	4.12	4.00	1.69
灰分/%	18.72	23.14	14.40	17.63
固定碳/%	58.33	67.78	80.38	52.88
挥发分(daf)/%	25.96	7.07	<1.5	34.23
热值/(MJ/kg)	29.14	26.50	28.00	27.90
消耗系数和产量				
蒸汽消耗量/(kg/kg)	0.3~0.4	0.3~0.5	0.3	0.23
空气消耗量/(m³/kg)	2.2~2.3	2.8	2.2	1.85
发生炉煤气产量/(m³/kg)	3.3	4.0	4.1	2.77
饱和温度/℃	53~56	50~60	46	60
煤气组成/%				
$\varphi(CO_2)$	3~4	5.4	2	4.4
$\varphi(CO)$	27	25	34	28.3
$\varphi(H_2)$	13~15	17	8	11.1
$\varphi(CH_4)$	2~3.4	2.1	0.4	4
$\varphi(C_mH_n)$	0.4~0.6		0.2	0.6
$\varphi(O_2)$	0.2	0.2	0.1	0.2
$\varphi(N_2)$	50	50.3	55.3	51.4
$Q/[kg/(m^2 \cdot h)]$	6270	5434	5350.4	6589
气化强度/$[kg/(m^2 \cdot h)]$	230	200~250	200	292
粒度/mm	25~75	25~50		
气化效率/%	71.02	77.70	78.30	65.40

(二)水煤气站的工艺

水煤气是炽热的碳与水蒸气反应所生成的煤气。由于反应为吸热反应,为了维持一定的反应温度,提供水蒸气分解所需热量,一般有几种方法:外部加热法、热载体法、用氧和水蒸气为气化剂的连续气化法和用水蒸气和空气为气化剂的间歇气化法。目前,制造水煤气后两种方法较为普遍,这里主要介绍间歇气化法生产水煤气。

1. 工艺流程

(1)间歇法制造水煤气的工作过程　主要是由吹空气(蓄热)、吹水蒸气(制气)两个过程组成。在实际生产过程中,还包含一些辅助过程,共同构成一个工作循环,如图 2-12 所示。

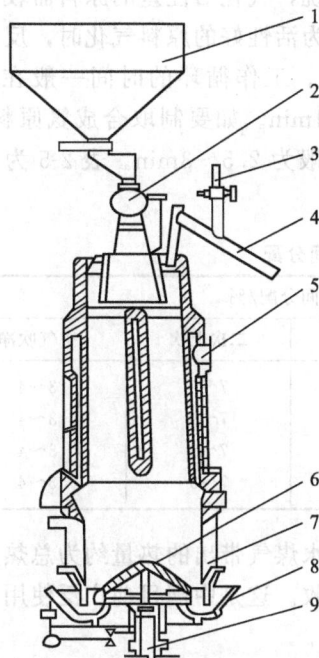

图 2-11 连续式两段炉

1—煤斗；2—加煤机；3—放散管；4—上段煤气出口；

5—下段煤气出口；6—炉箅；7—水套；

8—灰盘；9—气化剂入口

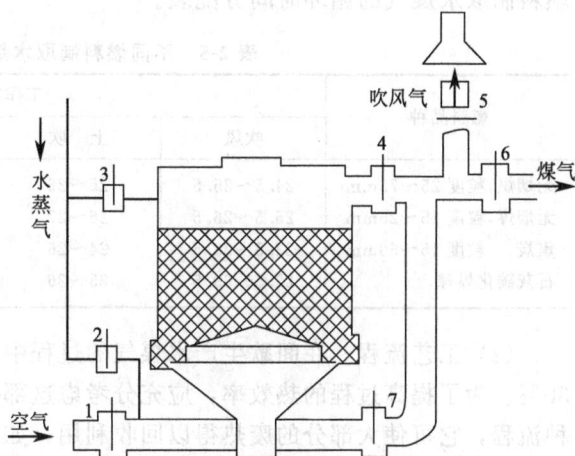

图 2-12 间歇法制造水煤气的工作循环

1~7—阀门

第一阶段为吹风阶段。吹入空气，提高燃料层的温度，空气由阀门 1 进入发生炉，燃烧后的吹风气由阀门 4、阀门 5 后经过烟囱排出，或去余热回收系统。

第二阶段为水蒸气吹净阶段。阀门 1 关闭，阀门 2 打开，水蒸气由发生炉下部进入，将残余吹风气经 4、阀门 5 排至烟囱，以免吹风气混入水煤气系统，此阶段时间很短。如不需要得到纯水煤气时，例如制取合成氨原料气，该阶段也可取消。

第三阶段为一次上吹制气阶段。水蒸气仍由阀门 2 进入发生炉底部，在炉内进行气化反应，此时，炉内下部温度降低而上部温度较高，制得的水煤气经阀门 4、阀门 6（阀门 5 关闭）后，进入水煤气的净化和冷却系统，然后进入气体储罐。

第四阶段为下吹制气阶段。关闭阀门 2、阀门 4，打开阀门 3、阀门 7，水蒸气由阀门 3 进入气化炉后，由上而下经过煤层进行制气，制得的水煤气经过阀门 7 后由阀门 6 去净化冷却系统。该阶段使燃料层温度趋于平衡。

第五阶段为二次上吹制气阶段。阀门位置与气流路线与第三阶段相同。主要作用是将炉底部的煤气吹净，为吹入空气作准备。

第六阶段为空气吹净阶段。切断阀门 7，停止向炉内通入水蒸气。打开阀门 1，通入空气将残存在炉内和管道中的水煤气吹入煤气净制系统。

完成上述六个阶段即为一个工作循环，不断重复上述循环，就可以实现水煤气的间歇生产过程。

对每一个工作循环，都希望料层温度稳定。一般而言，循环时间长，气化层的温度、煤气的产量和成分波动大；相反，则波动小，但阀门的开启次数频繁。在实际生产过程中，应根据具体使用的气化原料和阀门的控制条件来确定。一般来说，气化活性差的原料需较长的循环时间；相反，气化活性高的原料，时间可适当缩短，因为活性好的原料气化时，反应速率大，料层温度降低的快，适当缩短时间对气化是有利的。工作循环的时间一般在 6～10min 之间。采用自动控制时，每一工作循环可以缩短 3～4min。如要制取合成氨原料气，进行的是一、三、四、五、六的循环过程，每一工作循环一般为 2.5～3min。表 2-5 为不同燃料制取水煤气的循环时间分配表。

表 2-5　不同燃料制取水煤气的循环时间分配

燃料品种	工作循环中各阶段时间分配/%				
	吹风	上吹	下吹	二次上吹	空气吹净
无烟煤，粒度 25～75mm	24.5～25.5	25～26	36.5～37.5	7～9	3～4
无烟煤，粒度 15～25mm	25.5～26.5	26～27	35.5～36.7	7～9	3～4
焦炭，　粒度 15～50mm	22.5～23.5	24～26	40.5～42.5	7～9	3～4
石灰碳化煤球	27.5～29.5	25～26	36.5～37.5	7～9	3～4

（2）工艺流程　在间歇生产水煤气的过程中，吹风气和水煤气带出的热量约为总热量的 30%。为了提高过程的热效率，应充分考虑这部分废热的回收。这是中国目前广泛使用的一种流程，它可使大部分的废热得以回收利用，如图 2-13 所示。

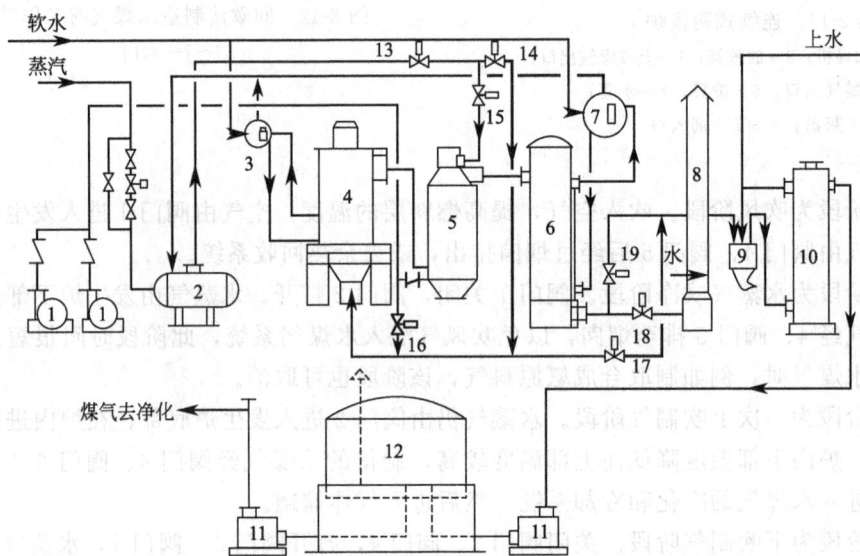

图 2-13　水煤气站流程

1—空气鼓风机；2—蒸汽缓冲罐；3,7—集汽包；4—水煤气发生炉；5—燃烧室；6—废热锅炉；8—烟囱；
9—洗气箱；10—洗涤塔；11—气柜水封；12—气柜；13—蒸汽总阀；14—上吹蒸汽阀；
15—下吹蒸汽阀；16—吹风空气阀；17—下行煤气阀；18—烟囱阀；19—上行煤气阀

在吹风阶段，炉顶出来的高温吹风气在燃烧室 5 内，与二次空气混合燃烧，热量部分积蓄在燃烧室格子砖内。高温废气进入废热锅炉 6，将管间的水蒸发产生水蒸气，以回收热量。降温后的废气经烟囱阀 18，由烟囱 8 排入大气。在上吹制气阶段，蒸汽自下而上通过料层，上行煤气经燃烧室和废热锅炉回收热量后，其温度为 200～250℃，由洗气箱、洗涤塔经除尘冷却后进入气柜。在下吹蒸汽阶段，蒸汽进入燃烧室顶部，经燃烧室预热后，进入发生炉顶部，自上而下通过料层。下行煤气温度较低，为 200～300℃，其显热不予回收，经洗气箱、洗涤塔入气柜。

2. 水煤气发生炉

（1）UGI 水煤气发生炉 水煤气发生炉与混合煤气发生炉的构造基本相同，但在水煤气生产过程中，吹空气时压力高达 0.176MPa，因而水煤气发生炉必须采用干法排渣。同时，水煤气生过程中主要使用无黏结性的焦炭或无烟煤为原料，所以水煤气发生炉中没有搅拌装置。目前，国内采用较多的水煤气发生炉是 UGI 水煤气发生炉，如图 2-14 所示。发生炉炉壳由钢板焊成，上部衬有耐火砖和保温硅藻砖，使炉壳钢板免受高温的损害。下部外设夹套锅炉，主要是降低氧化层温度，防止熔渣黏壁并副产蒸汽。夹套锅炉两侧设有探火孔，用于测量火层，了解火层分布和温度情况。

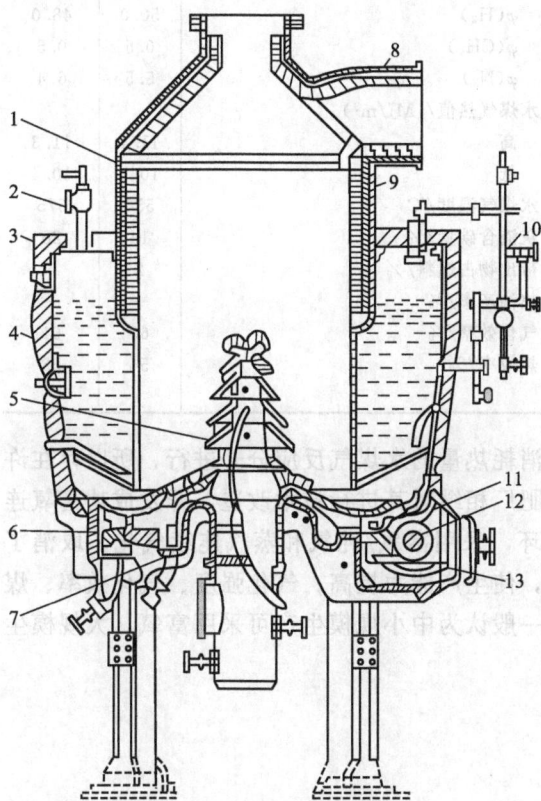

图 2-14 UGI 水煤气发生炉

1—外壳；2—安全阀；3—保温材料；4—夹套锅炉；5—炉箅；
6—灰盘接触面；7—炉底；8—保温砖；9—耐火砖；
10—液位计；11—蜗轮；12—蜗杆；13—油箱

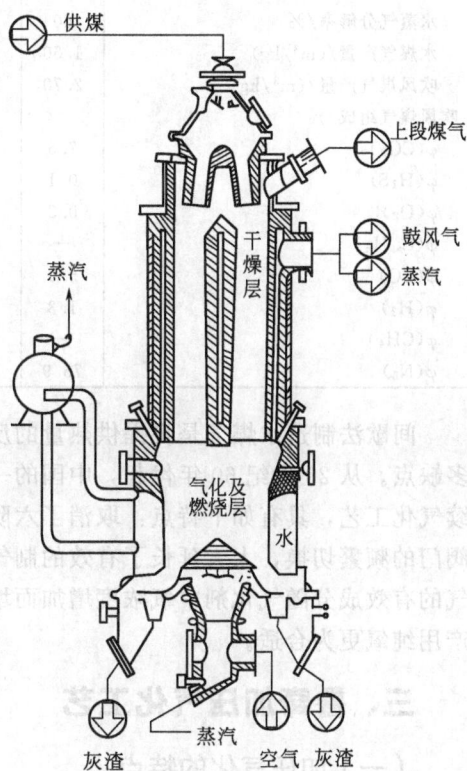

图 2-15 间歇式两段炉

（2）间歇两段式水煤气发生炉 如图 2-15 所示，其结构与连续式两段炉相似，其特点是在水煤气炉上部增设干馏段，原料煤在干馏段进行低温干馏，生成的半焦落入气化段，再用空气、水蒸气间歇通入制取水煤气。

3. 水煤气生产指标

水煤气生产指标见表 2-6。

表 2-6　水煤气生产指标

项　目	燃料种类		项　目	燃料种类	
	焦	无烟煤		焦	无烟煤
燃料			吹风煤气热值/(kJ/m³)		
水分/%	4.5	5.0	高	836.0	1534.0
灰分/%	11.0	6.0	低	794.2	1480.0
固定碳/%	81.0	83.0	吹风煤气温度/℃	600	700
挥发分/%	2	4	干煤气组成/%		
热值/(MJ/kg)			$\varphi(CO_2)$	6.5	6.0
高	28	30.1	$\varphi(H_2S)$	0.3	0.4
低	27.6	29.4	$\varphi(O_2)$	0.2	0.2
消耗系数和产量			$\varphi(C_mH_n)$	—	—
空气消耗量/(m³/kg)	2.60	2.86	$\varphi(CO)$	37.0	38.5
水蒸气消耗量/(kg/kg)	1.20	1.70	$\varphi(H_2)$	50.0	48.0
水蒸气分解率/%	50	40	$\varphi(CH_4)$	0.5	0.5
水煤气产量/(m³/kg)	1.50	1.65	$\varphi(N_2)$	5.5	6.4
吹风煤气产量/(m³/kg)	2.70	2.90	水煤气热值/(MJ/m³)		
吹风煤气组成/%			高	11.4	11.3
$\varphi(CO_2)$	7.5	14.5	低	10.5	10.4
$\varphi(H_2S)$	0.1	0.1	水煤气温度/℃	550	675
$\varphi(O_2)$	0.2	0.2	灰渣含碳量/%	14	20
$\varphi(C_mH_n)$	—	—	带出物占燃料/%	2	5
$\varphi(CO)$	5.0	8.8	焦油产率/%	—	—
$\varphi(H_2)$	1.3	2.5	气化效率/%	60	61
$\varphi(CH_4)$	—	0.2	热效率/%	54	53
$\varphi(N_2)$	75.9	73.7			

　　间歇法制造水煤气是将提供热量的反应和消耗热量的水煤气反应分开进行，所以存在许多缺点。从 20 世纪 60 年代起，中国的一些化肥厂相继对其进行技术改造，开发成功富氧连续气化工艺，具有如下特点：取消了六阶段循环，采用富氧/纯氧和蒸汽连续气化，取消了阀门的频繁切换，大大延长了有效的制气时间，使生产能力提高；气化强度、气化效率、煤气的有效成分随气化剂中氧浓度增加而增加；一般认为中小规模生产可采用富氧，大规模生产用纯氧更为合适。

三、鲁奇加压气化工艺

（一）加压气化的特点

　　常压固定床气化炉生产的煤气热值较低，煤气中二氧化碳的含量较高，气化强度和生产能力低，煤气不宜远距离输送，同时不能满足城市煤气的质量要求。为了解决上述问题，发展了加压固定床气化技术，加压气化技术中，最著名的是鲁奇加压气化工艺技术。鲁奇加压气化工艺优点如下：

　　(1) 原料适应性　原料适应范围广。除黏结性较强的烟煤外，从褐煤到无烟煤均可气化。由于气化压力较高，气流速度低，可以气化较小粒度的碎煤。可气化水分、灰分较高的劣质煤。

　　(2) 生产过程　气化炉的生产能力高，所产煤气的压力高，可以缩小设备和管道的尺寸，可以降低动力消耗，便于远距离输送。压力高的煤气易于净化处理，副产品的回收率高；通过改变气化压力和气化剂的汽氧比等条件，以及对煤气进行净化处理后，几乎可以制

得 H_2/CO 各种比例的化工合成原料气。

鲁奇加压气化工艺的主要缺点如下：

① 固态排渣的鲁奇炉中水蒸气的分解率低。一般水蒸气的分解率约为 40%，要消耗大量的水蒸气，造成气化废水较多，废水处理工序流程长，投资高。若采用液态排渣的鲁奇炉，水蒸气的分解率可以提高到 95% 左右。

② 气化过程中有大量的甲烷生成（$8\%\sim10\%$），这对燃料煤气是有利的，但如果作为合成氨的原料气一般要分离甲烷，其工艺较为复杂。

③ 加压气化一般选纯氧和水蒸气作为气化剂，配套制氧的空分装置，一次性投资较大。

（二）鲁奇加压气化工艺流程

1. 工艺流程

有废热回收的鲁奇加压气化工艺流程如图 2-16 所示，原料煤经过破碎筛分后，粒度为 $4\sim50mm$ 的煤加入上部的储煤斗，然后定期加入煤箱，煤箱中的煤不断加入炉内进行气化。反应完的灰渣经过转动炉箅借刮刀连续排入灰斗。从气化炉上侧方引出的粗煤气，温度高达 $400\sim600℃$（由煤种和生产负荷来定），经过喷冷器喷淋冷却，除去煤气中的部分焦油和煤尘，温度降至 $200\sim210℃$，煤气被水饱和，湿含量增加，露点提高。

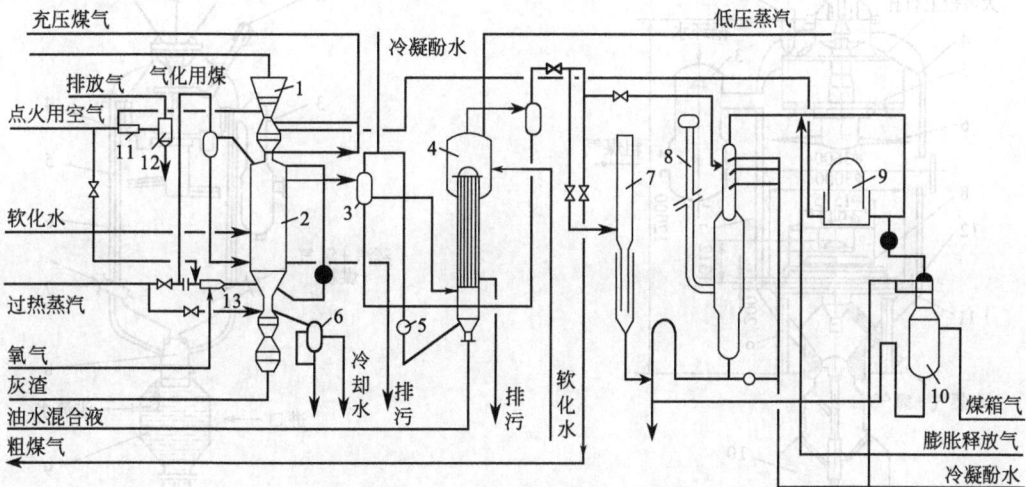

图 2-16　有废热回收的鲁奇加压气化工艺流程

1—储煤斗；2—气化炉；3—喷冷器；4—废热锅炉；5—循环泵；6—膨胀冷凝器；7—放散烟囱；8—火炬烟囱；
9—储气柜；10—煤箱气洗涤器；11—引射器；12—旋风分离器；13—混合器

粗煤气的余热通过废热锅炉回收废热后，温度降到 $180℃$ 左右。温度降得太低，会出现焦油凝析，黏附在管壁上影响传热并给清扫工作增加难度。废热锅炉生产的低压蒸汽，并入厂内的低压蒸汽总管，用来给一些设备加热和保温。喷冷器洗涤下来的焦油水溶液由煤气管道进入废热锅炉的底部，初步分离油水。一部分油水由锅炉底部出来送入处理工段加工；酚水由循环泵加压送回喷冷器循环使用。由锅炉顶部出来的粗煤气送下一工序继续处理。

煤从煤箱加入炉膛前需先进行加压，一般采用生成的煤气加压，而在向煤箱内加煤时，就应将煤箱内存在的压力煤气放出，使煤箱处于常压状态下。这一部分煤箱气送入低压储气柜，经过压缩和洗涤后当燃料使用。

2. 鲁奇炉结构

（1）固态排渣鲁奇炉　第三代加压气化炉是目前世界上使用最为广泛的一种炉型。其内径为3.8m，外径为4.128m，炉体高12.5m，气化炉操作压力为3.05MPa。主要部分有炉体、布煤器、搅拌器、炉箅、灰锁和煤锁等。该炉生产能力高，炉内设有搅拌装置，可气化除强黏结性烟煤外的大部分煤种。第三代加压气化炉如图2-17所示。为了气化有一定黏结性的煤种，在炉内上部设置了布煤器与搅拌器，它们安装在同一空心转轴上，其转速根据气化用煤的黏结性及气化炉生产负荷来调整，一般为10～20r/h。从煤锁加入的煤通过布煤器上的两个布煤孔进入炉腔内，平均每转布煤15～20mm厚，从煤锁下料口到布煤器之间的空间，约能储存0.5h气化炉用煤量，以缓冲煤锁在间歇充、泄压加煤过程中的气化炉连续供煤。

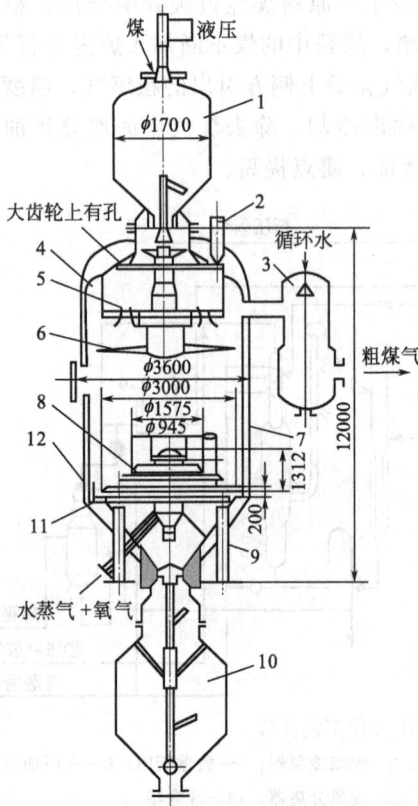

图2-17　第三代加压气化炉（单位：mm）
1—煤箱；2—上部传动装置；3—喷冷器；4—裙板；
5—布煤器；6—搅拌器；7—炉体；8—炉箅；
9—炉箅传动装置；10—灰箱；
11—刮刀；12—保护板

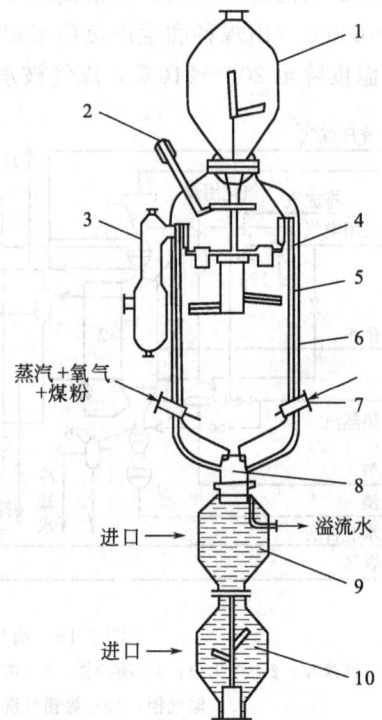

图2-18　液态排渣鲁奇炉
1—煤箱；2—上部传动装置；3—喷冷器；
4—布煤器；5—搅拌器；6—炉体；
7—喷嘴；8—排渣口；9—熔渣
急冷箱；10—灰箱

在炉内，搅拌器安装在布煤器的下面，其搅拌桨叶一般设上、下两片桨叶。其位置深入到气化炉的干馏层，以破除干馏层形成的焦块。桨叶的材质采用耐热钢，其表面堆焊硬质合金，以提高桨叶的耐磨性能。桨叶和搅拌器、布煤器都为中空壳体结构，外供锅炉给水通过搅拌器、布煤器的空心轴内中心管，首先进入搅拌器最下底的桨叶进行冷却，然后再依次通过冷却上浆叶、布煤器，最后从空心轴与中心管间的空间返回夹套形成水循环。该锅炉水的冷却循环对布煤搅拌器的正常运行非常重要。因为搅拌浆叶处于高温区工作，水的冷却循环不正常将会使搅拌器及浆叶超温烧坏造成漏水，从而造成气化炉运行中断。

该炉型也可用于气化不黏结煤种。此时，不安装布煤搅拌器，整个气化炉上部传动机构取消，只保留煤锁下料口到炉膛的储煤空间，结构简单。

炉箅分为五层，从下到上逐层叠合固定在底座上。顶盖呈锥形，炉箅材质选用耐热、耐磨的铬锰合金钢铸造。最底层炉箅的下面设有三个灰刮刀安装口，灰刮刀的安装数量由气化原料煤的灰分含量来决定。灰分含量较小时安装 1~2 把刮刀，灰分含量较高时安装 3 把刮刀。炉箅的传动采用液压电动机（变频电动机）传动。液压传动具有调速方便，结构简单，工作平稳等优点。但为液压传动提供动力的液压泵系统设备较多，故障点增多，目前大多数工业装置已改为变频电动机驱动。由于气化炉直径较大，为使炉箅受力均匀，采用两台电动机对称布置。

煤锁是一个容积为 12m³ 的压力容器，它通过上下阀定期定量地将煤加入到气化炉内。根据负荷和煤质的情况，每小时加煤 3~5 次。加煤过程简述如下。

① 煤锁在大气压下（此时煤锁下阀关，煤锁上阀开），煤从煤斗经过给煤溜槽流入煤锁。

② 煤锁充满后，关闭煤锁上阀。煤锁用煤气充压到和炉内压力相同。

③ 充压完毕，煤锁下阀开启，煤开始落入炉内，当煤锁空后，煤锁下阀关闭。

④ 煤锁卸压，煤锁中的煤气送入煤锁气柜，残余的煤气由煤锁喷射器抽出，经过除尘后排入大气。煤锁上阀开启，新循环开始。

灰锁是一个可以装灰 6m³ 的压力容器，和煤锁一样，采用液压操作系统，以驱动底部和顶部锥形阀和充压阀、卸压阀。灰锁控制系统为自动可控电子程序装置，可以实现自动、半自动和手动操作。该循环如下。

① 连续转动的炉箅将灰排出气化炉，通过顶部锥形阀进入灰锁。此时灰锁底部锥形阀关闭，灰锁与气化炉压力相等。

② 当需要卸灰时，停止炉箅转动，灰锁顶部锥形阀关闭，再重新启动炉箅。

③ 灰锁降压到大气压后，打开底部锥形阀，灰从灰锁进入灰斗，在此灰被急冷后去处理。

④ 关闭底部锥形阀，用过热蒸汽对灰锁充压，然后炉箅运行一段时间后，再打开顶部锥形阀，新循环开始。

（2）液态排渣鲁奇炉　液态排渣鲁奇炉是传统固态排渣气化炉的进一步发展，其特点是气化温度高，气化后灰渣呈熔融态排出，因而使气化炉的热效率与单炉生产能力提高，煤气的成本降低。液态排渣鲁奇炉如图 2-18 所示。

该炉气化压力为 2.0~3.0MPa，气化炉上部设有布煤搅拌器，可气化较强黏结性的烟煤。气化剂（水蒸气＋氧气）由气化炉下部喷嘴喷入，气化时，灰渣在高于煤灰熔点温度下呈熔融状态排出，熔渣快速通过气化炉底部出渣口流入急冷器，在此被水急冷而成固态炉渣，然后通过灰锁排出。

液态排渣气化炉有以下特点。

① 由于液态排渣气化剂的汽氧比远低于固态排渣，所以气化层的反应温度高，碳的转化率增大，煤气中的可燃成分增加，气化效率高。煤气中 CO 含量较高，有利于生成合成气。

②　水蒸气耗量大为降低，且配入的水蒸气仅满足于气化反应，水蒸气分解率高，煤气中的剩余水蒸气很少，故而产生的废水远小于固态排渣。

③　气化强度大。由于液态排渣气化煤气中的水蒸气量很少，气化单位质量的煤所生成的湿粗煤气体积远小于固态排渣，因而煤气气流速度低，带出物减少，因此在相同带出物条件下，液态排渣气化强度可以有较大提高。

④　液态排渣的氧气消耗较固态排渣要高，生成煤气中的甲烷含量少，不利于生产城市煤气，但有利于生产化工原料气。

⑤　液态排渣气化炉炉体材料在高温下的耐磨、耐腐蚀性能要求高。在高温、高压下如何有效地控制熔渣的排出等问题也是液态排渣的技术关键，尚需进一步研究。

（三）鲁奇加压气化的工艺条件

（1）气化压力　气化压力是气化工艺过程的一个重要控制指标，它对煤气的产量、质量、热值等各项指标都有重要的影响。

①　压力对煤气组成的影响。根据化学反应平衡规律，提高气化炉的压力有助于分子数减小的反应，而不利于分子数增大或不变的反应。随气化压力的提高，煤气中的甲烷和二氧化碳含量增加，而氢气和一氧化碳的含量减少。

②　压力对氧气消耗量的影响。加压气化过程随压力的增大，甲烷的生成反应增加，由该反应提供给气化过程的热量亦增加。这样由碳燃烧提供的热量相对减少，因而氧气的消耗亦减少。例如，生产一定热值的煤气时，在1.96MPa下，氧气的消耗量为常压的1/2～1/3。

③　压力对蒸汽消耗量的影响。加压蒸汽的消耗量比常压蒸汽的消耗量高2.5～3倍，原因有几个方面。一方面是加压时随甲烷的生成量增加，所消耗的氢气量增加，而氢气主要来源于水蒸气的分解。从上面的化学反应可知，加压气化不利于水蒸气的分解，因而只有通过增加水蒸气的加入量提高水蒸气的绝对分解量，来满足甲烷生成反应对氢气的需求。另一方面是在实际生产中，控制炉温是通过水蒸气的加入量来实现的，这也加剧了蒸汽消耗。

④　压力对气化炉生产能力的影响。加压气化炉的生产能力比常压气化炉的生产能力高$\sqrt{p}$倍（p为气化压力）。高压力下气体密度大，气化反应的速率加快有助于生产能力的提高。加压气化的气固接触时间长，一般加压气化料层高度较常压的大，因而加压气化具有较大的气固接触时间，这有利于碳的转化率的提高，使得生成的煤气的质量较好。

⑤　压力对煤气产率的影响。提高气化压力，气化反应将向分子数减小的方向进行，即不利于氢气和一氧化碳的生成，因此煤气的产率是降低的。而加压使二氧化碳的含量增加，经过脱除二氧化碳后的净煤气的产率却下降。

从以上的分析来看，总体讲，加压对煤的气化是有利的，尤其用来生产燃料气（如城市煤气），因为它的甲烷含量高。但加压气化对设备的要求较高，不同的煤种的适宜气化压力也不尽相同，一般泥煤是1.57～1.96MPa；褐煤是1.77～2.16MPa；不黏结性烟煤是1.96～2.35MPa；黏结性烟煤、年老烟煤和焦炭均为2.16～2.55MPa；无烟煤是2.35～2.75MPa。

（2）气化层的温度　甲烷的生成反应是放热反应，因而降低温度有利于甲烷的生成。但温度太低，化学反应的速率减慢。通常，生产城市煤气时，气化层的温度范围在950～1050℃；生产合成原料气时，可以提高到1150℃左右。影响反应层温度最主要的因素是通入炉中的气化剂的组成即汽氧比，汽氧比下降，温度上升。

（3）汽氧比的选择　汽氧比是指气化剂中水蒸气和氧气的组成比例。通常，变质程度深的煤种，采用较小的汽氧比，能适当提高气化炉内的温度，以提高生产能力。加压气化炉在生产城市煤气时，各种煤的汽氧比（kg/m³）的大致范围是：褐煤 6～8；烟煤 5～7；无烟煤和焦炭 4.5～6。

第三节　流化床气化技术

一、流化床气化过程的工艺特点

1. 固体流态化现象

大量固体颗粒悬浮于运动的流体中从而使颗粒具有类似于流体的某些宏观特征，这种流固接触状态称为固体流态化。

不同流速时床层的变化如图 2-19 所示。当流体自下而上流过颗粒床层时，如流速较低时，固体颗粒静止不动，颗粒之间仍保持接触，床层的空隙率及高度都不变，流体只在颗粒间的缝隙中通过，此时属于固定床，如图 2-19(a) 所示。如增大流速，当流体通过固体颗粒产生的摩擦力与固体颗粒的浮力之和等于颗粒自身重力时，颗粒位置开始有所变化，床层略有膨胀，但颗粒还不能自由运动，颗粒间仍处于接触状态，此时称为初始或临界流化床，如图 2-19(b) 所示。当流速进一步增加到高于初始流化的流速时，颗粒全部悬浮在向上流动的流体中，即进入流化状态；如果是气固系统，流化床阶段气体以鼓泡方式通过床层，随着流速的继续增加，固体颗粒在床层中的运动也越激烈，此时气固系统中具有类似于液体的特性，这时的床层称为流化床；在流化床阶段，床层高度发生变化，床层随流速的增加而不断膨胀，床层空隙率随之增大，但有明显的上界面，如图 2-19(c) 所示。当气流速度升高到某一极限值时，流化床上界面消失，颗粒分散悬浮在气流中，被气流带走，这种状态称为气流输送，如图 2-19(d) 所示。

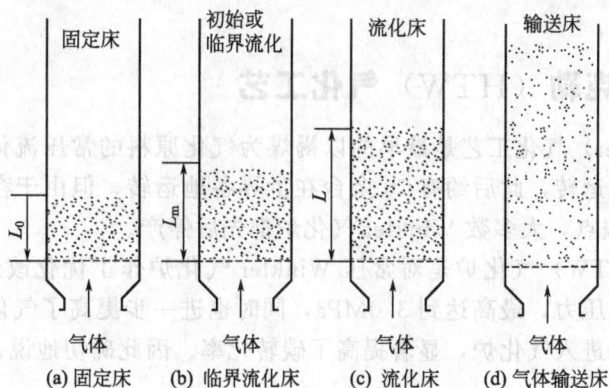

图 2-19　不同流速时床层的变化

当流体通过固体颗粒床层时，随着气速的改变，分别经历了固定床、流化床和气流输送三个阶段。

2. 流化床气化的特点

流化床气化一般采用 0～10mm 的小颗粒作为气化原料，利用流态化的原理和技术，使煤颗粒通过气化介质达到流态化。流化床的特点在于其有较高的气-固相之间的传热、传质速率，气固相运动激烈，其床层固体颗粒分布和温度分布比较均匀，所产生的煤气和灰渣都在炉温下排出，如图 2-20 所示。

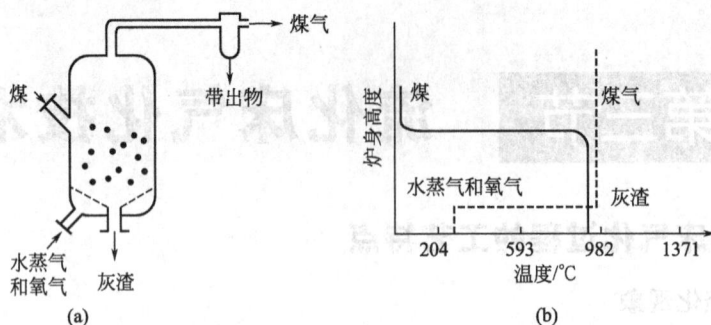

图 2-20 流化床气化炉 (a) 与气体温度分布 (b)

流化床气化的主要反应有：煤热解反应、热解气体二次反应、煤焦与二氧化碳及水蒸气反应、水蒸气变换反应和甲烷化反应。

煤的物理和化学性质对流化床气化炉的操作有显著的影响，煤的黏结性、热稳定性、水分、灰熔点变化时，易使操作不正常。例如，在脱挥发分过程中煤有黏结的倾向，这将导致流化不良，特别是对于黏结性强的煤尤为严重。这些因素会限制流化床的最高床层温度，从而也会限制生产能力和碳转化率。因此流化床中的气化速率要低于气流床，但高于固定床，流化床内的平均停留时间通常介于气流床和固定床之间。

对流化床气化过程的研究表明，流化床中煤的气化过程与固定床有很多相似之处，流化床层内同样存在氧化层和还原层。氧化层上面为还原层，还原层一直延伸到床层的上部界限。当床层流化不均匀时，会产生局部高温，甚至导致局部结渣，影响流化床的稳定操作。为了避免结渣，一般流化床的气化温度控制在 950℃。

由于流化床气化技术具有适应于劣质煤种的气化，气化强度高于一般的固定床气化炉，产品气中不含焦油和酚类等特点，而受到人们的关注，世界上许多国家都积极开展流化床煤气化技术的研发工作。

二、高温温克勒（HTW）气化工艺

温克勒（Winkler）气化工艺是最早的以褐煤为气化原料的常压流化床气化工艺，1925年首个气化装置投入运转，此后约有 70 余台在世界各地运转，但由于存在氧耗高、炭损失大（超过 20%）等缺点，大多数 Winkler 气化炉都先后停产。

高温温克勒（HTW）气化炉是对常压 Winkler 气化炉作了优化改进后形成的新工艺，其特点是提高了气化压力，最高达到 3.0MPa，同时也进一步提高了气化温度，并用强旋风分离器分离细灰循环进入气化炉，显著提高了碳转化率。因此确切地说，应该称为加压高温温克勒气化炉。

1. HTW 气化炉

图 2-21 为 HTW 气化炉示意图。进料系统包括加压料仓和螺旋给料机，以使煤粉在加压状态下进入气化炉；气化剂由设于气化炉下部的喷口进入；灰渣通过气化炉下部的螺旋出料机和锁斗排出气化炉；合成气经回收热量后，用陶瓷过滤器除去飞灰，然后洗涤。

2. HTW 气化工业示范装置

德国莱茵褐煤公司于 1986 年建立了 HTW 气化工业示范装置，配套 15×10^4 t/a 甲醇合成装置，该装置单炉煤处理能力为 720t/d，气化压力 1.0MPa，粗煤气产量 54000m³/h，到

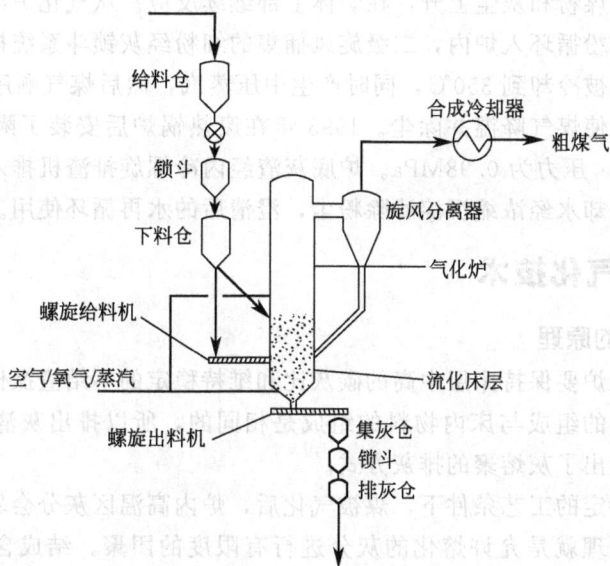

图 2-21　HTW气化炉示意图

1997 年底，示范装置累计运行达 6.7×10^4 h，累计气化干褐煤 160×10^4 t。其工艺流程如图 2-22 所示。

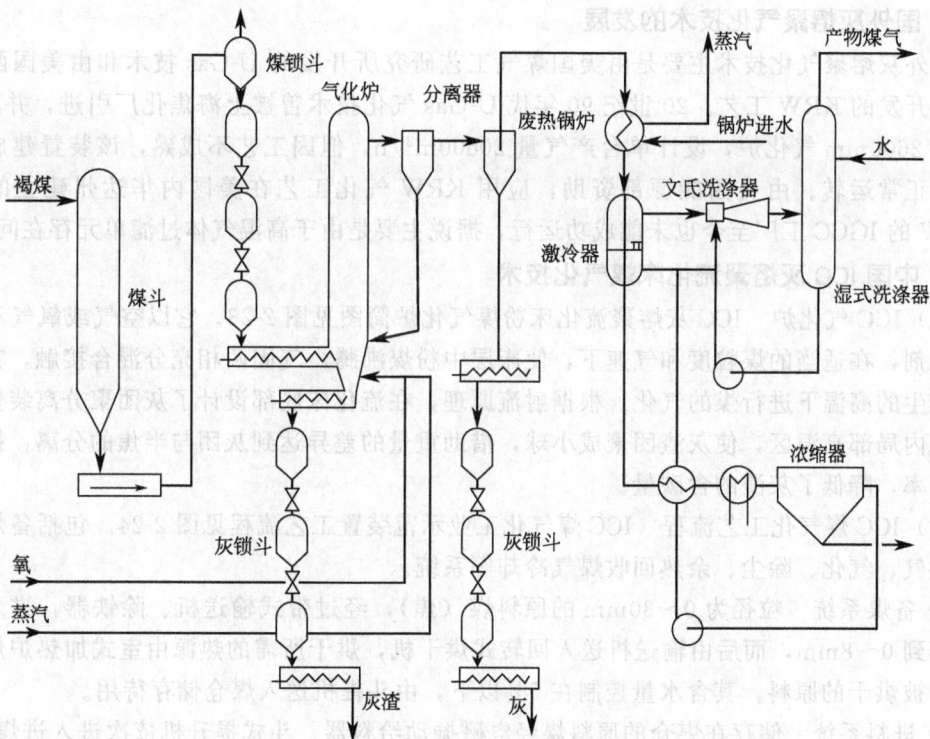

图 2-22　HTW气化工业示范装置工艺流程图

经加工处理合格的原料煤储存在煤斗，煤经串联的几个锁斗逐级下移，经螺旋给煤机从气化炉下部加入炉内，被由气化炉底部吹入的气化剂（氧气和蒸汽）流化发生气化反应生成煤气，热煤气夹带细煤粉和灰尘上升，在炉体上部继续反应。从气化炉出来的粗煤气经一级旋风除尘。捕集的细粉循环入炉内，二级旋风捕集的细粉经灰锁斗系统排出。除尘后的煤气进入卧式火管锅炉，被冷却到350℃，同时产生中压蒸汽，然后煤气顺序进入激冷器、文丘里洗涤器和水洗塔，使煤气降温并除尘。1993年在废热锅炉后安装了陶瓷元体的过滤除尘器，操作温度270℃，压力为0.98MPa。炉底灰渣经内冷螺旋排渣机排入灰锁斗，经螺旋排渣排出。煤气洗涤冷却水经浓缩沉淀滤除粉尘，澄清后的水再循环使用。

三、灰熔聚气化技术

1. 灰熔聚气化的原理

一般流化床气化炉要保持床层中高的碳灰比和维持稳定的不结渣操作，流化床内必须混合良好。因此，排料的组成与床内物料的组成是相同的，所以排出灰渣中的含碳量就比较高。针对上述问题提出了灰熔聚的排灰方式。

灰熔聚是指在一定的工艺条件下，煤被气化后，炉内高温区灰分会软化变形并进一步熔化，灰熔聚气化的原理就是允许熔化的灰分进行有限度的团聚，结成含碳量较低的球状灰渣，当团聚后颗粒体积增大到一定值后，就会自动离开气化炉底部，降低了灰渣的含碳量，这是气化炉排渣技术的重大发展。灰熔聚气化技术有鲜明的特点，床层内气、固两相混合充分，煤在床层内一次实现破黏、脱挥发分、气化、灰团聚与分离、焦油与酚类的裂解等过程。

2. 国外灰熔聚气化技术的发展

国外灰熔聚气化技术主要是由美国煤气工艺研究所开发的U-Gas技术和由美国西屋电力公司开发的KRW工艺。20世纪90年代U-Gas气化技术曾被上海焦化厂引进，并建了8台直径2600mm气化炉，设计单台产气量20800m³/h，但因工艺不成熟，该装置建成后一直未能正常运转。由美国能源部资助，应用KRW气化工艺在美国内华达州建立的一个100MW的IGCC工厂至今也未能成功运行，据说主要是由于高温气体过滤单元存在问题。

3. 中国ICC灰熔聚流化床煤气化技术

(1) ICC气化炉 ICC灰熔聚流化床粉煤气化炉简图见图2-23。它以空气或氧气和蒸汽为气化剂，在适当的煤粒度和气速下，使床层中粉煤沸腾，气固两相充分混合接触，在部分燃烧产生的高温下进行煤的气化。根据射流原理，在流化床底部设计了灰团聚分离装置，形成炉床内局部高温区，使灰渣团聚成小球，借助重量的差异达到灰团与半焦的分离，提高了碳利用率，降低了灰渣的含碳量。

(2) ICC煤气化工艺流程 ICC煤气化工业示范装置工艺流程见图2-24。包括备煤、进料、供气、气化、除尘、余热回收煤气冷却等系统。

① 备煤系统 粒径为0~30mm的原料煤（焦），经过带式输送机、除铁器，进入破碎机破碎到0~8mm，而后由输送机送入回转式烘干机，烘干所需的热源由室式加热炉烟道气供给，被烘干的原料，其含水量控制在5%以下，由斗提机送入煤仓储存待用。

② 进料系统 储存在煤仓的原料煤经电磁振动给料器、斗式提升机依次进入进煤系统，由螺旋给料器控制，气力输送原料煤进入气化炉下部。

③ 供气系统 气化剂（空气/蒸汽或氧气/蒸汽）分三路经计量后由分布板、环形射流管、中心射流管进入气化炉。

④ 气化系统 干碎煤在气化炉中与气化剂氧气-蒸汽进行反应，生成CO、H_2、CH_4、

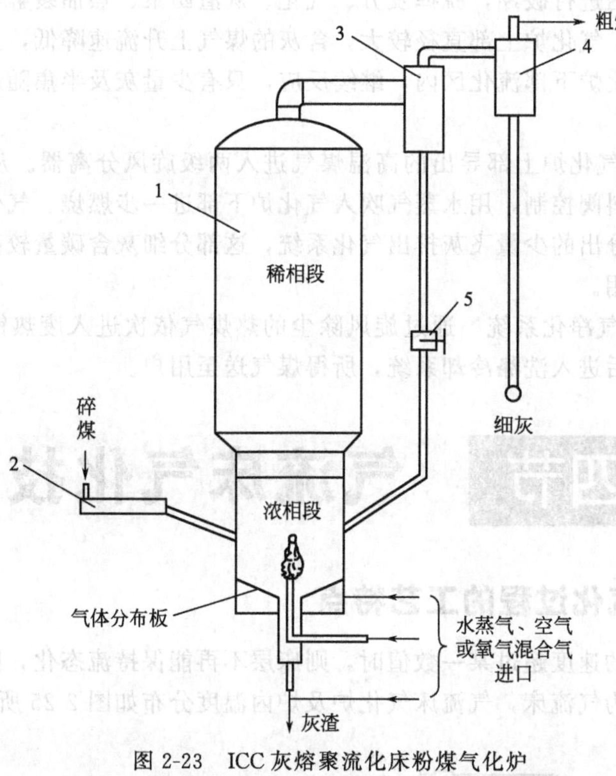

图 2-23 ICC 灰熔聚流化床粉煤气化炉

1—气化炉；2—螺旋给煤机；3—第一旋风分离器；4—第二旋风分离器；5—高温球阀

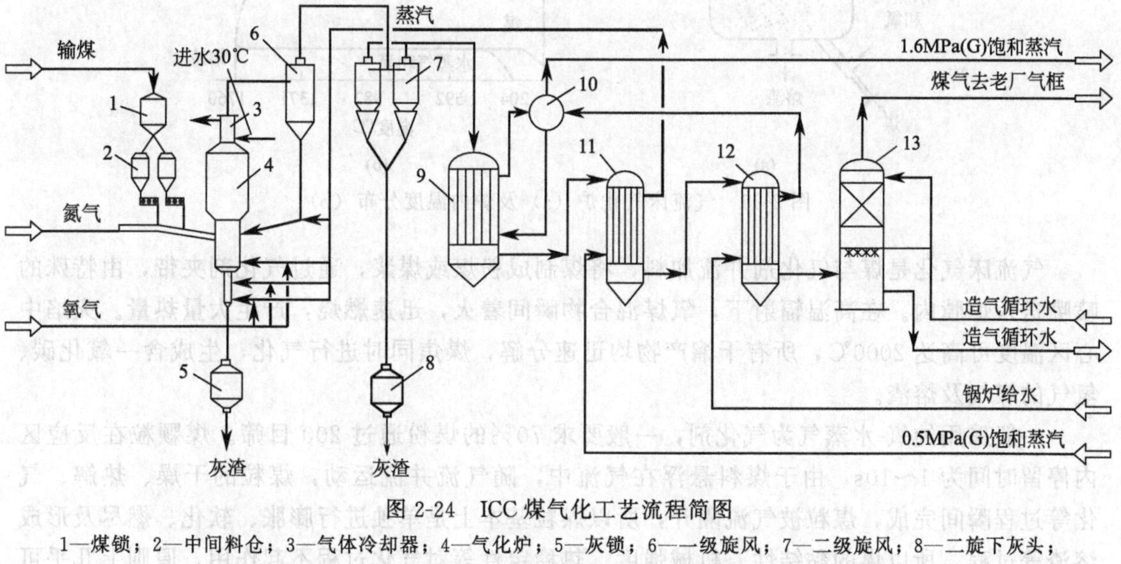

图 2-24 ICC 煤气化工艺流程简图

1—煤锁；2—中间料仓；3—气体冷却器；4—气化炉；5—灰锁；6—一级旋风；7—二级旋风；8—二旋下灰头；9—废热回收器；10—汽包；11—蒸汽过热器；12—脱氧水预热器；13—洗气塔

CO_2、H_2S 等气体。气化炉为一不等径的反应器，下部为反应区，上部为分离区。在反应区中，一部分蒸汽和氧气由分布板进入，使煤粒流化；另一部分氧气和蒸汽经计量后从环形射流管、中心射流管进入气化炉，在气化炉中心形成局部高温区使灰团聚形成团粒。生成的灰渣经环形射射流管、上灰斗、下灰斗定时排出系统。

原料煤在气化区内进行破黏，脱挥发分、气化、灰渣团聚、焦油裂解等过程，生成的煤气从气化炉上部引出。气化炉上部直径较大，含灰的煤气上升流速降低，大部分灰及未反应完全的半焦回落至气化炉下部流化区内，继续反应，只有少量灰及半焦随煤气带出气化炉进入下一工序。

⑤ 除尘系统　从气化炉上部导出的高温煤气进入两级旋风分离器。从第一级分离器分离出来的热飞灰，由料阀控制，用水蒸气吹入气化炉下部进一步燃烧、气化，以提高碳转化率。从第二级分离器分出的少量飞灰排出气化系统，这部分细灰含碳量较高（60%～70%），可作为锅炉燃料再利用。

⑥ 废热回收及煤气净化系统　通过旋风除尘的热煤气依次进入废热锅炉、蒸汽过热器和脱氧水预热器，最后进入洗涤冷却系统，所得煤气送至用户。

第四节　气流床气化技术

一、气流床气化过程的工艺特点

当气体通过床层的速度超过某一数值时，则床层不再能保持流态化，固体煤粒将被带出床层，此时的床层即为气流床，气流床气化炉及炉内温度分布如图 2-25 所示。

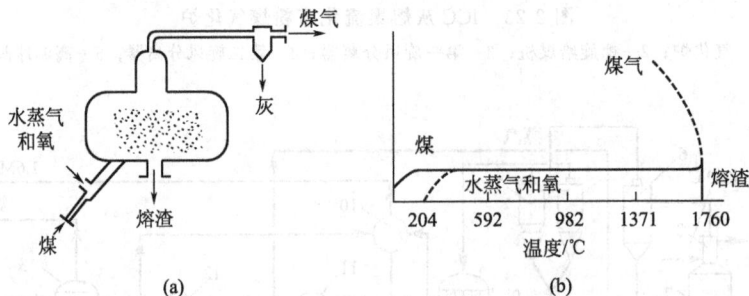

图 2-25　气流床气化炉（a）及炉内温度分布（b）

气流床气化是煤与气化剂并流加料，将煤制成粉煤或煤浆，通过气化剂夹带，由特殊的喷嘴送入炉膛内。在高温辐射下，氧煤混合物瞬间着火，迅速燃烧，产生大量热量。火焰中心区温度可高达 2000℃，所有干馏产物均迅速分解，煤焦同时进行气化，生成含一氧化碳、氢气的煤气及熔渣。

一般采用纯氧-水蒸气为气化剂，一般要求 70% 的煤粉通过 200 目筛。煤颗粒在反应区内停留时间为 1～10s，由于煤料悬浮在气流中，随气流并流运动，煤粒的干燥、热解、气化等过程瞬间完成，煤粒被气流隔开，所以煤粒基本上是单独进行膨胀、软化、燃尽及形成熔渣等过程，所以煤的黏结性、机械强度、热稳定性等对气化过程不起作用，原则上几乎可以气化任何煤种。

该法的优点是气化温度高，气化强度大，煤种适应性强，煤气中不含焦油。缺点是需要较庞大的制粉设备，耗电量大；由于反应物并流，产品气体与燃料之间不能进行内部换热，故出口煤气温度高，同时由于气速高，带走的飞灰很多，为回收煤气中的显热及除去煤气中的灰尘需设置较庞大的余热回收和除尘装置。

气流床气化，煤的加料有两种形式，一种是干法（干粉煤）加料，另一种是湿法（水煤浆）加料。已经工业化的气流床气化炉主要包括国外的干法加料的 K-T 炉、Shell 气化炉、GSP 气化炉、Prenflo 气化炉和湿法 Texaco 气化炉、E-gas 气化炉以及国内的对置多喷嘴气化炉、多元料浆气化炉等。本书将针对较典型的 Shell 气化炉、Texaco 气化炉、对置多喷嘴气化炉进行分析讨论。

二、Texaco 气化工艺

（一）水煤浆加料气化工艺的特点

水煤浆气化是煤以水煤浆形式加料，利用喷嘴、气化剂高速喷出与料浆并流混合雾化，在气化炉内进行火焰型非催化部分氧化反应工艺过程。

水煤浆和氧气喷入气化炉后瞬间经历煤浆升温及水分蒸发、煤热解挥发、残炭气化和气体间化学反应等过程，生成以 CO、H_2 为主要组分的粗煤气。灰渣采用液态排渣。

气化炉内进行的反应主要有：

$$C+O_2 \longrightarrow CO_2$$
$$C+H_2O \Longleftrightarrow CO+H_2$$
$$C+CO_2 \Longleftrightarrow 2CO$$
$$C+2H_2 \Longleftrightarrow CH_4$$
$$CO+H_2O \Longleftrightarrow H_2+CO_2$$
$$CO+3H_2 \Longleftrightarrow CH_4+H_2O$$

还进行以下反应：

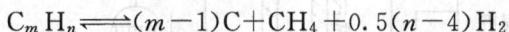

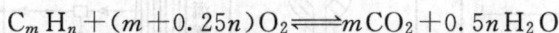

$$C_mH_n \Longleftrightarrow (m-1)C+CH_4+0.5(n-4)H_2$$
$$C_mH_n+(m+0.25n)O_2 \Longleftrightarrow mCO_2+0.5nH_2O$$

当煤浆进入气化炉被雾化后，部分煤燃烧而使气化炉温度很快达到 1300℃ 以上的高温，由于高温气化在很高的速率下进行，平均停留时间仅几秒，高级烃完全分解，甲烷的含量也很低，不会产生焦油类物质。由于温度在灰熔点以上，灰分熔融并呈微细熔滴被气流夹带出，离开气化炉的粗煤气可用各种方法处理。

水煤浆气化制煤气有如下优点：

① 气化原料范围宽，可适用泥炭、褐煤、烟煤和无烟煤等煤种；

② 水煤浆进料与干粉进料比较，安全并易控制；

③ 工艺技术成熟、流程简单，过程控制安全可靠，设备布置紧凑、运转率高，气化炉内部结构简单，炉内没有机械传动装置、操作性能好；

④ 操作弹性大，气化过程碳转化率较高，一般可达 95%～99%，负荷调整范围为 50%～105%；

⑤ 粗煤气质量好、用途广，采用高纯氧气进行部分氧化反应，粗煤气中有效成分（$CO+H_2$）达 80% 左右，除含少量甲烷外不含其他烃类、酚类和焦油等物质；

⑥ 气化压力范围较宽，操作压力在 2.6～8.5MPa，如下游产品为生产甲醇、乙酸、二甲醇等产品，选择压力上限有利于降低能耗；

⑦ 生产能力大，单台气化炉一般在 400～1000t/d；

⑧ 气化过程污染少、环保性能较好，高温、高压气化产生的废水所含有的有害物极少，少量废水经简单处理后可直接排放，排出的炉渣可作水泥或建筑材料的原料。

水煤浆气化缺点：

① 炉内耐火砖侵蚀严重，选用高铬耐火砖寿命为 1～2 年，更换耐火砖费用高，增加生产运行成本；

② 喷嘴使用周期短，一般运行 1～2 个月需更换或修复，停炉更换喷嘴对生产连续运行或高负荷运行有影响；

③ 水煤浆含水高，冷煤气效率和有效气体成分较低，氧耗、煤耗比干法高。

④ 对管道及设备材料要求高，工程投资较大。

（二）Texaco 气化工艺流程

1. 工艺流程

Texaco 水煤浆加压气化的工艺流程，按燃烧室排出的高温气体和熔渣的冷却方式的不同，而分为激冷流程和废热锅炉（废锅）流程，包括煤浆制备和输送、气化和废热回收、煤气冷却净化等部分。

（1）废锅流程　Texaco 气化废锅流程如图 2-26 所示，废锅流程是气化炉燃烧室排出的高温热气流和熔渣，经过紧连其下的辐射废热锅炉间接换热副产高压蒸汽，高温粗煤气被冷却，熔渣凝固，绝大部分灰渣（约占 95%）留在辐射废热锅炉的底部水浴中。含有少量飞灰的粗煤气，经对流废热锅炉进一步冷却回收热量，然后用水进行洗涤，除去残余的飞灰，制得洁净的煤气。

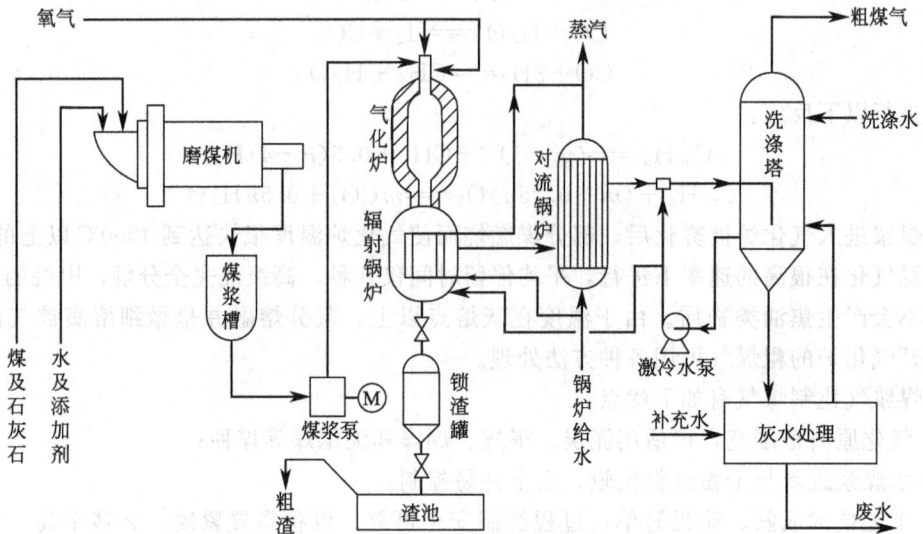

图 2-26　Texaco 气化废锅流程

Texaco 气化工艺采用煤浆进料，比干式进料系统稳定、简单。煤浆制备有多种方法，现国外较多采用一段湿法制水煤浆工艺，同时，又有开路（不返料）和闭路（返料）研磨流程之分。前者是煤和水按一定比例一次通过磨机制得水煤浆，同时满足粒度和浓度的要求；后者是煤经研磨得到水煤浆，再经湿筛分级，分离出的大颗粒再返回磨机。

一段湿法制浆工艺具有流程简单、设备少、能耗低，尤其是开路流程，无需二次脱水等优点。当使用同样物料研磨到相同细度时，湿法比干法可节省动力约 30%。所谓干法，即不用湿磨，而是将原煤用干磨研磨成所要求的筛分组成的煤粉，再按比例加入水和添加剂混合制成水煤浆。

（2）激冷流程　Texaco 气化激冷流程如图 2-27 所示，激冷流程是出气化炉燃烧室的高温热气流和熔渣经激冷环被水激冷后，沿下降管导入激冷室进行水浴，熔渣迅速固化，粗煤气被水饱和。出气化炉的煤气，经炭黑洗涤塔除掉夹带的粉尘后，制得洁净的粗煤气。气化炉的燃烧室和激冷室连为一体，设备结构紧凑，粗煤气和熔渣所携带的显热直接被激冷水汽化所回收，同时熔渣被固化分离。具有配置简单，便于操作管理，粗煤气中的水蒸气量能满足变换工段要求的特点。适合于生产合成氨和制纯氢的生产，如用于生产城市煤气，需进行部分变换及甲烷化，以减少一氧化碳含量并提高煤气热值。

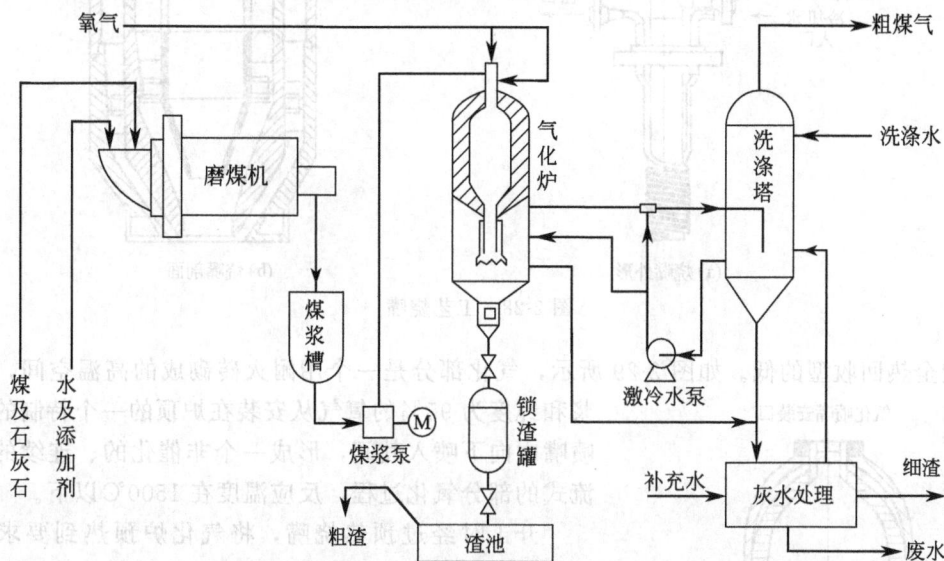

图 2-27　Texaco 气化激冷流程

2. 设备结构

（1）工艺烧嘴　工艺烧嘴的主要功能是利用高速氧气流的动能，将水煤浆雾化并充分混合，在炉内形成一股有一定长度黑区的稳定火焰，为气化创造条件。

工业上使用的三流式工艺烧嘴，如图 2-28 所示，该工艺烧嘴为三流通道，氧分为两路，一路为中心氧通道，由中心管喷出，水煤浆由内环道流出，并与中心氧在出烧嘴口前预先混合，另一路为主氧通道，主氧道氧气在外环道烧嘴口处与煤浆和中心氧再次混合。水煤浆未与中心氧接触前，在环隙通道为厚达十余毫米的一圈膜，流速约 2m/s。中心氧占总氧量的 15%～20%，流速约 80m/s。环隙主氧占总氧量的 89%～85%，气速约高于中心氧道，约 120m/s。氧气在烧嘴入口处的压力与炉压之比为 1.2～1.4。

烧嘴头部最外侧有水冷夹套，冷却水入口直抵夹套，再由缠绕在烧嘴头部的数圈盘管引出，对烧嘴出口进行降温，起到保护作用。

（2）气化炉　气化炉为一直立圆筒形钢制耐压容器，内壁衬以高质量的耐火材料，可以防止热渣和粗煤气的侵蚀。水煤浆原料与氧气从气化炉顶部进入。煤浆由喷嘴导入，在高速氧气的作用下雾化。氧气和雾化后的水煤浆在炉内受到高温衬里的辐射作用，迅速进行着一系列的物理、化学变化，如预热、水分蒸发、煤的干馏、氧化还原等。

Texaco 气化炉根据粗煤气采用的冷却方法不同，可分为淬冷型和全热回收型。两种炉型仅是对高温粗煤气所含显热回收利用不同，而气化工艺基本相同。气化炉分为上、下两部分，其上部是燃烧室，下部为急冷室或辐射废热锅炉结构。

目前大多数 Texaco 气化炉采用淬冷型，其优势在于它更廉价，可靠性更高，缺点是热

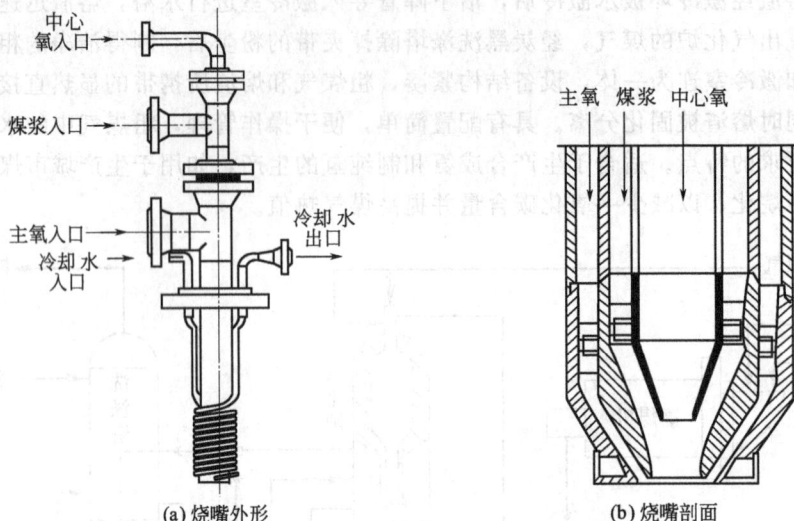

中心氧入口

煤浆入口

主氧入口

冷却水入口

冷却水出口

(a) 烧嘴外形

主氧　煤浆　中心氧

(b) 烧嘴剖面

图 2-28　工艺烧嘴

效率较全热回收型的低。如图 2-29 所示，气化部分是一个用耐火砖砌成的高温空间，水煤浆和纯度为 95% 的氧气从安装在炉顶的一个特制的燃烧喷嘴中向下喷入其间，形成一个非催化的、连续的、喷流式的部分氧化过程，反应温度在 1500℃ 以下。

开工时经过预热烧嘴，将气化炉预热到要求的温度，水煤浆和氧气通过煤浆喷嘴喷入燃烧室内，燃烧并完成部分氧化反应，生成粗煤气，进入急冷室。初步冷却后的含渣气流流经急冷管和抽引管之间的环隙，鼓泡、洗涤去绝大部分的灰渣，气流经过急冷室的分离空间进一步分离出去，进入后一工序。

气化炉燃烧室和急冷室外壳是连成一体的。上部燃烧室为一中空圆形体带拱形顶部和锥形下部的反应空间，衬有耐火材料的钢制容器，炉内耐火砖分拱顶、筒体、锥体三个独立部分，相互不支撑，可局部更换。顶部连有烧嘴口，锥口下部接激冷室，生成气体出口到急冷室。炉壁表面有测温系统，炉膛上安装有高温热电偶，用以指导气化炉操作。

对于全热回收型 Texaco 气化炉，粗合成气离开气化段后，在合成气冷却器中从 1400℃ 被冷却到 700℃，回收的热量用来生产高压蒸汽。熔渣向下流到冷却器被淬冷，在经过排渣系统排出。合成气由淬冷段底部送下一工序。

（三）Texaco 气化的工艺条件

（1）水煤浆浓度　水煤浆浓度是 Texaco 气化的一个重要工艺参数。水煤浆的浓度是指煤浆中煤的质量分数。一般地，随着水煤浆浓度的提高，煤气中的有效成分增加，气化效率提高，氧气的消耗量下降，水煤浆浓

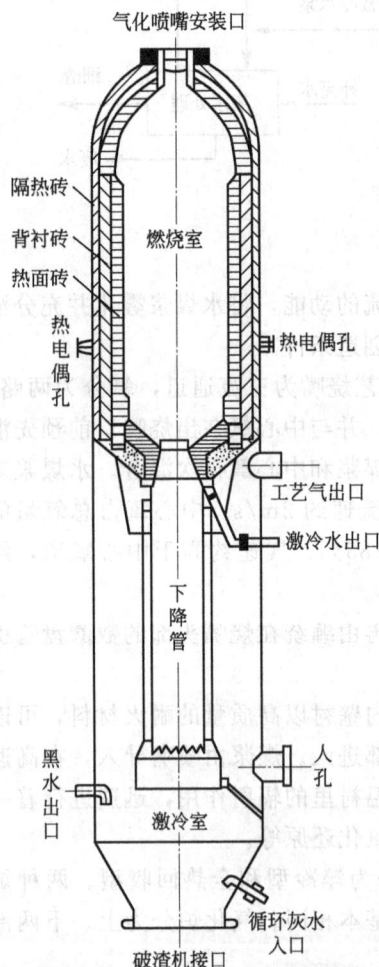

气化喷嘴安装口

隔热砖

背衬砖

热面砖

燃烧室

热电偶孔

热电偶孔

工艺气出口

激冷水出口

下降管

黑水出口

人孔

激冷室

循环灰水入口

破渣机接口

图 2-29　Texaco 气化炉的结构

度与冷煤气效率和煤气质量及氧耗的关系如图 2-30 和图 2-31 所示。Texaco 技术中水煤浆浓度一般要求固含量达成 65％左右。水煤浆浓度与煤炭的质量、制浆的技术密切相关。煤浆的浓度、黏度、稳定性等对气化过程和物料输送均有重要影响，常规做法是在水煤浆中加入添加剂、石灰石、氨水，以降低煤浆黏度、提高固含量。

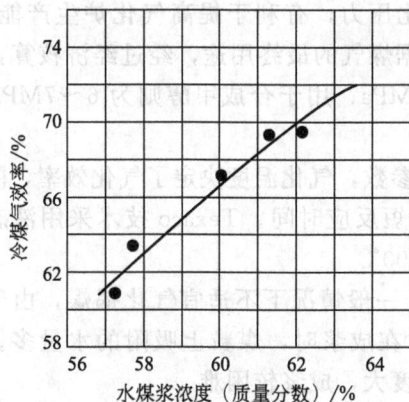

图 2-30 水煤浆浓度与冷煤气效率的关系
气化压力为 2.45MPa（表压）；气化温度为
1380℃；入炉煤量（干）为 1.00～1.05t/h；
氧煤比为 1.0kg/kg

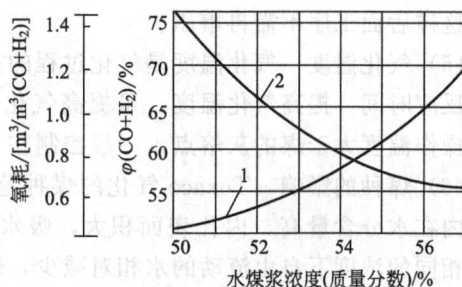

图 2-31 水煤浆浓度与煤气质量及氧耗的关系
1—（CO+H₂）含量；2—氧气耗量

（2）粉煤的粒度 粉煤的粒度对碳的转化率有很大影响。较大的颗粒离开喷嘴后，在反应区的停留时间比小颗粒的停留时间短，而且颗粒越大气固相的接触面积减小。这双重的影响结果是，使大颗粒煤的转化率降低，导致灰渣中的含碳量增大。

就单纯的气化过程而言，水煤浆的浓度越高、煤粉的粒度越小，越有利于气化。但煤粉中细粉含量过高时，水煤浆的黏度上升，不利于配制高浓度的煤浆。故对反应性较好的煤种，可适当放宽煤粉的粒度。

（3）氧煤比 氧煤比是 Texaco 气化法的重要指标。在其他条件不变时，氧煤比决定了气化炉的操作温度（气化温度），如图 2-32 所示。同时，氧煤比增大，碳转化率也增大，如图 2-33 所示。

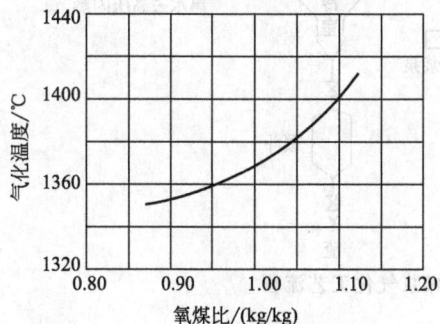

图 2-32 氧煤比与气化温度的关系
气化压力为 2.45MPa；入炉煤量（干）为
1.00～1.05t/h；煤浆浓度（质量分数）
为 60％；铜川煤

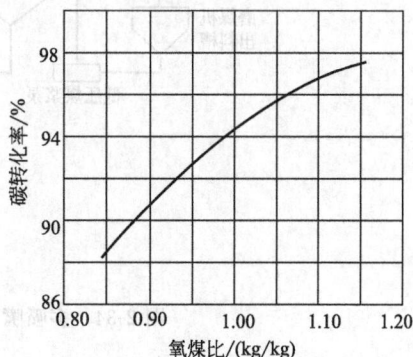

图 2-33 氧煤比与碳转化率的关系
气化压力为 2.45MPa（表压）；气化温度为 1380℃；
入炉煤量（干）为 1.00～1.05t/h；煤浆浓度
（质量分数）为 60％；铜川煤

虽然，氧气比例增大可以提高气化温度，有利于碳的转化，降低灰渣含碳量。但氧气过量会使二氧化碳的含量增加，从而造成煤气中的有效成分降低，气化效率下降。故操作过程中应确定合适的氧煤比。

(4) 气化压力　提高气化压力，可以增加反应物的浓度，加快反应速率；由于煤粒在炉内的停留时间延长，碳的转化率提高。同时提高气化压力，有利于提高气化炉生产能力。Texaco 工艺的气化压力一般在 10MPa 以下，通常根据煤气的最终用途，经过经济核算，选择合适的气化压力，例如生产合成氨一般为 8.5～10MPa；用于合成甲醇则为 6～7MPa 为宜，这样后面工序不需再增压。

(5) 气化温度　气化温度是气化过程的重要控制参数，气化温度决定了气化效率，同时影响反应时间。提高气化温度，可提高气化效率并缩短反应时间。Texaco 技术采用液态排渣，操作温度大于煤的灰熔点，一般控制在 1350～1500℃。

(6) 煤种的影响　Texaco 气化的煤种范围较宽，一般情况下不适宜气化褐煤，由于褐煤的内在水分含量高，内孔表面积大，吸水能力强，在成浆时，煤粒上吸附的水量多。因此，相同的浓度下自由流动的水相对减少，煤浆的黏度大，成浆较困难。

灰分含量是影响气化的一个重要因素。德士古法是在煤的灰熔点以上的温度操作，炉内灰分的熔融所需要的热量需燃烧部分煤来提供，因而煤灰分含量增大，氧消耗量会增大，同理煤的消耗量亦增大。灰分含量一般应低于 10%～15%。

三、多喷嘴水煤浆气化技术

多喷嘴对置式水煤浆气化炉是国家"九五"重点科技攻关项目，于 2000 年 7 月第一次投料成功，并通过国家技术测试及鉴定，经过长达十余年的探索与改进，已正在开发与推广 2000t/d 级装置，是有自主知识产权项目。其工艺流程如图 2-34 所示。

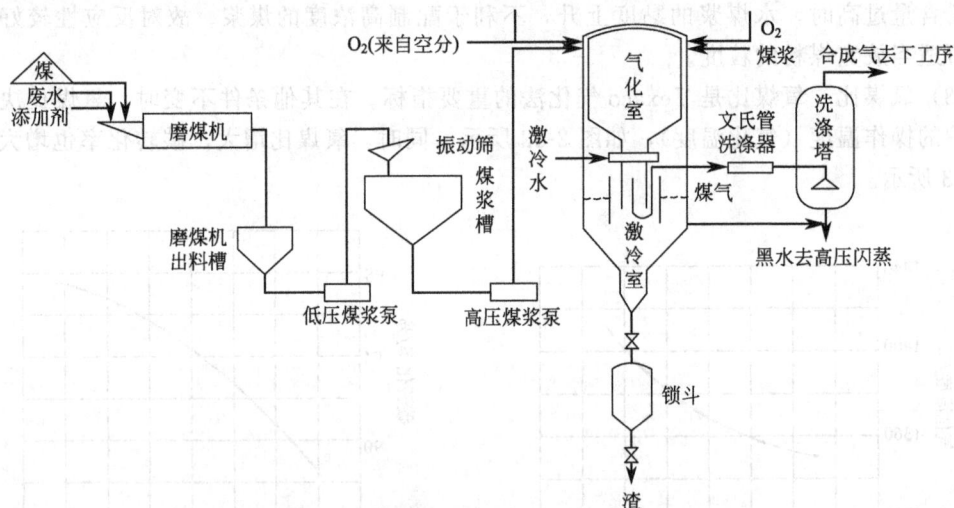

图 2-34　多喷嘴对置式水煤浆气化工艺流程

煤浆分别经 4 台高压煤浆泵加压计量后与氧气一起送至 4 个两两水平对称布置的工艺喷嘴，在气化炉内进行部分氧化反应。生成的粗煤气、熔渣并流向下进入气化炉激冷室，熔渣在底部水浴中激冷固化，由锁渣罐收集定期排放。粗煤气经脱除游离氧的水喷淋降温后送洗涤塔除尘。从洗涤塔下部抽出的含固量较低的黑水，经洗涤塔循环加压后送入激冷室作为煤气的激冷水使用。工艺主要技术特点如下。

① 炉内温度分布均匀，炉膛内温度差在 50～150℃ 之间，由于温差小，延长了炉内耐火砖寿命。

② 有效成分高，碳转化率高达 99%，通过撞击流强化了传质传热过程以提高气化效果。经比较，有效气体（CO+H₂）含量较 Texaco 气化装置高 2%～3%，同时，氧耗下降。

③ 采用预膜式喷嘴。预膜式喷嘴采用氧气与水煤浆同时离开喷嘴，喷嘴内部没有预混段，利用内、外侧高速氧气扰动水煤浆雾化和与氧气的充分混合。

④ 选用混合器-旋风分离器-泡罩塔组合方案，采用"分级"净化，是一项高效、节能型的工艺。

⑤ 多喷嘴对置水煤浆气化技术采用直接换热回收黑水热量，有利于解决换热器结垢问题，提高传热效率。

四、Shell 气化工艺

Shell 气化工艺是由荷兰壳牌公司开发的一种加压气流床干粉煤气化技术。自 20 世纪 70 年代开发，90 年代投入工业化应用，用于 IGCC 发电装置。在中国主要用于煤化工生产。由于煤种适应性广，几乎可以气化从无烟煤到褐煤的所有煤种，能源利用效率高，碳转化率高达 99%，气化效率高、单台气化炉产气能力高和影响环境副产品少使其得到应用。

（一）工艺技术特点

Shell 煤气化工艺以干煤粉进料，纯氧作气化剂，液态排渣。干煤粉由少量的氮气（或二氧化碳）吹入气化炉，对煤粉的粒度要求也比较灵活，一般不需要过分细磨，但需要经热风干燥，以免粉煤结团，尤其对含水量高的煤种更需要干燥。气化火焰中心温度随煤种不同在 1600～2200℃，出炉煤气温度为 1400～1700℃。产生的高温煤气夹带的细灰尚有一定的黏结性，所以出炉需与一部分冷却后的循环煤气混合，将其激冷到 900℃ 左右后再导入废热锅炉，产生高压过热蒸汽。干煤气中的有效成分（CO+H₂）可高达 90% 以上，甲烷含量很低。煤中约有 83% 以上的热能转化为煤气，大约有 15% 的热能以高压蒸汽的形式回收。Shell 煤气化主要工艺技术特点如下。

① 由于采用干法粉煤进料及气流床气化，因而对煤种适应广，可使任何煤种完全转化。它能成功地处理高灰分、高水分和高硫煤种，能气化无烟煤、石油焦、烟煤及褐煤等各种煤。对煤的性质诸如活性、结焦性、水、硫、氧及灰分不敏感。

② 能源利用率高。由于采用高温加压气化，因此其热效率很高，在典型的操作条件下，Shell 工艺的碳转化率高达 99%。合成气对原料煤的能源转化率为 80%～83%。在加压下（3MPa 以上），气化装置单位容积处理的煤量大，产生的气量多，采用了加压制气，大大降低了后续工序的压缩能耗。此外，还由于采用干法供料，也避免了湿法进料消耗在水汽化加热方面的能量损失，因此能源利用率也相对提高。

③ 设备单位容积产气能力高。由于是加压操作，所以设备单位容积产气能力提高。同样的生产能力下，设备尺寸较小，结构紧凑，占地面积小，相对的建设投资也比较低。

④ 环境效益好。因为气化在高温下进行，且原料粒度很小，气化反应进行的极为充分。副产物很少，因此干粉煤加压气流床工艺属于"洁净煤"工艺。

（二）Shell 气化工艺流程

1. 工艺流程

Shell 气化工艺流程见图 2-35，从示范装置到大型工业化装置均采用废热锅炉流程。来自制粉系统的干燥粉煤由氮气或二氧化碳气经浓相输送至炉前煤粉储仓及煤锁斗，再经由加压氮气或二氧化碳加压将细煤粒子由煤锁斗送入经向相对布置的气化烧嘴。气化所需氧气和水蒸气也送入烧嘴。通过控制加煤量，调节氧量和蒸汽量，使气化炉在1400～1700℃范围内运行。气化炉操作压力为2～4MPa。在气化炉内煤中的灰分以熔渣的形式排出。绝大多数熔渣从炉底离开气化炉，用水激冷，再经破渣机进入渣锁系统，最终泄压排出系统。熔渣为一种惰性玻璃状物质。

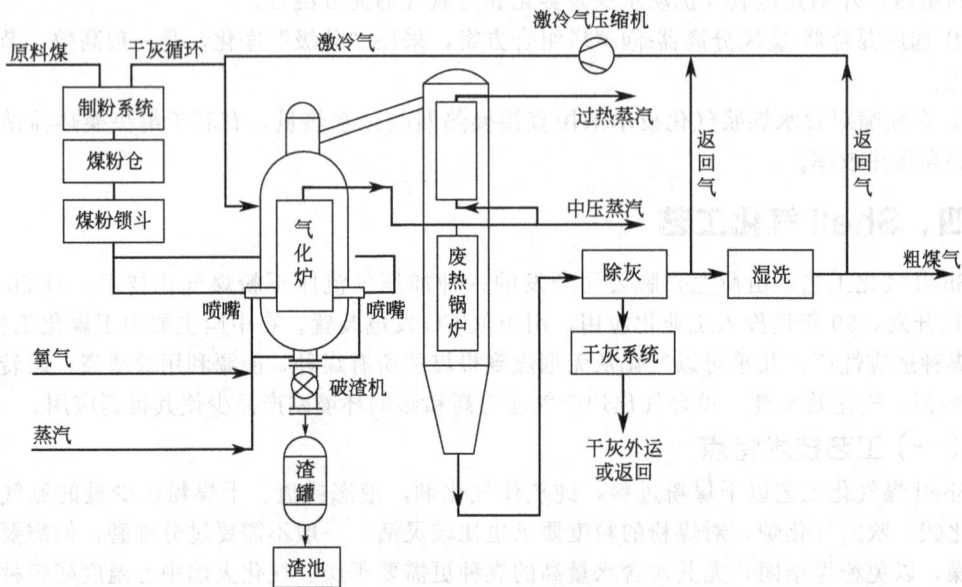

图 2-35　Shell 气化工艺流程

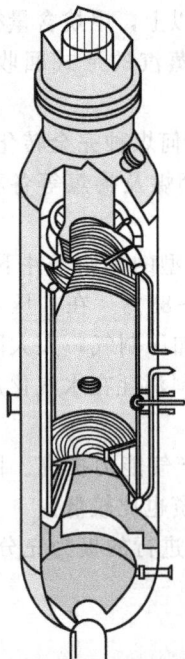

图 2-36　Shell 气化
炉结构简图

出气化炉的粗煤气夹带着飞散的熔渣粒子被循环冷却煤气激冷，使熔渣固化而不致粘在冷却器壁上，然后再从煤气中脱除。合成气冷却器采用水管式废热锅炉，用来产生中压饱和蒸汽或过热蒸汽。粗煤气经省煤器进一步回收热量后进入陶瓷过滤器除去细粉尘。部分煤气加压循环用于出炉煤气的激冷。粗煤气经脱除氯化物、氨、氰化物和硫（H_2S、COS），HCN 转化为 N_2 或 NH_3，硫化物转化为单质硫。工艺过程中大部分水循环使用。废水在排放前需经生化处理。如果要将废水排放量减小到零，可用低位热将水蒸发。剩下的残渣只是无害的盐类。

2. 气化炉

Shell 煤气化装置的核心设备是气化炉。Shell 气化炉结构简图见图 2-36。Shell 煤气化炉采用膜式水冷壁形式。它主要由内筒和外筒两部分构成，包括膜式水冷壁、环形空间和高压容器外壳。膜式水冷壁向火侧覆有一层比较薄的耐火材料，一方面为了减少热损失；另一方面更主要的是挂渣，充分利用渣层的隔热功能，以渣抗渣、以渣护炉壁，可以使气化炉热损失减少到最低，以提高气化炉的可操作性和气化效率。环形空间位于压力容器外壳和膜式水冷壁之间。设计环形空间的目的是容纳水、蒸汽的输入输出和集气管，另外，环形空间还有利于检查和维修。气化炉外壳为压力容器，一般小直径的气化炉用钨合金钢制造，其他用低铬钢制造。对于日产1000t合成氨的生产装置，气化炉壁设计温度一般为350℃，设计压力为3.3MPa（气）。

气化炉内筒上部为燃烧室（或气化区），下部为熔渣激冷室。煤粉及氧气在燃烧室反应，温度为1700℃左右。Shell气化炉由于采用了膜式水冷壁结构，内壁衬里设有水冷管，副产部分蒸汽，正常操作时壁内形成渣保护层，用以渣抗渣的方式保护气化炉衬里不受侵蚀，避免了由于高温、熔渣腐蚀及开停车产生应力对耐火材料的破坏而导致气化炉无法长周期运行。由于不需要耐火砖绝热层，运行周期长，可单炉运行，不需备用炉，可靠性高。

中国已相继引进十多套装置，建在洞庭氮肥厂的第一套装置已投入运转。从Shell煤气化技术在中国建设和运行的经验来看，Shell技术用于合成气合成化学品生产有待实践检验。

第五节　典型煤气化炉的生产操作

一、鲁奇加压气化炉的操作

1. 加压气化炉的开车操作

气化炉开车过程的操作非常重要，它直接关系到气化炉投入正常运行后能否保持高负荷连续生产和系统安全，所以在操作管理上必须重视开车过程的每个步骤。

（1）气化炉开车前系统的检查确认　气化炉开车前要进行强度和气密性检查、系统完整性检查、仪表功能检查及机械性能检查，保证各部分到达工作正常，达到开车要求。

（2）点火前的准备工作

① 检查各管线盲板和各阀门位置是否按开车要求动作；

② 启动润滑油泵，检查各注油点油是否到位；

③ 建立废热锅炉底部煤气水液位及洗涤循环；

④ 向废热锅炉的壳程充入锅炉水建立液位，打开废热锅炉壳程的蒸汽阀，使废热锅炉与低压蒸汽管网连通；

⑤ 确认煤质合格后，向气化炉内加煤，开车前炉内加煤的数量主要根据煤加热后的膨胀性能确定；

⑥ 将过热蒸汽通入气化炉内使煤层升温，蒸汽通入气化炉后，灰锁每15min排放一次冷凝液。

（3）气化炉点火及火层培养　蒸汽升温达到要求后即可进行点火操作。点火及点火后火层的培养对气化炉投运后能否稳定高负荷运行至关重要。加压气化炉一般都采用空气点火，待工况稳定后再切换为氧气操作。近年来有些工厂采用氧气直接点火，这样可省去空气与氧气的切换过程，缩短气化炉开车的时间。由于空气点火较为安全，所以一般推荐空气点火。空气点火操作步骤如下：

① 确认点火条件：煤层加热升温约3h，气化炉出口温度大于100℃。

② 关闭入炉蒸汽流量调节阀。

③ 缓慢开启开工空气流量调节阀，控制入炉空气流量约为1500m³/h。

④ 用奥氏分析仪分析气化炉出口气体成分，CO_2 含量逐步升高、O_2 含量逐渐下降说明火已点着。

⑤ 当证实气化炉点火成功后，稍稍开启入炉蒸汽调节阀，向气化剂中配入少量蒸汽，控制气化剂温度大于 150℃。

⑥ 当气化炉出口煤气中 CO_2、O_2 含量基本稳定后，逐渐增大入炉空气量至 3000～4000m^3/h，同时相应增加入炉蒸汽量以维持气化剂温度。

⑦ 启动炉箅，以最低转速运行，使炉内布气均匀。对于设有布煤搅拌器的气化炉应同时启动。

⑧ 当气化炉出口煤气中氧含量小于 0.4％（体积分数）时，将煤气切换到热火炬放空（若设有两个开工火炬时），点燃火炬，维持空气运行约 4h 以培养火层。在此阶段应维持炉箅低转速间断运行，但应注意，在空气运行阶段产生的灰量较少，炉箅的排灰量应少于气化炉产生的灰渣量，否则将会使火层排入灰锁，破坏了炉内的火层。

（4）气化炉的切氧、升压、并网送气　在空气运行正常后，气化炉内火层已均匀建立，即可将空气切换为氧气加蒸汽运行，然后缓慢升压、并网。具体操作步骤如下：

① 确认切氧条件

a. 夹套水液位、废热锅炉的锅炉水液位，废热锅炉底部煤气水液位均正常。

b. 煤气水洗涤循环泵运行正常。

c. 为煤、灰锁阀门提供动力的液压系统运行正常。

d. 气化炉满料操作。

② 切氧操作

a. 将氧气盲板倒至通位，打开主截止阀的旁路阀对盲板法兰进行试漏，此时氧气电动阀与氧气调节阀必须处于关闭位置。

b. 确认煤锁、灰锁各阀门处于关闭状态，炉箅停止排灰。

c. 关闭入炉蒸汽调节阀，若有泄漏则蒸汽电动阀也应关闭，然后延时 5min 再关闭入炉空气调节阀。

d. 略微提高气化炉煤气压力调节器设定值（在自动控制状态），使煤气压力调节阀恰好关闭。

e. 先打开蒸汽电动阀，然后再打开氧气电动阀，若氧气电动阀打开后氧气调节阀有泄漏，应先关闭氧气电动阀，待通入蒸汽后再打开。

f. 缓慢打开蒸汽调节阀，调节蒸汽流量至约 5t/h，然后打开氧气调节阀，以设计的汽氧比计算氧气流量进行调整，尽可能以较高的汽氧比通入氧气量，以避免氧过量造成气化炉结渣。仔细观察气化炉煤气压力调节阀，应在通入氧气后几秒内打开，否则气化炉应停车。

g. 用奥氏仪连续取样分析煤气成分，煤气中 CO_2 应小于 40％（体积分数），O_2 应小于 1％（体积分数），否则气化炉应立即停车。

h. 煤气成分稳定后适当增加入炉蒸汽量与氧气量，在调整时必须先增加蒸汽流量再增加氧气流量，继续分析煤气成分，调整汽氧比，使煤气中 CO_2 含量接近设计值。

③ 气化炉升压操作

a. 将开车空气盲板倒至盲位。

b. 通过缓慢提高气化炉煤气压力调节器的设定值，将气化炉升压至 1.0MPa。升压过程应缓慢进行，升压速度应小于 50kPa/min。

c. 气化炉升压至 1.0MPa 后，稳定该压力，煤锁、灰锁进行加煤、排灰操作，同时检查气化炉及相应管道、设备所有法兰，并进行全面热态紧固。

d. 气化炉再次升压至 2.1MPa，将废热锅炉煤气水的排出由开工管线切换为正常管线。检查气化炉所有法兰是否严密。

e. 气化炉再次升压至与煤气总管压力基本平衡，准备并网送气。

④ 气化炉并网送气　逐渐关闭煤气到火炬的电动阀，当气化炉压力高于煤气总管压力 50kPa 时，打开煤气到总管的电动阀，全关火炬气电动阀，气化炉煤气并入总管。

⑤ 增加气化炉负荷至设计值的 50%（以氧气计），将入炉蒸汽与氧气流量调节阀投入自动控制。逐步调整汽氧比至设计值（以灰锁排出灰中无熔融渣块为参考），然后将蒸汽与氧气流量投入比值调节。

2. 气化炉的停车

加压气化炉根据停车原因、目的不同，停车深度应有所不同，停车可分为：压力热备炉停车、常压热备炉停车和交付检修（熄火、排空）停车。根据停车原因、停车时间长短，选择停车方式。

(1) 压力热备炉的停车　非气化炉本身问题引起气化炉停车，在 30min 之内即可恢复生产时，气化炉选择压力热备停车。

① 关闭入炉蒸汽、氧气调节阀，特别注意要先关氧气再关蒸汽。

② 关闭氧气、蒸汽管线上的电动阀。

③ 关闭气化炉连接煤气总管的电动阀，与总管隔离，将气化炉压力调节阀关闭。开火炬放空电动阀少许，以防止气化炉超压。

④ 停止炉算转动，关闭煤锁、灰锁各阀门。

(2) 常压热备炉的停车　无论何种原因使气化炉在压力下停车超过 30min 时，则气化炉必须卸压，根据需要进行常压热备炉停车或交付检修停车。常压热备炉停车按压力热备停车后继续进行以下步骤。

① 关闭氧气、蒸汽管线的手动截止阀。

② 将氧气管线上的盲板倒至盲位。

③ 将气化炉压力调节阀投自动，打开气化炉通往火炬的卸压阀，气化炉开始卸压。卸压速率小于 50kPa/min。卸压过程应注意夹套液位稳定，随着压力降低，夹套内锅炉水蒸发产汽，应及时补水以防夹套干锅。

④ 压力卸至 0.15MPa 时可全开火炬电动阀。

⑤ 压力卸至常压后，打开夹套放空阀。转动炉算少量排灰，然后停炉算，关灰锁上、下阀。

(3) 交付检修（熄火、排空）的计划停车　若气化炉需长时间停车或交付检修计划停车，在常压热备炉停车完成后，继续进行以下操作。

① 关闭蒸汽管线上的截止阀，打开其旁路阀。

② 关闭煤锁的充压、泄压截止阀，关闭煤溜槽上的插板阀。

③ 向炉内通入少量蒸汽灭火，通蒸汽 1h 后转动炉算排灰。

④ 灰锁按正常操作排灰，直至将气化炉排空。

⑤ 停煤气水洗涤循环泵，将废热锅炉底部煤气水通过开工管线排空。

⑥ 停所有运转设备并断开其电源。

⑦ 向炉内通入空气置换气化炉。

二、Texaco 气化炉的操作

(一)开车操作

1. 开车应具备的条件

开车应具备的条件为：所有设备、管道和阀门都已安装完毕，并做过强度试验、吹扫和清洗、气密性试验合格；所有程控阀调试完毕，动作准确，报警和联锁整定完成；电气、仪表检查合格；单体试车、联动试车完毕；水（新鲜水、冷热密封水、脱盐水、循环水等）、电、气（仪表空气、压缩空气、氧气、氮气、液化气）、汽、柴油及原料输送等公用设施都已完成，并能正常供应；生产现场清理干净，特别是易燃、易爆物品不得留在现场；临时盲板均已拆除，操作盲板也已就位；用于开车的通信器材、工具、消防器材已准备就绪；界区内所有工艺阀门确认关闭；核查各记录台账，确认各项工作准确无误后，准备开车。

2. 开车准备

① 开车前，将进界区水（包括新鲜水、冷热密封水、脱盐水、循环水）的入口总阀打开引入界区，且压力、温度等指标都应保证设计要求，并送至各用水单元最后一道阀前待用。

② 接收低压蒸汽到界区内各用汽单元。

③ 烘炉预热用柴油已从界外管网送来，火炬用液化气准备就绪，分别接入气化炉顶柴油管线及火炬系统燃气管线。

④ 压缩空气、仪表空气、氧气、低压氮气均已从空分送至界区各使用单元。

⑤ 低压氮气引入低压氮罐，经氮压机加压后储存在高压氮罐中。

⑥ 原料煤经分析合格后由供煤系统送入煤斗，处于正常料位。

⑦ 添加剂槽中已配制好合格的添加剂。

⑧ 磨煤工序已开车稳定，生产出合格的水煤浆储存在煤浆槽中。

⑨ 所有仪表投入运行，确认其灵敏、指示准确。

⑩ 冷、热密封水送至各使用单元。

⑪ 分散剂、絮凝剂已配制并储存在槽内。

⑫ 所有调节阀的前后手动阀打开，旁路阀及导淋阀关闭。

⑬ 气化炉炉膛热电偶已更换为预热电偶，表面热电偶投用。

⑭ 气化炉安全联锁系统最少空试两遍。

3. 开车步骤

在气化工段具备开车条件和开车准备工作完成后，德士古煤气化系统的原始开车主要包括的步骤有：烘炉预热、锁斗循环系统的启动、气化炉系统水循环的建立、冷凝液泵的启动及供水准备、工艺烧嘴冷却水循环的建立、安全联锁的空试、锁斗安全阀开关试验、闪蒸系统的启动、火炬系统的启动、调换工艺烧嘴、煤浆循环的建立、系统氮气置换、激冷室液位的调整、投料前现场情况是否满足投料的检查、氧气的接入、投料前中控各参数是否满足投料的检查、气化炉投料、气化炉升压、导气、沉降分离投入运行、澄清池的启动等。

其中，烘炉预热指对耐火砖和灰缝中的水分进行烘烧，避免开工时的迅速升温，水分急速挥发而出现的裂缝甚至倒塌。

安全联锁空试的目的是确认阀门开关时序正常及联锁好用。

调换工艺烧嘴指气化炉预热至1200℃，且恒温4h以上后，拆除掉预热烧嘴，安装上工艺烧嘴的过程。

系统氮气置换指用低压氮气吹扫火炬管线、事故火炬管线、氧气管线、燃烧室、激冷室和洗涤塔等管线和设备内的氧，使其含量达到投料要求。

导气指气化炉压力达到正常，洗涤塔出口温度满足要求，且合成气取样分析合格后，将合成气由去开工火炬切换为去后续变换工段。

（二）停车操作

1. 二停一操作

正在运行的炉中计划停一台，按下列步骤进行。

（1）停车前准备

① 通知调度通知空分及下游工序，气化将停一台炉。

② 确认低压氮气已通入开工火炬系统，中控或现场点燃开工火炬长明灯。

③ 逐渐降低负荷至正常操作值的50%。

④ 提高氧煤比，使气化炉在高于正常操作温度50～100℃下操作至少30min，以清除炉壁挂渣。

⑤ 将除氧器液位调节选择改为另一台洗涤塔塔板下进水调节阀控制。

⑥ 中控手动打开背压前阀，缓慢打开背压阀，合成气排入开工火炬。

⑦ 缓慢关闭合成气出口手动调节阀，用背压阀和背压前阀控制系统压力。

⑧ 解除冷水泵的备用泵自启动联锁。

（2）停车操作　停车一般由控制系统自动完成，其主要停车步骤如表2-7。

表2-7　停车步骤

项目	状态
煤浆给料泵	停
合成气手动控制阀	可控→关
氧气上游切断阀	开→关
氧气调节阀	开→关
煤浆切断阀	开→关（延时1s）
氧气上游切断阀	开→关（延时1s）
氧气管线高压氮气吹扫阀	关→开25s→关
煤浆管线高压氮气吹扫阀	关→延时7s→开10s→关
高压氮气小流量吹扫阀	关→开（延时30s）
氧气手动阀	开→关
高压氮气密封阀	关→开（延时30s）

（3）停车后的操作

① 减少冷激水流量为先前的一半，防止气化炉液位上升，同时调整洗涤塔液位，关闭洗涤塔塔板上补水控制阀和塔板下补水阀。

② 关闭洗涤塔出口阀后手动阀，切断与变换工序的联系。

③ 现场关闭煤浆给料泵进口柱塞阀，清洗煤浆给料泵。

（4）气化炉的卸压操作

① 逐渐打开背压阀及其背压前阀，将气化炉压力降低。

② 当气化炉压力降至1.0MPa时，打开激冷室黑水开工排放阀，将黑水引入低闪

蒸器。

（5）手动吹扫　在气化炉卸压时间达到后，对炉顶煤浆管线、氧气管线进行吹扫。

（6）高压氮气吹扫复位　当洗涤塔出口压力达到低值时，吹扫停止。

（7）清洗煤浆管线　为防止煤浆管道、阀门堵塞，在手动吹扫完成后，用冲洗水清洗煤浆管线。

（8）氧气管线吹扫　用氮气对氧气管线反复充压卸压以置换其中的氧。

（9）氮气置换　用低压氮气吹扫气化炉燃烧室、激冷室及洗涤塔，使氧含量小于0.5%。

（10）激冷室的冷却。

（11）拆除工艺烧嘴。

（12）洗涤塔的冷却。

（13）锁斗系统停车。

2. 二停二操作

当继续停B炉时，按以下步骤停车。

当A炉停车时，即可将B炉炉温提高50～100℃操作（但不高于1420℃）。

当A炉减压完毕，联系调度通知空分及下游工序准备停车，停车操作与A炉相同，仅有以下区别。

① 若计划停A、B两台炉，提前通知磨煤工序，根据大煤浆槽液位计算好时间停磨煤系统。

② 摘除冷凝液泵、高压灰水泵的自启动联锁。

③ 当黑水排放切换至水封罐排放后，降低高压闪蒸罐和真空闪蒸罐的液位，尽可能地排尽容器内的黑水，视情况按单体操作规程停水环真空泵。

④ 当激冷环供水切换为辅助激冷水泵后，按单体操作规程停高压灰水泵、絮凝剂泵、分散剂泵、工艺冷凝液泵。

⑤ 关除氧气器进口低压蒸汽、脱盐水、低温冷凝液手动阀，打开排放阀将水排至灰水槽。

⑥ 锁斗系统停车后，按单体操作规程停低压灰水泵。

⑦ 视情况按单体操作规程停沉降槽刮泥机。

⑧ 吊出工艺烧嘴后，摘除烧嘴冷却水系统联锁，按单体操作规程停烧嘴冷却水泵。

3. 紧急停车

由停车触发器造成的气化炉停车，属紧急停车。无论是手动停车还是安全系统触发器自动停车，其停车后的动作都是相同的，按正常停车步骤进行处理。

阅读资料

煤炭地下气化技术

煤炭地下气化是将未开采的煤炭有控制地燃烧，通过对煤的热化学作用生产煤气的一种气化方法。一般可用于煤层薄、深部煤层、急倾斜煤层等。这一方法有效地提高了煤炭资源的利用率，将建井、采煤、转化工艺集为一体，减少了煤炭生产过程中的危险和对环境造成的破坏。

煤炭地下气化是世界煤炭开发利用的方向之一，将常规的物理采煤变为化学采煤，把煤炭在地下燃烧气化，一次性转化为清洁的可供终端用户应用的能源与化工原料，实现地下无人、无生产设备采煤，与传统采煤和煤炭气化工艺相比，具有显著的经济、环保和社会效益。此技术可节省开采投资 78%，节约成本 62%，提高工效 3 倍以上，吨煤价值提高 10 倍以上。且煤炭气化后灰渣留在地下，避免了传统采煤和煤炭气化造成的"三废"污染，并可减少地面下沉。

煤炭地下气化原理与地面气化相同，是煤与气化剂发生热化学作用转化为煤气的过程。煤炭地下气化原理如图 2-37 所示，基本过程是从地表沿煤层开掘两个钻孔 1 和 2，两钻孔底部有一水平通道 3 相连，图 1、2、3 所包围的整体煤堆（气化盘区 4）为进行气化的区域。气化时，在钻孔 1 处点火并鼓入空气燃烧，此时在气化通道的一端形成一燃烧区，其燃烧面称为火焰工作面。生成高温气体沿水平通道 3 向前渗透，同时把热量传给周围的煤层，随着煤层的燃烧，火焰工作面不断地向前向上推进，火焰工作面下方的折空区不断被烧剩的灰渣和顶板垮落的岩石所充填，同时煤块也可下落到折空区，形成一反应性很高的块煤区，随着系统的扩大，气化区逐渐扩至整个气化盘区的范围，并以很宽的气化前沿向出口推进，高温气体流向钻孔 2，由钻孔 2 获得焦油和煤气。

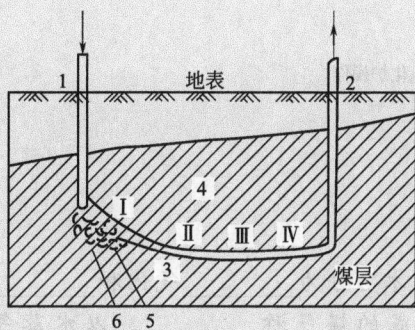

图 2-37 煤炭地下气化原理

1,2—钻孔；3—水平通道；4—气化盘区；5—火焰工作面；6—崩落的岩石；
Ⅰ—燃烧区；Ⅱ—还原区；Ⅲ—干馏区；Ⅳ—干燥区

在气化过程中，气化水平通道 3 内由四个区来共同完成整个气化过程，即燃烧区（Ⅰ）、还原区（Ⅱ）、干馏区（Ⅲ）和干燥区（Ⅳ）。

煤气组成：CO_2，9%～11%；CO，15%～19%；H_2，14%～17%；CH_4，1.4%～1.5%；O_2，0.2%～0.3%；N_2，53%～55%。

煤的地下气化是一种有效利用煤炭的方法，可从根本上消除煤炭开采的地下作业，将煤中可利用部分以洁净方式输出地面，残渣和废液留于地下，对环境保护与开发有很重要的意义。

本章小结

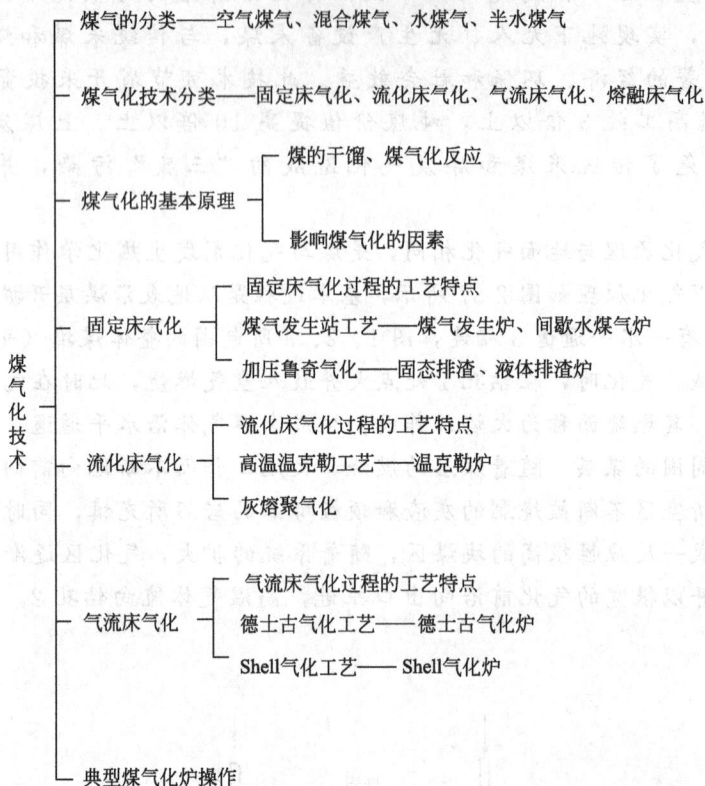

煤气化技术

- 煤气的分类——空气煤气、混合煤气、水煤气、半水煤气
- 煤气化技术分类——固定床气化、流化床气化、气流床气化、熔融床气化
- 煤气化的基本原理
  - 煤的干馏、煤气化反应
  - 影响煤气化的因素
- 固定床气化
  - 固定床气化过程的工艺特点
  - 煤气发生站工艺——煤气发生炉、间歇水煤气炉
  - 加压鲁奇气化——固态排渣、液体排渣炉
- 流化床气化
  - 流化床气化过程的工艺特点
  - 高温温克勒工艺——温克勒炉
  - 灰熔聚气化
- 气流床气化
  - 气流床气化过程的工艺特点
  - 德士古气化工艺——德士古气化炉
  - Shell气化工艺——Shell气化炉
- 典型煤气化炉操作

自测题

一、填空

1. 煤气化的方法,按技术可分为_____气化和_____气化。

2. 以空气作气化剂生成的煤气称_____。以水蒸气作气化剂生成的煤气称_____。以水蒸气为主加适量的空气或富氧空气同时作为气化剂制得的煤气称_____。

3. 气化反应中,提高反应温度,平衡向_____方向进行;提高压力,平衡向_____方向进行。

4. 气化用煤可分成_____类。在选择气化用煤种类时,必须结合_____和_____进行考虑,也要充分利用资源,合理选用原料。

5. 气化过程中,燃料的粒度越小,比表面积越_____。

6. 固定床气化炉又称_____气化炉,当炉料装好进行气化时,炉内料层自上而下分别为干燥层、干馏层、_____、_____和灰层。

7. 水煤浆气化是煤以水煤浆形式加料,利用_____、气化剂高速喷出与料浆并流混合_____,在气化炉内进行火焰型非催化部分氧化反应的工艺过程。

8. 加压气化中煤气 CH_4 产率_____。

二、判断

1. 煤气不论什么生产方法，但粗煤气的温度和杂质都是一样的。（　　）
2. K-T 气化炉、Shell 气化炉及 Texaco 气化炉是干法加料的气流床气化炉。（　　）
3. 鲁奇炉主要部分有炉体、布煤器和搅拌器、炉箅、灰锁和煤锁等构成。（　　）
4. 德士古气化炉不适宜气化褐煤。（　　）
5. 固定床气化、流化床气化及气流床气化属于地面气化技术。（　　）

三、选择

1. 煤气化是发展新型煤化工的重要单元技术，（　　）是发展方向。
   A. 炼焦生产　　　B. 煤炭气化　　　C. 煤电化工联产　　　D. 煤氧化
2. 煤炭气化按气化炉型分类可分为（　　）。
   A. 移动床气化、流化床气化、气流床气化、熔融床气化
   B. 移动床气化、固定床气化、沸腾床气化、熔融床气化
   C. 固定床气化、气流床气化、流化床气化、熔融床气化
   D. 固定床气化、移动床气化、气流床气化、流化床气化
3. 间歇法制取水煤气的工作循环为（　　）。
   A. 吹风、水蒸气吹尽、一次上吹制气、下吹制气、二次上吹制气、空气吹尽
   B. 吹风、一次上吹制气、水蒸气吹尽、下吹制气、二次上吹制气、空气吹尽
   C. 吹风、水蒸气吹尽、一次上吹制气、二次上吹制气、下吹制气、空气吹尽
   D. 吹风、一次上吹制气、下吹制气、水蒸气吹尽、二次上吹制气、空气吹尽
4. 气化过程包括（　　）三个工序。
   A. 加料、反应、排渣　　　　　　B. 原料加工、反应、煤气净化
   C. 原料准备、气化、排渣　　　　D. 加料、净化、排渣
5. 固定床气化炉内，生产时可分为（　　）个层带。
   A. 5　　　　B. 2　　　　C. 6　　　　D. 3
6. 热煤气工艺流程，（　　）。
   A. 无煤气冷却装置　　　　　　B. 无焦油回收装置
   C. 有冷却装置　　　　　　　　D. 喷淋作用
7. 间歇式两段煤气炉生成气有效成分主要是（　　）。
   A. H_2，CO　　　B. CH_4，CO　　　C. N_2，H_2　　　D. CH_4，H_2
8. 德士古气化工艺流程包括（　　）工序。
   A. 煤炭准备、气化、煤气净化等
   B. 煤浆制备输送、气化废热回收、煤气冷却净化等
   C. 粉煤制备、气化和废热回收、煤气冷却净化等
   D. 粉煤干磨、气化、煤气净化等
9. 一般要求水煤浆中固体含量是（　　）。
   A. 60%　　　B. 70%　　　C. 50%　　　D. 65%左右
10. 对置多喷嘴水煤浆气化技术是由（　　）研制而成的。
    A. 美国　　　B. 中国　　　C. 英国　　　D. 德国

四、简答

1. 影响煤热解的主要因素有哪些？

2. 什么叫一次反应、二次反应？

3. 影响气化的因素有哪些？

4. 煤气化过程的主要评价指标有哪些？

5. 什么是水煤气？什么是半水煤气？有何区别？

6. 比较空气煤气、混合煤气和水煤气的热值大小，并简单说明其理由。

7. 根据燃料在炉内的运动状况可以将气化炉分为哪几类？

8. 简述移动床气化炉的燃料分层情况，并说明各层的主要作用。

9. 炉箅的主要作用是什么？

10. 煤气发生炉设水夹套的目的是什么？

11. 要得到合成氨原料气，常采用什么方法？

12. 制取半水煤气的循环时间的分配原则是什么？

13. 什么是沸腾床气化，和移动床相比较，有什么优点？

14. 高温温克勒气化工艺有什么优点？

15. 什么是灰熔聚气化法？属于哪一种气化类型？

16. 什么叫气流床？

17. 为什么煤的黏结性对气流床气化过程没有太大影响？

18. 煤气发生站常见的工艺流程有哪几种？

19. 间歇制取水煤气的吹风阶段，炉内温度如何影响吹风气中 CO 和 CO_2 的含量？

20. 水煤气发生炉的主要工艺指标有哪些？

21. 德士古气化炉有哪两种类型？主要区别是什么？

22. 制取水煤浆有哪两种方法？

23. 水煤浆的浓度对气化过程有什么影响？

24. 在水煤浆中加入添加剂有什么意义？

25. 为什么德士古气化炉不适宜气化褐煤？

26. 影响煤浆浓度的主要因素有哪些？

27. 气化炉德士古烧嘴中心氧的作用是什么？

28. 画出冷煤气工艺流程框图。

29. 画出德士古煤气化流程。

第三章

煤气净化技术

教学目的及要求

了解煤气中的杂质及危害，了解工业煤气净化的过程，掌握一氧化碳变换的基本原理及工艺，了解脱硫、脱碳的方法及分类，了解干法脱硫的基本原理，掌握改良 ADA 法脱硫、栲胶法脱硫、改良热钾碱法脱碳、低温甲醇洗法脱碳的基本原理及工艺，熟悉主要设备结构、特点。

能够识读典型一氧化碳变换、脱硫、脱碳的工艺流程图，能根据生产原理进行生产条件的确定和工业生产的组织；能认真执行工艺规程和岗位操作方法，完成典型煤气净化装置的开停车及正常操作。

从气化炉出来的粗煤气中，都含有各种杂质。煤气净化的目的就是根据各种煤气的特点和用途，清除粗煤气中的有害杂质，使其符合用户的要求，并尽可能回收其显热及有价值的副产品。

根据用户对煤气净化程度和到达用户时温度的要求，可分为热煤气系统和冷洁净煤气系统，热煤气系统一般对煤气净化程度要求较低，往往仅除去煤气中的尘粒，而冷洁净煤气系统则需考虑煤气的冷凝、冷却、废热回收及脱除煤气中的杂质等。

第一节　煤气净化方法

一、煤气中的杂质及危害

煤气的主要成分及杂质随气化方法、煤种的不同而不同，但通常含有：

第一类物质：H_2、CO、CO_2。

第二类物质：CH_4、N_2。

第三类物质：灰尘、硫化物、煤焦油、卤化物、碱金属化合物、砷化物、NH_3 和 HCN 等物质。

其中第三类物质，在生产过程中会堵塞、腐蚀设备及导致催化剂中毒和产生环境污染等，在煤气应用时必须考虑脱除；而第二类物质，由于是有用物质（如 CH_4 在城市煤气中，

N_2在合成氨中），或含量很少，对生产过程几乎没有影响，一般不考虑脱除；第一类物质中的 CO 和 CO_2，由于生产目的不同，通常需要用变换和脱碳工序进行处理。

二、煤气杂质的脱除方法

1. 煤气除尘

煤气除尘就是从煤气中除去固体颗粒物。煤气中矿尘清除的主要方法按清除原理可分为机械分离、电除尘、过滤和洗涤。

(1) 机械分离　机械分离的主要设备为重力沉降室和旋风分离器等。重力沉降室依靠固体颗粒的重力沉降，实现和气体的分离，一般只能分离 $100\mu m$ 以上的粗颗粒，如煤气柜和废热锅炉就相当于重力沉降室。旋风分离器依靠离心力将尘粒从气流中分离出来，是工业中应用最为广泛的一种除尘设备，尤其适用于高温、高压、高含尘浓度以及强腐蚀性环境等苛刻的场合。旋风分离器结构如图 3-1 所示，主要由进气管、圆柱体、圆锥体、排气管、排尘管和集尘管所组成；具有结构紧凑、简单，造价低，维护方便，除尘效率较高，对进口气流负荷和粉尘浓度适应性强以及操作与管理简便的优点。但是旋风除尘器的压降一般较高，对小于 $5\mu m$ 的微细尘粒捕集效率不高。

(2) 电除尘　电除尘利用含有粉尘颗粒的气体通过高压直流电场时电离，产生负电荷，负电荷和尘粒结合后，使尘粒荷以负电。荷电的尘粒到达阳极后，放出所带的电荷，沉积于阳极板上，实现和气体的分离。电除尘器除尘效率高，一般均在 $95\% \sim 99\%$，最高可达 99.9%，可使矿尘含量降至 $0.2g/m^3$ 以下，能除去粒度为 $0.01 \sim 100\mu m$ 的矿尘；设备生产能力范围较大，适应性较强；流体阻力小。电除尘器有干式和湿式之分，湿式电除尘器操作连续、稳定，不会出现像干式电除尘器的矿尘返搅现象，但只能在较低温度下使用，因而被广泛用于在煤气除尘中。

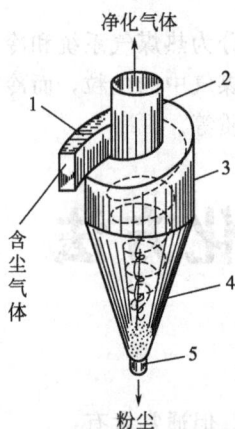

图 3-1　旋风分离器结构示意图
1—进气管；2—排气管；3—圆柱体；
4—圆锥体；5—排尘管

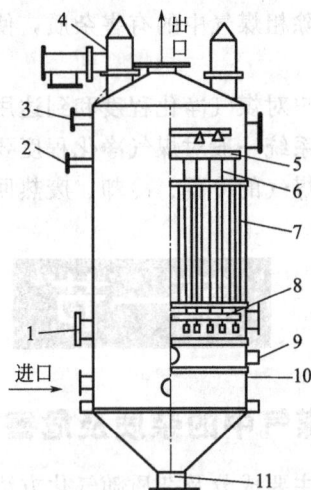

图 3-2　湿式电除尘器
1—人孔；2—连续给水装置；3—间断给水装置；4—绝缘
子箱；5—上吊架；6—电晕线；7—沉淀电极；8—下吊架；
9—均流板；10—防爆孔；11—排污法兰

如图 3-2 所示为湿式电除尘器的结构。它由除尘室和高压供电两部分组成。除尘室由电晕电极和沉淀电极组成，电晕放电可分为正电晕和负电晕两种。负电晕稳定，电晕电流大，电场强度高，因此一般工业电除尘器采用负电晕。负电晕极接高压直流电成为负极，沉淀电极接地成为正极，两极间的距离不大。负电荷及带负电的离子在电场的作用下，从电晕电极向沉淀电极移动，与煤气相遇时，煤气中的分散粉尘颗粒将其吸附，从而带电。带电的粉尘在电场作用下移向沉淀电极，在电极上放电，使粉尘成为中性并聚集在沉淀电极上，干式经振打、湿式可用水或其他液体冲洗进收尘斗中而被清除。

（3）过滤　过滤法可将 $0.1\sim1\mu m$ 微粒有效地捕集下来，只是滤速不能高，设备庞大，排料清灰较困难，滤料易损坏。袋式除尘器是过滤除尘设备中应用最广泛的一类，它是使含尘气体通过以纤维滤料制成的滤袋，将粉尘分离捕集下来的高效干式气体净化设备。袋式除尘器主要由滤袋及其骨架、壳体、清灰装置、灰斗和排灰阀等部分构成。如图3-3所示为脉冲式袋滤器。含尘气体自下部进入袋滤器，气体由外向内穿过支撑于骨架上的滤袋，洁净气体汇集于上部出口管排出，颗粒被截留于滤袋外表面上。清灰操作时，开动压缩空气反吹系统，脉冲气流从布袋内向外吹出，使尘粒落入灰斗。按规格组成的若干排滤袋，每排用一个电磁阀控制喷吹清灰，各排循序轮流进行。每次清灰时间很短（约0.1s），每分钟内便有多排滤袋受到喷吹，故称为脉冲式。

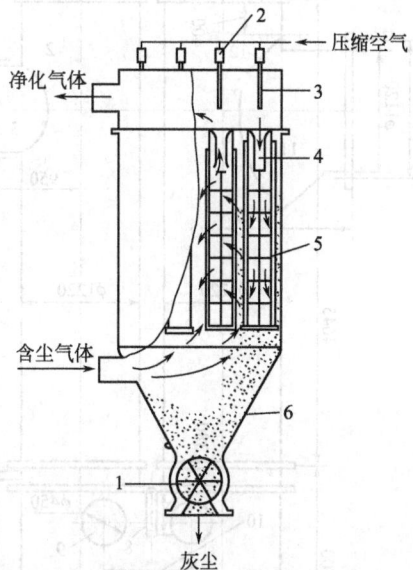

图 3-3　脉冲式袋滤器

1—排灰阀；2—电磁阀；3—喷嘴；4—文丘里管；5—滤袋骨架；6—灰斗

这种除尘器的显著优点是：净化效率较高，工作比较稳定，结构比较简单，技术要求不复杂，操作方便，便于粉尘物料的回收利用等。但也存在应用范围受滤料耐温、耐腐蚀性能的限制，气体温度既不能低于其露点温度，又不能高于滤料许可的温度，设备尺寸及占地面积较大等缺点。近年来还发展了各种颗粒层过滤器及陶瓷、金属纤维制的过滤器等，可在高温下应用。

（4）洗涤　洗涤可用于除去气体中颗粒物，又可同时脱除气体中的有害化学组分，所以用途十分广泛。但它只能用来处理温度不高的气体，排出的废液或泥浆尚需二次处理。常用设备有竖管、文氏管洗涤器、水膜除尘器和洗涤塔等。

双竖管属于煤气冷却和净化设备，用于煤气发生站的工艺中。冷却介质是水，采用和煤气并流或逆流的方法，直接接触，使高温煤气冷却，煤气中的粉尘、焦油和硫化氢等杂质也被洗涤下来，同时，部分冷却水吸收热变成水蒸气进入煤气。双竖管是两个相连的钢制直立圆筒形装置，如图3-4所示。两个竖管顶部都有水喷头，煤气进口设在第一竖管的上部，煤气出口设在第二竖管的上部。高温煤气进入第一竖管后，与顶部喷头喷淋的雾状水一起由上向下并流流动，煤气得以冷却，煤气中的杂质和焦油初步脱除。然后煤气由底座进入第二竖管自下而上流动，与第二竖管顶部喷淋而下的雾状水逆流接触，煤气进一步冷却除尘，从竖管顶部的煤气出口导出。

洗涤塔是煤气发生炉的重要辅助设备，它的作用是用冷却水对煤气有效地进行洗涤，使煤气得到最终冷却、除尘和干燥，其结构如图3-5所示。水从塔顶由喷头喷淋而下，在填料层表面形成一层薄膜，从塔底引入的煤气由下而上在填料上与薄膜水进行热交换，煤气被充分冷却，并使部分灰尘和焦油分离沉降。为避免带出水分，在塔内喷头上部加一段捕滴层。塔内含粉尘和焦油的废水从塔底排出，煤气经过捕滴层从塔顶引出。经洗涤塔煤气被最终冷却到35℃左右，煤气中的含水量也大大下降。这是由于煤气被冷却后，煤气中的水蒸气大部分被冷凝下来，起到了干燥煤气的作用。由于煤气冷却、水蒸气冷凝，使得煤气的实际体积大大减小，相应的煤气管道的直径和后续处理系统的体积减少。

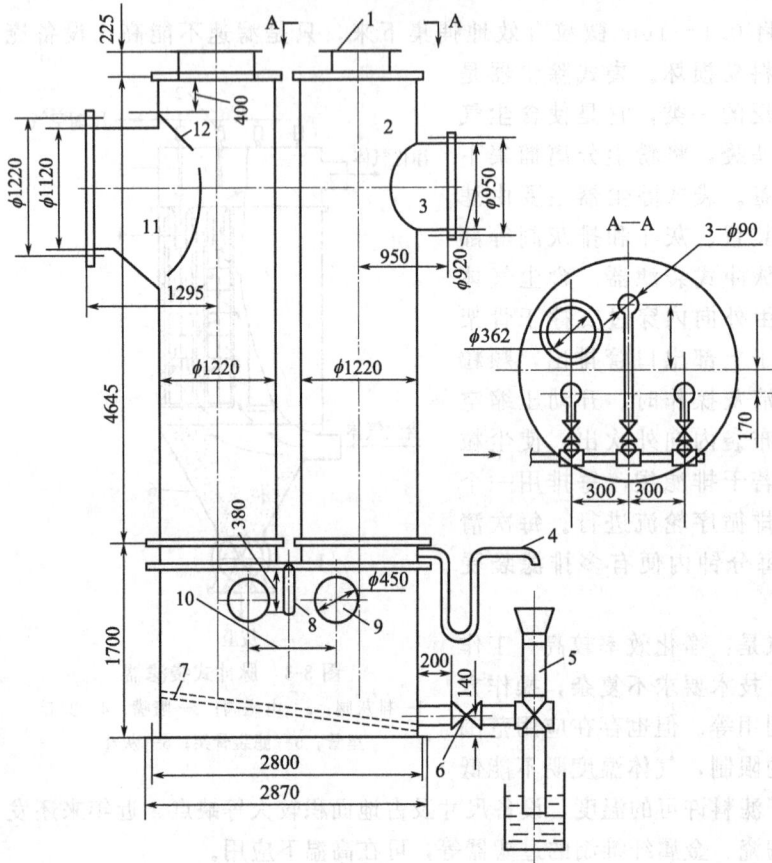

图 3-4 双竖管（单位：mm）

1—进水管装置及喷头；2—竖管外壳；3—煤气出口；4—溢流管；
5—疏水管；6—闭路阀；7—流水斜板；8,12—挡板；
9—人孔；10—底座；11—煤气进口

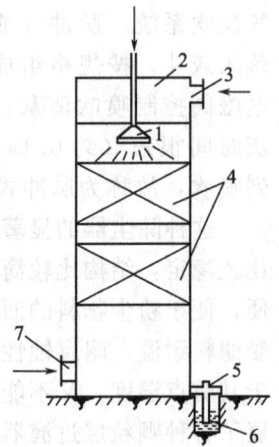

图 3-5 洗涤塔

1—喷头；2—捕滴层；3—煤气
出口；4—填料层；5—排水管；
6—水封槽；7—煤气进口

2. 焦油、卤化物等有害物质的脱除

对煤气中的煤焦油、卤化物、碱金属化合物、砷化物、NH_3 和 HCN 等有害物质，目前的脱除方法主要为湿法洗涤，所用的设备和灰尘洗涤一样。虽然也开发了其他干法技术，但仍处在研究、发展阶段。

3. 脱硫

目前开发的脱硫方法很多，但按脱硫剂的状态，可将脱硫方法分为干法脱硫和湿法脱硫两大类。

（1）干法脱硫 干法脱硫所用的脱硫剂为固体。当含有硫化物的煤气流过固体脱硫剂，由于选择性吸附、化学反应等原因，使硫化物被脱硫剂截留，而煤气得到净化。干法脱硫方法主要有：活性炭法、氧化铁法、氧化锌法、氧化锰法、分子筛法、加氢转化法等。

（2）湿法脱硫　湿法脱硫利用液体吸收剂选择性地吸收煤气中的硫化物，实现了煤气中硫化物的脱除，可分为物理吸收法、化学吸收法和物理-化学吸收法三大类。

物理吸收法利用有机溶剂为吸收剂，利用 H_2S 等气体在吸收剂中的溶解度较大的原理，吸收煤气中的硫化物，吸收 H_2S 后的富液，当压力降低、温度升高时，即解吸出 H_2S，吸收剂再生，循环使用。目前常用的方法为低温甲醇法、聚乙二醇二甲醚（NHD）法等。

化学吸收法又可分为湿式氧化法和中和法两类。湿式氧化法利用碱性溶液吸收硫化氢，使硫化氢变成硫氢化物；再生时在催化剂的作用下，空气中的氧将硫氢化物氧化成单质硫。目前常用的湿式氧化法有：改良 ADA 法、氨水液相催化法、栲胶法等。

中和法是以碱性溶液吸收原料气中硫化氢的。再生时，使富液温度升高或压力降低，经化学吸收生成的化合物分解，放出硫化氢从而使吸收剂复原。目前常用的有：N-甲基二乙胺（MDEA）法、碳酸钠法、氨水中和法等。

物理-化学吸收法主要指环丁砜法。它用环丁砜和烷基醇胺的混合物作吸收剂，烷基醇胺对硫化氢进行化学吸收，而环丁砜对硫化氢进行的是物理吸收。

4. CO 的变换

无论何种煤炭气化方法，煤气中都含有一定量的 CO，而根据煤气的用途不同，往往需要将煤气中的 CO 去除（对合成氨工艺）或部分去除（对甲醇或其他有机合成工艺）。煤气中 CO 脱除所利用的原理为变换反应，即 CO 和 H_2O（g）反应生成 CO_2 和 H_2。通过此反应既实现了把 CO 转变为容易脱除的 CO_2，又制得了等体积的 H_2。

5. CO_2 的脱除

对于粗煤气中的二氧化碳，应根据其用途决定是否脱除。对于低热值工业燃气，尤其是用于联合循环发电的燃气，不必脱除二氧化碳。但对中热值的城市煤气，必须脱除二氧化碳其热值才能达到城市煤气标准。而如果作为化工原料气，则必须将其脱除干净。CO_2 的脱除工艺很多，分类和脱硫化物方法的分类相似。目前新型煤化工项目采用的多为同时除去硫化物和 CO_2 的低温甲醇洗、NHD 法和 MDEA 法。

三、工业煤气净化的过程

煤气的净化包括固体颗粒的清除和气体杂质的净化，一般分为预净化和净化两个阶段。

大多数煤气的预净化方法，包括带有热回收的冷却以及水进行洗涤或急冷。合理的流程安排，取决于粗煤气的温度以及可冷凝副产物在气体中的含量。对于气流床气化等高温气化方法，粗煤气中不含煤焦油等，经废热锅炉等回收热量后，从气化操作中夹带出来的固体颗粒，如煤灰或未燃烧煤尘，可经水洗急冷操作而被脱除。同时，水洗急冷还可有效地减少或清除气体中的某些化学杂质，如卤化物、氮化物、一些金属氧化物等，并可将它们从洗水中回收。而采用固定床和流化床气化时，由于煤气出口温度较低，煤气中含有煤焦油、油、芳香化合物等各种煤化学物质，这样就使净化方法变得复杂起来。一般是先经废热锅炉回收热量后，再经间接冷却，重的煤焦油与固体颗粒一起返回气化炉，轻组分则送去煤焦油精炼。

经水洗急冷净化后的煤气，固体颗粒及金属化合物等已基本被清除干净，但大部分气体杂质尚留在煤气中，根据煤气的用途，还需要进一步的进行 CO 变换、脱硫、脱碳等工序。

第二节　一氧化碳变换

一氧化碳变换指在催化剂的作用下，让煤气中的 CO 和 H_2O (g) 反应生成 CO_2 和 H_2 的过程。工业上完成变换反应的反应器称为变换炉，进炉的气体为煤气和水蒸气，出炉的气体为变换气。在制氢、合成氨的生产中，可把 CO 转变成容易脱除的 CO_2，从而实现了 CO 的脱除，同时制得了等体积的 H_2，称为完全变换。在合成甲醇和生产城市煤气的过程中，可实现调节煤气中 H_2 和 CO 比例，满足生产过程的需要，称为部分变换。在生产过程中，两者除操作条件有些区别外，生产原理、生产设备无大区别。

一、一氧化碳变换反应的原理

$$CO(g) + H_2O(g) \Longrightarrow H_2(g) + CO_2(g) \tag{3-1}$$

此反应的特点是可逆、放热、反应前后体积不变，且反应速率比较慢，只有在催化剂作用下，才有较快的反应速率。

1. 变换反应的化学平衡

一氧化碳变换反应通常是在常压或压力不甚高的条件下进行，故平衡常数计算时各组分用分压表示已足够精确。因此平衡常数 K_p 可用下式计算

$$K_p = \frac{p_{CO_2} p_{H_2}}{p_{CO} p_{H_2O}} = \frac{y_{CO_2} y_{H_2}}{y_{CO} y_{H_2O}} \tag{3-2}$$

式中　p——平衡时各组分的分压；

　　　y——平衡时各组分的摩尔分数。

K_p 是温度的函数，其值可用下式计算。

$$\lg K_p = \frac{3994.704}{T} + 12.220227 \lg T - 0.004462T + 0.67814 \times 10^{-6} T^4 - 36.72508 \tag{3-3}$$

工业上常用变换率 X 表示变换炉的变换效果的好坏，X 越高，变换效果越好。其值可通过进出炉的煤气和变换气中 CO 的含量算得。

CO 变换率 X 是变换的 CO 量和进入变换炉的 CO 量的比值

$$X = \frac{变换的 CO 量}{进入变换炉的 CO 总量} \tag{3-4}$$

2. 变换催化剂

变换所用的催化剂有三类，铁铬系高（中）变催化剂（活性温区 350~550℃）、铜锌系低变催化剂（活性温区 180~280℃）和钴钼系宽温变换催化剂（活性温区 180~500℃）。铁铬系催化剂是最初使用的催化剂，由于活性温度高，变换效果差等原因，使用越来越少。铜锌系催化剂只能用于中温变换串低温变换的流程，实现对中温变换后的 CO 的进一步变换。虽然低温活性很好，但由于活性温区窄、对硫敏感、极易中毒等原因，使用受到限制。为了满足重油、煤气化制氨流程中可以将含硫气体直接进行一氧化碳变换，再脱硫、脱碳的需要，20 世纪 50 年代末期出现了既耐硫、活性温度范围又较宽的钴钼系变换催化剂，现代煤化工项目都倾向于使用钴钼系催化剂。下面仅对钴钼变换催化剂做一介绍。表 3-1 为国内外

耐硫变换催化剂的化学组成及其性能。

表 3-1 国内外耐硫变换催化剂的化学组成及其性能

国别		德国	丹麦	美国	中国		
型号		K8-11	SSK	C25-4-02	B301	B303Q	QCS-04
化学组成/%	CoO	约1.5	约3.0	约3.0	2～5	＞1	1.8±0.3
	MoO$_3$	约10.0	约10.0	约12.0	6～11	8～13	8.0±1.0
	K$_2$O	适量	适量	适量	适量		适量
	Al$_2$O$_3$	余量	余量	余量	余量		余量
	其他	—	—	加有稀土元素	—		
物理性能	尺寸/mm	$\phi4\times10$ 条	$\phi3\times5$ 球	$\phi3\times10$ 条	$\phi5\times5$ 条	$\phi3\sim5$ 球	长 8～12 $\phi3.5\sim4.5$
	颜色	绿色	墨绿色	黑色	蓝灰色	浅蓝色	浅绿色
	堆密度/(kg/L)	0.75	1.0	0.70	1.2～1.3	0.9～1.1	0.75～0.88
	比表面积/(m²/g)	150	79	122	148		≥60
	比孔容/(mL/g)	0.5	0.27	0.5	0.18		0.25
使用温度/℃		280～500	200～475	270～500	210～500	160～470	

耐硫变换催化剂通常是将活性组分 Co-Mo、Ni-Mo 等负载在载体上而组成的,载体多为 Al$_2$O$_3$ 或 Al$_2$O$_3$＋Re$_2$O$_3$ (Re 代表稀土元素)。目前主要是 Co-Mo-Al$_2$O$_3$ 系,并加入碱金属助催化剂以改善低温活性。这一类变换催化剂主要有下列特点。

① 有很好的低温活性。使用温度比铁铬系低 130℃以上,而且有较宽的活性温度范围,因而被称为宽温变换催化剂。

② 有突出的耐硫和抗毒性。因硫化物为这一类催化剂的活性组分,每立方米可耐总硫到几十克,其他有害物如少量 NH$_3$、HCN、C$_6$H$_6$ 等对催化剂的活性均无影响。

③ 强度高。尤以选用 γ-Al$_2$O$_3$ 作载体时,强度更好,遇水不粉化,催化剂硫化后的强度还可提高 50％以上 (Fe-Cr 系催化剂还原态的强度通常比氧化态要低些),而使用寿命一般为 5 年左右,也有使用 10 年仍在继续使用的。

钴钼系耐硫变换催化剂出厂时成品是以氧化物状态存在的,活性很低,使用时需通过"硫化",使其转化为硫化物方能显示其活性。硫化过程是将催化剂装入变换炉后,用含硫的工艺气体进行硫化,硫化时的化学反应和硫化方法与钴钼加氢脱硫原理一样。

催化剂中的活性组分在使用中都是以硫化物形式存在的,在 CO 变换过程中,气体中有大量水蒸气,催化剂中的活性组分 MoS$_2$ 与水蒸气有一水解反应平衡关系,化学反应为

$$MoS_2 + 2H_2O \Longrightarrow MoO_2 + 2H_2S$$

这一过程被称为"反硫化"。在 CO 变换过程中,如果气体中 H$_2$S 含量高,催化剂中的钼以硫化物形式存在,催化剂维持高活性;如果气体中 H$_2$S 含量过低,MoS$_2$ 将转化为 MoO$_2$,即发生"反硫化"。所以在一定工况下,要求变换的气体中有一最低 H$_2$S 含量,以维持催化剂中的钼处于硫化态。

二、一氧化碳变换的工艺条件

1. 压力

由于变换反应为等体积反应,所以压力对平衡几乎没有影响。由于是气相反应,加压可提高反应物浓度,从而提高反应速率,提高设备生产能力。但提高压力将使析炭和生成甲烷

等副反应易于进行。具体操作压力的数值则应根据具体的气化工艺决定，目前大型煤气化装置都采用了加压变换。

2. 温度

CO变换为放热反应，随着CO变换反应的进行，温度不断升高，反应速率增加；继续升高温度，反应速率随温度的增值为零；再提高温度时，反应速率随温度升高而下降。对一定类型的催化剂和一定的气体组成而言，必将出现最大的反应速率值，与其对应的温度，称为最佳温度或最适宜温度，反应温度沿最佳温度进行可使催化剂用量最少，但要控制反应温度严格按照最佳温度曲线进行在目前是不现实的和难于达到的。目前在工业上是通过将催化剂床层分段来达到使反应温度靠近最佳温度进行的。但对于低温变换过程，由于温升很小，催化剂不必分段。

3. 汽气比

CO变换的汽气比一般是指H_2O/CO比值或水蒸气/干原料气比值（摩尔比）。从变换反应可知，增加水蒸气用量，可提高CO平衡变换率，同时过量水蒸气还起到载热体的作用。因此改变水蒸气的用量是调节床层温度的有效手段。

水蒸气用量是变换过程中最主要的消耗指标，尽量减少其消耗对过程的经济性具有重要意义。同时水蒸气比例过高，还将造成催化剂床层阻力增加，CO停留时间缩短，余热回收设备负荷加重等。中（高）温变换操作时适宜的水蒸气比例一般为$H_2O/CO=3\sim5$。反应后中（高）变气中H_2O/CO可达15以上，不必再添加蒸气即可满足低变要求。汽气比降低虽然可节约成本，但过低的汽气比将会导致铁铬系中变催化剂铁过度还原，从而降低催化剂活性。因此要降低变换过程的汽气比，必须确定合适的CO最终变换率或残余CO含量，中（高）变气中一般含CO为$3\%\sim4\%$，低变气中CO为$0.3\%\sim0.5\%$。催化剂段数也要合适，段间冷却要良好。同时注意余热的回收可降低蒸汽消耗。

三、一氧化碳变换的工艺流程

CO变换的工艺流程主要是由原料气组成来决定的，同时还与所用催化剂、变换反应器的结构，以及气体的净化要求等有关。随着变换催化剂的发展，变换的工艺流程经历了中温（高温）变换、中（高）温变换串低温变换、中-低-低温变换和全低温变换的演变。在流程的配置上也发生了从饱和热水塔流程向换热器流程的转变。下面对各变换的流程及特点作一简要介绍。

1. 中（高）变-低变串联流程

采用此流程一般与甲烷化脱除少量碳氧化物相配合。这类流程是先通过中（高）变将大量CO变换达到3%左右后，再用低温变换使CO降低到$0.3\%\sim0.5\%$，即"中串低"流程。为了进一步降低出口气中CO含量，也有在低变后面再串一个甚至两个低变的流程，如"中-低-低""中-低-低-低"等。同样是"中串低"，根据原料气中CO含量不同又有多种流程，CO较高时，变换气一般选在炉外串低变，而CO含量较低时，可选在炉内串低变。如图3-6所示为炉外中串低的调温水加热流程，而图3-7为中变增湿的中-低-低流程。

其实中变后串一个还是两个低变是个形式，关键是变换终态温度，有的用户尽管是中-低-低（串两个低变）甚至中-低-低-低（串三个低变），如果低变催化剂活性不高，其终态温度降不下来，其效果也不明显。反之串一个低变的中串低，如采用低温活性高的钴钼低变催化剂（B303Q催化剂），确保较低变换终态温度，其效果也很好，与中-低-低相同。但中变串低流程中要注意的两个问题，一是要提高低变催化剂的抗毒性，防止低变催化剂过早失活；二是要注意中变催化剂的过度还原，因为与单一的中变流程相比，中串低特别是中-低-低流程的反应汽气比下降，中变催化剂容易过度还原，引起催化剂失活、阻力增大及使用寿命缩短。

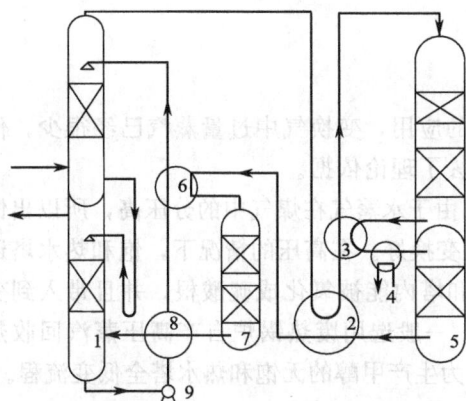

图3-6 炉外中串低的调温水加热流程
1—饱和热水塔；2—主热交换器；3—中间换热器；4—蒸汽过热器；5—变换炉；6—调温水加热器；7—低变炉；8——水加热器；9—热水泵

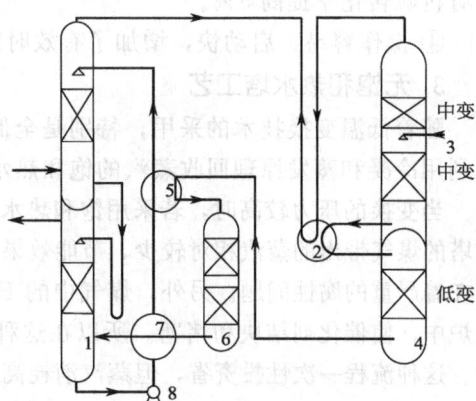

图3-7 中变增湿的中-低-低流程
1—饱和热水塔；2—主热交换器；3—喷水增湿器；4—变换炉；5—调温水加热器；6—低变炉；7——水加热器；8—热水泵

2. 全低变流程

全低变工艺是采用宽温区的钴钼系耐硫变换催化剂，主要有下列优点。

① 催化剂的起始活性温度低，变换炉入口温度及床层内热点温度大大低于中变炉入口及热点温度 $100 \sim 200℃$。这样，就降低了床层阻力，缩小了气体体积约 20%，从而提高了变换炉的生产能力。

② 变换系统处于较低的温度范围内操作，在满足出口变换气中 CO 含量的前提下，可降低入炉蒸汽量，使全低变流程蒸汽消耗降低。

目前全低变流程有两种，一种是新设计的，另一种是将原有中小型装置加以改造的。如图3-8所示为一改进后的全低变流程。半水煤气先进入饱和热水塔的饱和塔部分，下塔顶流下的热水逆流接触进行热量与质量的传递，使半水煤气提温增湿。带有水分的出塔气体进入热交换器预热并使夹带的水分蒸发，然后进入变换炉顶部。经两段变换引出在增湿器中喷水增湿，然后返回第三段催化剂进行变换，从第三段出来的气体经与原料气换热后进入第四段催化剂进行最后的变换反应。从变换炉出来的变换气先经一水加热器再进入热水塔回收热量后引出。该流程有如下优点：

① 杜绝了铁铬中变催化剂过度还原的问题，延长了一段变换的使用寿命。

② 床层温度下降了 $100 \sim 200℃$。气体体积缩小 25%，降低系统阻力，提高了变换炉的设备

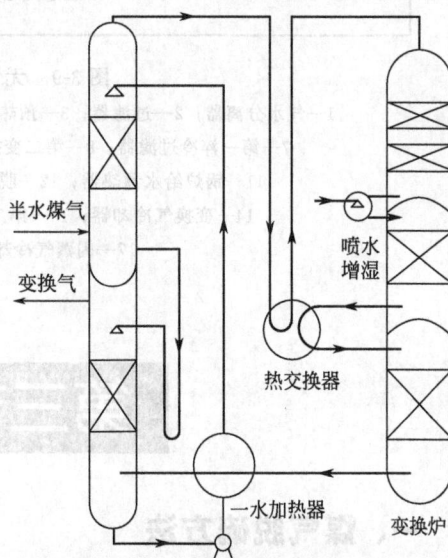

图3-8 改进后的全低变流程

能力；减少压缩机功率消耗。

③ 提高有机硫的转化能力，在相同操作条件和工况下全低变工艺比中串低或中-低-低工艺有机硫转化率提高5％。

④ 操作容易，启动快，增加了有效时间。

3. 无饱和热水塔工艺

随着低温变换技术的采用，特别是全低变工艺的应用，变换气中过量蒸汽已经很少，传统利用冷凝和蒸发原理回收蒸汽的饱和热水塔已失去了理论依据。

当变换的压力较高时，若采用饱和热水塔流程，由于水蒸气在煤气中的分压高，所以出饱和塔的煤气带出的蒸汽相对较少，节能效果不如低压变换好。在高压的情况下，饱和热水塔还存在着严重的腐蚀问题。另外，煤气中的 H_2S 在饱和塔内能被氧化成硫酸根，并且带入到变换炉中，使催化剂结块和堵塞。所以在这种情况下，一般选用废热锅炉自产高压蒸汽回收热量。这种流程一次性投资省，但蒸汽消耗高。图3-9为生产甲醇的无饱和热水塔全低变流程。

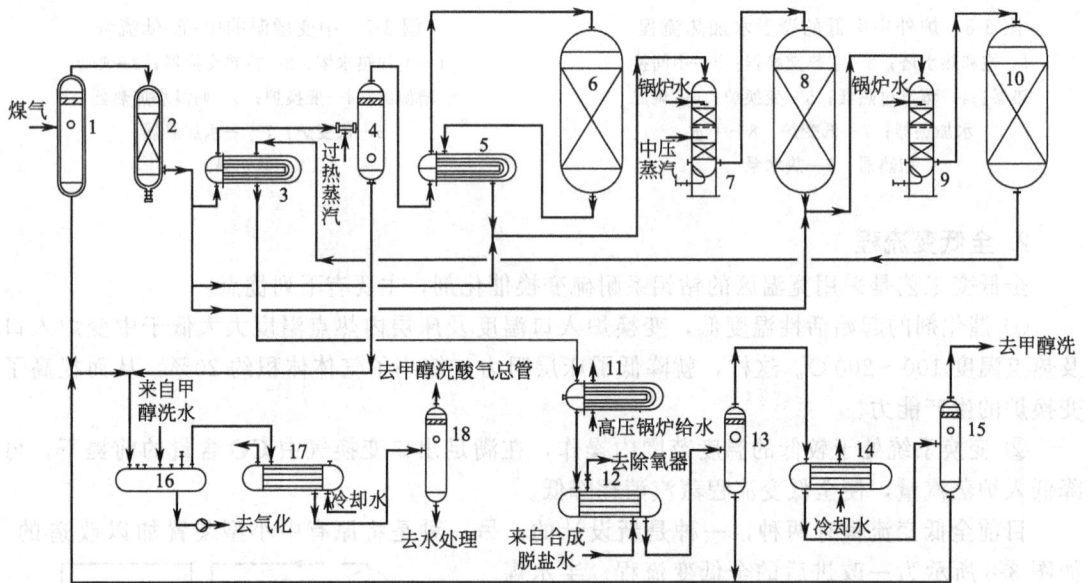

图 3-9　无饱和热水塔全低变流程

1—气水分离器；2—过滤器；3—预热器；4—汽气混合器；5—换热器；6—第一变换炉；
7—第一淬冷过滤器；8—第二变换炉；9—第二淬冷过滤器；10—第三变换炉；
11—锅炉给水预热器；12—脱盐水预热器；13—第一变换气气水分离器；
14—变换气冷却器；15—第二变换气气水分离器；16—冷凝液闪蒸槽；
17—闪蒸气冷却器；18—闪蒸气气水分离器

第三节　脱硫

一、煤气脱硫方法

从脱硫技术的发展来看，煤气脱硫技术是随环境保护要求的提高而逐渐发展的。脱硫技术有三大类型：原煤脱硫、煤气脱硫和烟气脱硫。其中，煤气脱硫无论在技术上或经济上均优于其他两类。

煤气脱硫有许多方法，而且有些方法，如中和法和物理吸收法，在脱硫的同时还可脱去煤气中的二氧化碳和氰化氢，图 3-10 列举了主要的煤气脱硫方法和分类。

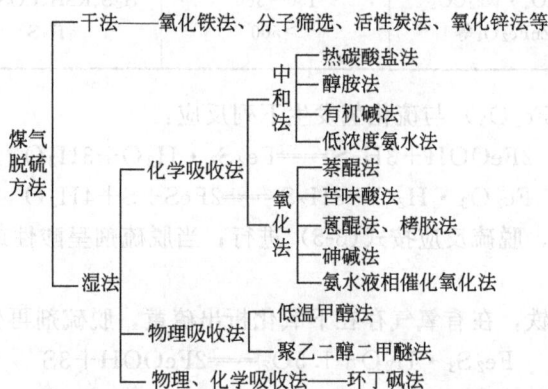

图 3-10 主要的煤气脱硫方法及分类

干法脱硫既能脱除无机硫，又能脱除有机硫，而且能脱至极精细的程度。干法脱硫由于设备简单、操作平稳、脱硫精度高，已被各种生产原料气的大中小型氮肥厂、甲醇厂、城市煤气厂、石油化工厂等广泛采用，对天然气、半水煤气、变换气、碳化气、各种燃料气进行脱硫，都有良好效果。特别是在常、低温条件下使用的，易再生的脱硫剂会有非常广泛的应用前景。然而，干法脱硫剂常需周期再生切换工序，高效连续运转特性较差，因此少见用于含硫较高的煤气，在常温煤气脱硫上，一般与湿法脱硫相配合作为第二级脱硫使用。在IGCC 等工艺中，若完全使用中高温脱硫、脱碳技术则可直接利用高温煤气中的显热，也不必特意去除去煤气中的水汽，因而可明显提高燃气的发电效率。

湿法脱硫可以处理含硫量很高的煤气，脱硫剂是便于输送的液体物料，不仅可以再生，而且可以回收有价值的硫，从而构成一个连续脱硫循环系统，只需在运转过程中，补充少量物料，以抵偿操作损失即可。在化学吸收法中，其中的中和法存在一个经浓缩后的酸气处理问题，目前已有多种工艺可将此浓缩酸气最终转化为硫或硫酸，如克劳斯硫回收法等。表中的氧化法存在着一个经脱硫后的废液处理问题，目前已开发了多种各具特色的废液处理工艺，它们可以分别与各种脱硫方法配套使用，实际上已成为脱硫工艺中不可缺少的组成部分。

作为城市煤气气源的焦炉煤气，其生产工艺中最初采用的脱硫方法为砷碱法加氧化铁干箱，后将砷碱法逐步改为改良 ADA 法。目前，城市煤气工业的发展，对煤气脱硫技术的开发起了很大的推动作用，多种不同层次的脱硫方法已在工业上得到应用。

二、干法脱硫

（一）氧化铁法

氧化铁法是一种古老的干式脱硫法，早先用于城市煤气净化，经过不断改进，该法应用范围不断扩大，目前氧化铁脱硫已从常温扩大到中温和高温领域。因操作温度的不同，脱硫剂的热力学状态、脱硫反应的机理、脱硫性能都不一样。为使用方便，将氧化铁脱硫过程按温度不同划分为三种温区，表 3-2 给出了各种氧化铁脱硫法的特点。

表 3-2   各种氧化铁脱硫法的特点

方 法	脱硫剂组分	使用温度/℃	脱除对象	生 成 物
常温脱硫	FeOOH	25～35	H_2S,RSH	$FeS_2 \cdot H_2O$
中温脱硫	Fe_2O_3	350～400	H_2S,RSH,COS,CS_2	FeS、FeS_2
中温铁碱	$Fe_2O_3 \cdot Na_2CO_3$	150～380	H_2S,RSH,COS,CS_2	Na_2SO_4
高温脱硫	$ZnFe_2O_4$等	>500	H_2S	FeS、ZnS

常温下，氧化铁（Fe_2O_3）与硫化氢发生下列反应：

$$2FeOOH + 3H_2S = Fe_2S_3 \cdot H_2O + 3H_2O \tag{3-5}$$

$$Fe_2O_3 \cdot H_2O + 3H_2S = 2FeS + S + 4H_2O \tag{3-6}$$

当脱硫剂呈碱性时，脱硫反应按式(3-5)进行；当脱硫剂呈酸性或中性时，脱硫反应则按式(3-6)进行。

脱硫后生成的硫化铁，在有氧气存在下氧化析出硫黄，脱硫剂再生：

$$Fe_2S_3 \cdot H_2O + 1.5O_2 = 2FeOOH + 3S \tag{3-7}$$

$$2FeS + 1.5O_2 + H_2O = Fe_2O_3 \cdot H_2O + 2S \tag{3-8}$$

按式(3-7)进行的再生反应速率很快，再生也较彻底，而按式(3-8)进行的再生反应在常温下很难进行，不仅反应速率慢，而且再生也不完全。所以在生产中应尽量使脱硫反应在碱性条件下进行。

中温下进行脱硫时，需先还原：

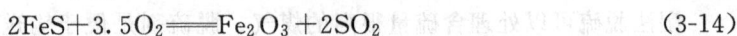

$$3Fe_2O_3 + H_2 = 2Fe_3O_4 + H_2O \tag{3-9}$$

吸收时：

$$Fe_3O_4 + H_2 + 3H_2S = 3FeS + 4H_2O \tag{3-10}$$

$$FeS + H_2S = FeS_2 + H_2 \tag{3-11}$$

再生时：

$$3FeS + 4H_2O = Fe_3O_4 + 3H_2S + H_2 \tag{3-12}$$

$$2Fe_3O_4 + 0.5O_2 = 3Fe_2O_3 \tag{3-13}$$

$$2FeS + 3.5O_2 = Fe_2O_3 + 2SO_2 \tag{3-14}$$

用于 150～180℃下的 $Na_2CO_3 \cdot Fe_2O_3$ 中温铁碱脱硫剂在原料气中含有 COS、CS_2 时，被水解为 H_2S，再被氧化为 SO_2、SO_3，最终被 Na_2CO_3 吸收成不可再生的 Na_2SO_4。

高温下用铁酸锌脱硫时：

$$ZnFe_2O_4 + 3H_2S + H_2 = ZnS + 2FeS + 4H_2O \tag{3-15}$$

（二）氧化锌法

氧化锌脱硫以其脱硫精度高、使用便捷、稳妥可靠、硫容量高。它广泛地应用在合成氨、制氢、煤化工、石油精制、饮料生产等行业以脱除天然气、石油馏分、油田气、炼厂气、合成气（CO+H_2）、二氧化碳等原料中的硫化氢及某些有机硫。氧化锌脱硫可将原料气中的硫脱除至 0.5×10^{-6}～0.05×10^{-6} 以下。

脱硫过程的化学反应：

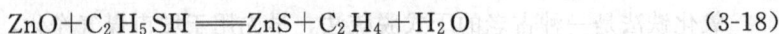

$$ZnO + H_2S = ZnS + H_2O \tag{3-16}$$

$$ZnO + C_2H_5SH = ZnS + C_2H_5OH \tag{3-17}$$

$$ZnO + C_2H_5SH = ZnS + C_2H_4 + H_2O \tag{3-18}$$

当气体中有氢存在时，羰基硫、二硫化碳、硫醇、硫醚等会在反应温度下发生转化反应，反应生成的硫化氢被氧化锌吸收。有机硫的转化率与反应温度有一定比例关系。噻吩类硫化物及其衍生物在氧化锌上与氢发生转化反应的能力很低。因此单独用氧化锌不能脱除噻吩类硫化物，需借助于钴钼催化剂上的加氢转化成硫化氢后才能被氧化锌脱硫剂脱除。

三、湿法脱硫

（一）改良 ADA 法脱硫

1. 基本原理

改良 ADA 法又称蒽醌二磺酸钠法，该法最初在稀碱液中添加 2,6-蒽醌二磺酸钠或 2,7-蒽醌二磺酸钠作载氧体。但反应时间较长，所需反应设备大，硫容量低，副反应大，应用范围受到很大限制。后来，在溶液中添加 $0.12\%\sim0.28\%$ 的偏钒酸钠（$NaVO_3$）作催化剂及适量的酒石酸钾钠（$NaKC_4H_4O_6$）作络合剂，使溶液吸收和再生反应速率大大增加，同时也提高了溶液的硫容量，该法开始得到广泛应用，因此又称为改良 ADA 法。该脱硫法的反应机理可分为四个阶段。

第一阶段，在 $pH=8.5\sim9.2$ 范围内，在脱硫塔内稀碱液吸收硫化氢生成硫氢化物。

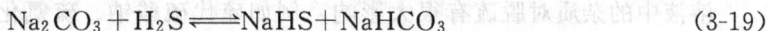

$$Na_2CO_3+H_2S \rightleftharpoons NaHS+NaHCO_3 \tag{3-19}$$

第二阶段，在液相中，硫氢化物被偏钒酸钠和 ADA 迅速氧化成硫，而偏钒酸钠被还原成焦钒酸钠，ADA 变为还原态。

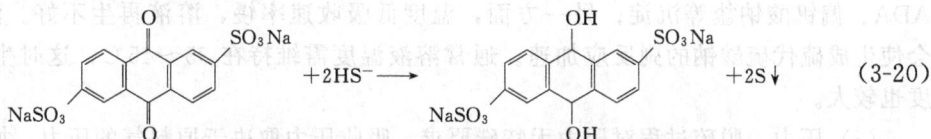

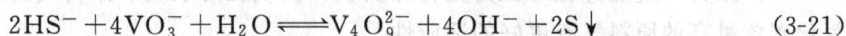

$$+2HS^- \longrightarrow +2S\downarrow \tag{3-20}$$

$$2HS^-+4VO_3^-+H_2O \rightleftharpoons V_4O_9^{2-}+4OH^-+2S\downarrow \tag{3-21}$$

第三阶段，还原态 ADA 被空气中的氧氧化成氧化态的 ADA，同时生成双氧水。

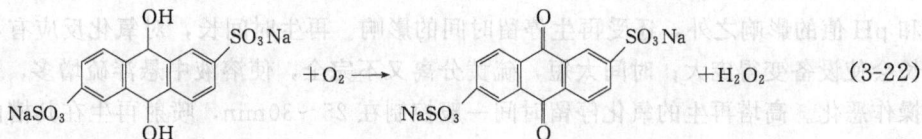

$$+O_2 \longrightarrow +H_2O_2 \tag{3-22}$$

双氧水氧化 V^{4+} 成 V^{5+}：

$$V_4O_9^{2-}+2OH^-+2H_2O_2 \rightleftharpoons 4VO_3^-+3H_2O \tag{3-23}$$

$$H_2O_2+HS^- \rightleftharpoons H_2O+S+OH^- \tag{3-24}$$

第四阶段，反应中消耗的碳酸钠得到了补偿：

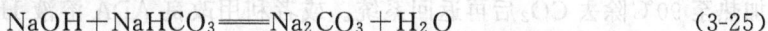

$$NaOH+NaHCO_3 \rightleftharpoons Na_2CO_3+H_2O \tag{3-25}$$

恢复活性后的溶液循环使用。

当气体中含有二氧化碳、氧、氰化氢时，尚有下列副反应发生：

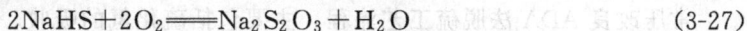

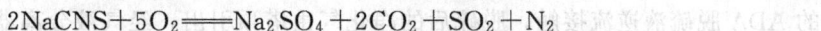

$$Na_2CO_3+CO_2+H_2O \rightleftharpoons 2NaHCO_3 \tag{3-26}$$

$$2NaHS+2O_2 \rightleftharpoons Na_2S_2O_3+H_2O \tag{3-27}$$

$$Na_2CO_3+HCN+S \rightleftharpoons NaCNS+NaHCO_3 \tag{3-28}$$

$$2NaCNS+5O_2 \rightleftharpoons Na_2SO_4+2CO_2+SO_2+N_2$$

气体中含有这些杂质是不可避免的。可见，总有一些碳酸钠消耗在副反应上，因而在进行物料平衡计算时，应把这些反应计入。

2. 工艺条件

（1）溶液的组成

① 溶液的总碱度和碳酸钠浓度 碳酸钠和碳酸氢钠浓度之和称为溶液总碱度。气体的

净化度、溶液的硫容量及气相总传质系数，都随碳酸钠浓度的增加而增大。但浓度太高，将更多的生成碳酸氢钠，碳酸氢钠易析出结晶，影响生产；同时浓度太高生成硫代硫酸钠的反应亦加剧。因此，在满足净化要求的情况下，碳酸钠的浓度应尽量取低些。目前国内在净化低硫原料气时，多采用总碱度为 0.4mol/L、碳酸钠为 0.1mol/L 的稀溶液。随原料气中硫化氢含量的增加，可相应提高溶液浓度，直到采用总碱度为 1.0mol/L、碳酸钠为 0.4mol/L 的浓溶液。

② 溶液的 pH 值　对硫化氢与 ADA/钒酸盐溶液的反应，溶液的 pH 值高对反应有利。而氧与还原态 ADA/钒酸盐反应，溶液 pH 值低对反应有利。在实际生产中考虑其他条件，采用较佳的溶液 pH 值为 8.5～9.1，ADA 浓度为 5～10g/L。

③ 溶液中其他组分的影响　偏钒酸钠与硫化氢反应相当快。但当出现硫化氢局部过浓时，会形成"钒-氧-硫"黑色沉淀。添加少量酒石酸钾钠可防止生成"钒-氧-硫"沉淀。一般控制 ADA 与偏钒酸钠的质量比为 2，酒石酸钾钠的浓度一般是偏钒酸钠的一半左右。

溶液中的杂质对脱硫有很大影响，例如硫代硫酸钠、硫氰化钠以及原料气中夹带的焦油、苯、萘等对脱硫都有害。

(2) 温度　吸收和再生过程对温度均无严格要求。但温度太低，一方面会引起碳酸钠、ADA、偏钒酸钠盐等沉淀；另一方面，温度低吸收速率慢，溶液再生不好。温度太高时，会使生成硫代硫酸钠的副反应加速。通常溶液温度需维持在 35～45℃，这时生成的硫黄粒度也较大。

(3) 压力　脱硫过程对压力无特殊要求，吸收压力取决于原料气的压力。加压操作对二氧化碳含量高的原料气有更好的适应性。

(4) 氧化停留时间　改良 ADA 法在吸收塔内和再生塔内进行的氧化反应速率除受温度和 pH 值的影响之外，还受再生停留时间的影响。再生时间长，对氧化反应有利，但时间太长会使设备变得庞大；时间太短，硫黄分离又不完全，使溶液中悬浮硫增多，形成硫堵，使操作恶化。高塔再生的氧化停留时间一般控制在 25～30min，喷射再生在其槽内的停留时间一般为 5～10min。

(5) CO_2 的影响　气体中 CO_2 浓度高时，则与溶液中 Na_2CO_3 反应生成 $NaHCO_3$，使 $NaHCO_3$ 对 Na_2CO_3 的平衡比增加，溶液 pH 值降低，导致 H_2S 吸收速率下降，H_2S 的净化度也随气体中 CO_2 含量增加而变差。在这种情况下，可将总溶液量的 1%～2% 引出塔外加热至 90℃除去 CO_2 后再返回系统。或者利用改良 ADA 溶液 H_2S 的选择性，加大气量提高气/液比，缩短气体在塔内的停留时间，以及适当提高溶液的 pH 值，以此来减小 CO_2 的影响。在其他条件相同时，随着 CO_2 的增高，吸收塔所需的填料容积就得相应加大。

3. 工艺流程

常压改良 ADA 法脱硫工艺流程，主要包括硫化氢的吸收、溶液的再生和硫黄的回收三个部分。图 3-11 是塔式再生改良 ADA 法脱硫工艺流程。煤气进吸收塔后与从塔顶喷淋下来的 ADA 脱硫液逆流接触，脱硫后的净化气由塔顶引出，经气液分离器后送往下道工序。

吸收 H_2S 后的富液从塔底引出，经液封进入溶液循环槽，进一步进行反应后，由富液泵经溶液加热器送入再生塔，与来自塔底的空气自下而上并流氧化再生。再生塔上部引出的贫液经液位调节器，返回吸收塔循环使用。再生过程中生成的硫黄被吹入的空气浮选至塔顶扩大部分，并溢流硫黄泡沫槽，再经过加热搅拌、澄清、分层后，其清液返回循环槽，硫泡沫至真空过滤器过滤，滤液返回循环槽。

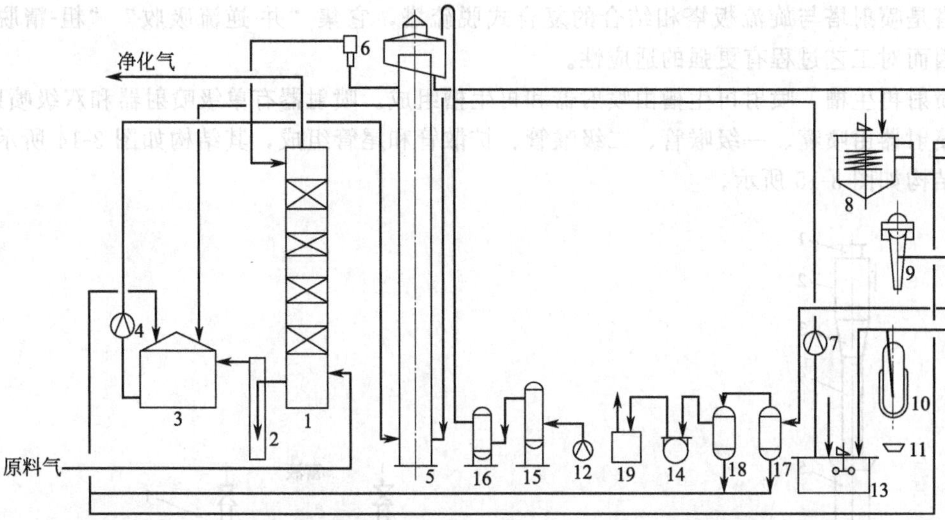

图 3-11　塔式再生改良 ADA 法脱硫工艺流程

1—吸收塔；2—液封；3—溶液循环槽；4—富液泵；5—再生塔；6—液位调节器；7—泵；8—硫黄泡沫槽；
9—真空过滤器；10—熔硫釜；11—硫黄铸模；12—空气压缩机；13—溶液加热器；14—真空泵；
15—缓冲罐；16—空气过滤器；17—滤液收集器；18—分离器；19—水封

4. 主要设备

（1）吸收塔　可用于湿法吸收脱硫的塔型很多，常用的是喷射塔、旋流板塔、填料塔和喷旋塔。

喷射塔具有结构简单，生产强度大，不易堵塔等优点。由于可以承受很大的液体负荷、单级脱硫效率不高（70%），因而常被用来粗脱硫化氢。喷射塔主要由喷射段、喷杯、吸收段和分离段组成，其结构如图 3-12 所示。

旋流板塔由吸收段、除雾段、塔板、分离段组成，其结构如图 3-13 所示。旋流板塔的空塔气速为一般填料塔的 2～4 倍，一般板式塔的 1.5～2 倍；塔压降小，操作范围较大；不易堵塞。

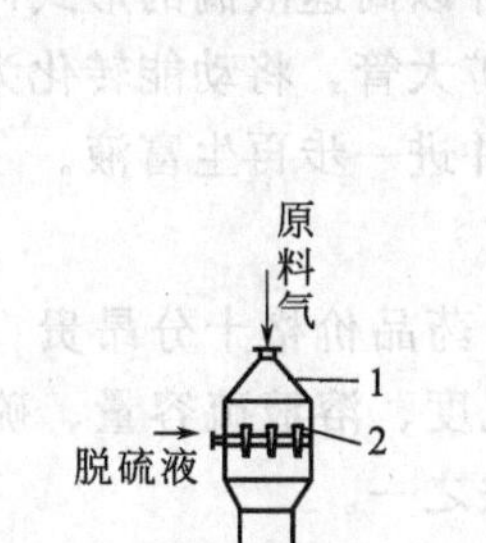

图 3-12　喷射塔

1—喷射段；2—喷杯；3—吸收段；4—分离段

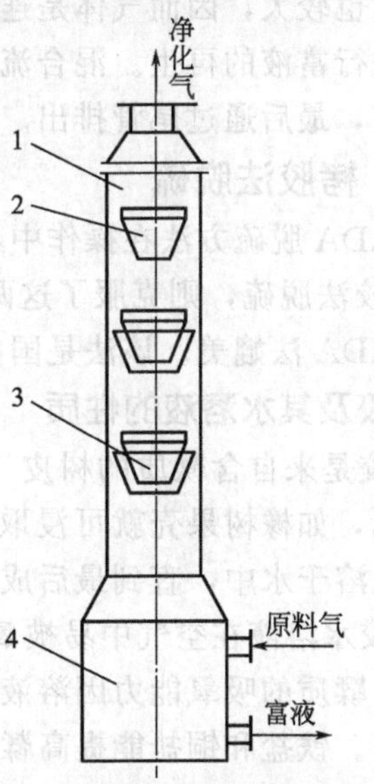

图 3-13　旋流板塔

1—吸收段；2—除雾段；3—塔板；4—分离段

喷旋塔是喷射塔与旋流板塔相结合的复合式脱硫塔，它集"并-逆流吸收""粗-精脱"为一体，因而对工艺过程有更强的适应性。

(2) 喷射再生槽　喷射再生槽由喷射器和再生槽组成。喷射器有单级喷射器和双级喷射器，双级喷射器由喷嘴、一级喉管、二级喉管、扩散管和尾管组成，其结构如图 3-14 所示，再生槽的结构如图 3-15 所示。

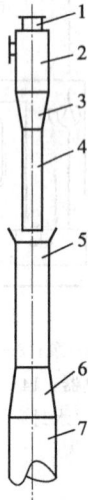

图 3-14　双级喷射器

1—喷嘴；2—吸气室；3—收缩管；4——级喉管；
5—二级喉管；6—扩散管；7—尾管

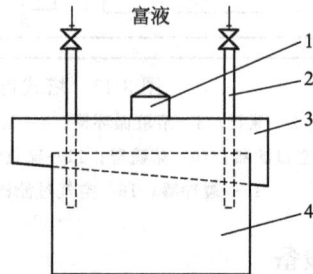

图 3-15　再生槽

1—放空管；2—吸气室；
3—扩大部分；4—槽体

双级喷射器的特点是一级喉管较小，喷嘴截面与一级喉管面之比较大，因而气液基本是同速的，形成的混合流体中液体是连续相，气体是分散相，能量交换比较完全。具有一定速度的混合流体从一级喉管喷出进入二级喉管，同时再次自动吸入空气，二级喉管比一级喉管大，气液比也较大，因而气体是连续相，液体是分散相，并以高速液滴的形式冲击并带动气体，同时进行富液的再生。混合流体由二级喉管流出进入扩大管，将动能转化为静压能，气体压力升高，最后通过尾管排出。尾管也能回收部分能量并进一步再生富液。

（二）栲胶法脱硫

改良 ADA 脱硫方法在操作中易发生堵塞，而且 ADA 药品价格十分昂贵。用栲胶取代 ADA 的栲胶法脱硫，则克服了这两项缺点，而且气体净化度、溶液硫容量、硫回收率等均可与改良 ADA 法媲美。该法是国内使用比较多的脱硫方法之一。

1. 栲胶及其水溶液的性质

① 栲胶是来自含鞣质的树皮（如栲树、落叶松）、根和茎（如坚木、栗木）、叶（如漆树）和果壳，如橡树果壳就可浸取制成栲胶。栲胶的主要成分为鞣质，约占 66%。栲胶可以无限制地溶于水中，直到最后成为糊状；温度升高，溶解度增大。

② 栲胶水溶液在空气中易被氧化。鞣质中较活泼的羟基易被空气中的氧氧化，生成醌态结构物。鞣质的吸氧能力因溶液的 pH 和温度的升高而大大加强，pH 大于 9 时鞣质的氧化特别显著。铁盐和铜盐能提高鞣质的吸氧能力，而草酸盐能使鞣质的吸氧能力下降。

因鞣质具有与 ADA 类似的氧化还原性质，故栲胶法原理与改良 ADA 法相似，可以把改良 ADA 脱硫工艺改成栲胶法。

③ 鞣质能与多种金属离子（如钒离子、铬离子、铝离子等）形成水溶性配合物。

④ 在碱性溶液中丹宁能与铜、铁反应并在材料表面上形成鞣质酸盐的薄膜，从而具有防腐作用。

⑤ 栲胶水溶液，特别是高浓度栲胶水溶液是典型的胶体溶液。

⑥ 栲胶组分中含有相当数量的表面活性物质，导致溶液表面张力下降，发泡性增强。

⑦ 栲胶水溶液中有 $NaVO_3$、$NaHCO_3$ 等弱酸盐时易生成沉淀。

2. 栲胶法工艺的特点

① 栲胶法具有改良 ADA 法的几乎所有优点。

② 栲胶既是氧化剂又是钒的络合剂，脱硫剂组成比改良 ADA 法简单。

③ 我国栲胶资源丰富、价廉易得，因而脱硫装置运行费用比改良 ADA 法省。

④ 栲胶法脱硫没有硫黄堵塔问题。

⑤ 栲胶需要一个繁复的预处理过程才能添加到系统中去，否则会造成溶液严重发泡而使生产无法正常进行。但近年来研制出的新产品 P 型和 V 型栲胶，可以直接加入系统。

阅读资料

脱硫方法的选择

在合成氨工厂中，应该根据原料气的来源、脱硫净化度的要求、动力来源、脱硫剂的来源、环保要求等，通过技术经济比较后，选择适宜的脱硫方法。干法脱硫硫容有限，对含高浓度硫的气体不适应，需要先用湿法脱硫进行粗脱，再用干法精硫。

一、湿法选择

① 原料气的硫化氢含量中等，如硫化氢含量为 $2\%\sim3\%$ 的粗天然气净化，当前应用最广泛的是烷基醇胺法，如一乙醇胺法、二异丙醇胺法、甲基二乙醇胺法等。以前天然气脱硫中应用最多的是一乙醇胺法，但因一乙醇胺法能耗高、腐蚀性强，近年很多工厂改用甲基二乙醇胺法。

② 原料气的硫化氢、二氧化碳等酸性气体含量较高时，用物理溶剂或物理-化学混合溶剂吸收、再生时放出的硫化氢气体用克劳斯法回收硫黄。这类方法的共同特点是能耗低，在酸性气体分压较高时，溶剂的吸收能力强，如环丁砜法、聚乙二醇二甲醚法、甲醇法等。

在天然气处理上，如硫化氢含量较高，压力在 $4.0MPa$ 以上时，较多地用环丁砜法、聚乙二醇二甲醚法等。重油部分氧化法制合成气的气化压力也较高，有的工业装置已达到 $8.5MPa$，而重油中硫含量又较高时，选择用低温甲醇法、聚乙二醇二甲醚法、环丁砜法等。而低温甲醇法、聚乙二醇二甲醚法又可从原料气中选择脱除硫化氢。

③ 原料气的硫化氢含量低，并含有较多的二氧化碳，用直接氧化法脱硫较合适，如改良 ADA 法、栲胶法、氨水液相催化法等。这几种方法技术成熟、过程完善、各项技术经济指标较好，特别是栲胶法运行费用低，且没有脱硫塔堵塔的问题，更具有竞争力。氨水液相催化法用于焦炉气脱硫更合适，可利用焦炉气本身含有的氨作吸收剂，并能同时脱除氰化氢，比较经济。

配合铁法是国外使用较多的一种新的脱硫方法，它的主要优点是溶液组成简单、硫容量高、溶液不含钒、无毒性。

二、干法选择

气体中微量硫和有机硫的脱除，以固体干法为主，干法脱硫广泛用作精细脱硫，如近代以天然气、轻油等为原料的大型合成氨厂中，广泛应用活性炭、氧化锌、钴-钼催化剂等干法脱硫，使原料气中总硫含量降至 1×10^{-6} 以下。

精脱硫可根据原料气含硫等情况不同而选择不同的工艺方法。

① 含有少量 H_2S 及 RSH 的天然气，可单用 ZnO 脱除。

② 含硫较高的天然气，用活性炭和 ZnO 串联。

③ 如果原料气中的 COS 较多，应先将 COS 进行水解，再用 ZnO 或活性炭脱除，也可在脱除 COS 前先用氧化铁脱除部分硫化物。灵活应用不同的组合，如夹心饼式，也可分几层填装，高径比一般在 $1.5 \sim 3$ 为宜，最好为 2 以上。

④ 如果含有少量的硫醇和噻吩，可直接用分子筛脱除。

⑤ 含有硫醚（如二甲硫醚），其性能比较稳定，在 400℃ 以上才能分解为烯烃和 H_2S。还有噻吩，不溶于水，性质稳定，加热到 500℃ 也难分解。含有这些硫化物的原料气必须先用加氢转化催化剂，如 Co-Mo、Ni-Mo 等催化剂，将有机硫加氢转化后再用氧化锌等吸收，也可串联使用。

⑥ 对含有机硫较高的液态烃，先要经 Co-Mo 加氢转化，再经湿法脱硫，再用氧化锌等脱除。

⑦ 对于高温下煤气的脱硫（如 IGCC），需采用 $ZnFe_2O_4$ 类复合金属氧化物系列或白云石系列等。

中国很多以煤为原料的合成氨厂的煤气脱硫，大多选用直接氧化法。而视后面工艺流程用碳酸丙烯酯、聚乙二醇二甲醚法、改良热钾碱法脱除二氧化碳等的需要选用合适的干法脱硫来精脱硫。为了保证脱碳工艺的正常运行和二氧化碳气体的纯度，常选用氧化铁或活性炭脱除变换气中的少量硫。有的合成氨工厂后面采用联醇的工艺流程，因甲醇催化剂对总硫含量要求更高，可采用活性炭-水解催化剂-活性炭夹心饼式组合的脱硫工艺，或选用水解催化剂-常温氧化锌串联的脱硫工艺，使总硫含量达到 0.1×10^{-6} 以下。

第四节　二氧化碳脱除

以煤为原料生产的煤气及其变换气中，都含有不同数量的 CO_2 杂质，需在进一步加工前进行脱除净化。从气体混合物中脱除 CO_2，不仅因为 CO_2 耗费气体压缩功，空占设备体积，对后工序有害，还因为 CO_2 是重要的化工原料，如尿素、纯碱和碳酸氢铵的生产都需要大量 CO_2，食品级 CO_2 也是重要的产品。

在合成氨或其他化工生产中把脱除工艺气体中 CO_2 的过程称为"脱碳"，它兼有净化气

体和回收纯净 CO_2 两个目的。

一、二氧化碳脱除方法

在化工行业中，尤其是合成氨生产和甲醇生产或制氢工业中，采用的脱碳方法可分为两大类，即溶液吸收法和变压吸附法。

吸收法根据不同原理可分为如下几种。

（1）化学吸收法　化学吸收法的主要优点是吸收速率快、净化度高，按化学计量反应进行，吸收压对吸收能力影响不大等。其缺点是再生热耗大，因此化学吸收法的能量消耗较大，如改良热钾碱法。

（2）物理吸收法　吸收机理是利用溶剂有选择性地吸收气体。主要优点在于物理溶剂吸收气体遵循亨利定律，吸收能力仅与被溶解气体分压成正比；溶剂的再生比较容易，只要减压闪蒸，或用惰性气体气提即可达到再生效果，再生热耗低。其缺点是吸收压力或 CO_2 分压是主要决定因素，要求净化度高时，未必经济合理。比较典型的有低温甲醇洗和 NHD 法等。

（3）物理-化学吸收法　它的特点是将两种不同性能的溶剂混合，使溶剂既有物理吸收功能又有化学吸收功能。它的再生热耗比物理吸收法高又比化学吸收法低，是介于两种方法之间的一种方法，如改良 MDEA 法。

变压吸附脱碳技术也称干法脱碳，是通过吸附体在一定的条件下对 CO_2 进行选择性地吸附，然后通过恢复条件将 CO_2 解吸，从而达到分离 CO_2 的目的。按照改变的条件，主要有变温吸附法（TSA）和变压吸附法（PSA）。由于温度的调节控制速度很慢，在工业中较少地采用变温吸附法。吸附法主要依靠范德华力吸附在吸附体的表面。吸附能力主要决定于吸附体的表面积以及操作的压（温）差，一般其效率较低，需要大量的吸附体，使此种技术成本非常高。变压吸附法（PSA）已经在工业上取得了巨大的成功，我国已有多家合成氨厂采用此法脱除 CO_2。现在 CCP（二氧化碳捕捉）项目正在研究另一种新的吸附法——变电吸附（ESA），它通过活性炭纤维对 CO_2 进行吸附，通过电流的改变进行解吸分离出 CO_2。

另外，膜法分离 CO_2 技术也被认为最有发展潜力的脱碳方法，它主要是在一定条件下，通过膜对气体渗透的选择性把 CO_2 和其他气体分离开。按照膜材料的不同，主要有聚合体膜、无机膜以及正在发展的混合膜和其他过滤膜。

二、改良热钾碱法脱碳

所谓改良热钾碱法是指使用的溶液仍为热碳酸钾溶液，溶液中添加了不同活化剂而形成的具有不同名称的热钾碱法。

碳酸钾法最初是用碳酸钾水溶液在常温下吸收 CO_2，吸收速率很慢，后改为在较高温度（105～130℃）下进行吸收，发展为热碳酸钾法或热钾碱法。采用较高温度下吸收是为了增加碳酸氢钾的溶解度，并可用较浓的碳酸钾溶液来提高吸收能力，但这时溶液对设备腐蚀也很严重。

从 20 世纪 60 年代开始，工作人员发现在碳酸钾溶液中添加某些活化剂，可大大加速吸收 CO_2 的速率，同时，在热碳酸钾溶液对碳钢的腐蚀机理的研究上也获得了进展，采用加入某些缓蚀剂的方法降低了设备的腐蚀，由此热钾碱法发展成为改良热钾碱法。因活性剂种类不同而形成了多种改良热钾碱法。下面介绍以二乙醇胺（DEA）为活化剂的本-菲尔工艺。

1. 基本原理

典型本-菲尔溶液组成：K_2CO_3 的质量分数为 $27\% \sim 30\%$；活化剂 DEA 的质量分数为 3%，缓蚀剂 V_2O_5 的质量分数为 0.5%。

碳酸钾水溶液与二氧化碳的反应如下：

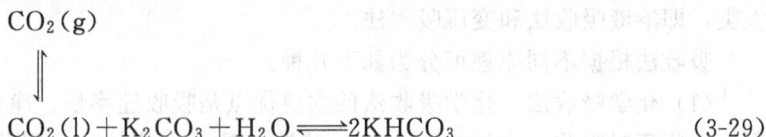

$$CO_2(g)$$
$$\Updownarrow$$
$$CO_2(l) + K_2CO_3 + H_2O \Longleftrightarrow 2KHCO_3 \tag{3-29}$$

碳酸钾溶液对气体中其他组分的吸收：在以煤、渣油为原料制取的变换气或城市煤气中除含有 CO_2，往往还含有一定量的 H_2S、COS、CS_2、RSH、HCN 以及少数的不饱和烃类等。含有活化剂二乙醇胺（DEA）的碳酸钾溶液在吸收 CO_2 的同时，也能全部或部分地将这些组分吸收。

（1）吸收硫化氢　硫化氢是酸性气体，与碳酸钾进行下列反应：

$$K_2CO_3 + H_2S \Longleftrightarrow KHCO_3 + KHS \tag{3-30}$$

溶液吸收硫化氢的速率比吸收 CO_2 的速率快 $30 \sim 50$ 倍，因此在一般情况下，即使气体中含有较多的 H_2S，经溶液吸收后，净化气中 H_2S 的含量仍可达到相当低的值。

（2）吸收 COS 和 CS_2　溶液与 COS 和 CS_2 反应，第一步硫化物在热的碳酸钾水溶液中水解生成 H_2S：

$$COS + H_2O \Longleftrightarrow CO_2 + H_2S \tag{3-31}$$
$$CS_2 + 2H_2O \Longleftrightarrow CO_2 + 2H_2S \tag{3-32}$$

第二步水解生成的 H_2S 与碳酸钾反应。

COS 在纯水中很难进行上述反应，但在碳酸钾水溶液中，该反应却可以进行很完全。其反应速率随溶液温度的提高而加快，温度每提高 $28℃$，反应速率约增加一倍。在生产条件下其吸收率可达 $75\% \sim 99\%$。

CS_2 则需经两步水解才能全部被吸收，因此其吸收率比单独吸收 COS 时低。

（3）吸收 RSH 和 HCN　HCN 是强酸性气体，硫醇也略带酸性，因此可与碳酸根很快进行反应：

$$K_2CO_3 + RSH \Longleftrightarrow RSK + KHCO_3 \tag{3-33}$$
$$K_2CO_3 + HCN \Longleftrightarrow KCN + KHCO_3 \tag{3-34}$$

（4）对烃类的吸收　通常，烃类不与碳酸钾溶液进行反应，但某些烃类可使溶液中的有机胺类降解，而有些低级烃类会被溶液吸收，进入液相后将引起溶液起泡。

（5）对有机酸（主要为乙酸）的吸收　在以煤，特别劣质煤为原料制得的变换气中，有时会含有酸，这是由原料气中少量的甲醇在变换反应中产生的，进入本-菲尔脱碳系统后，会使溶液变黑，降低脱除 CO_2 能力。

2. 溶液的再生

碳酸钾溶液吸收 CO_2 后，需进行再生以使溶液循环使用。溶液的再生反应为

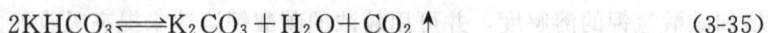

$$2KHCO_3 \Longleftrightarrow K_2CO_3 + H_2O + CO_2 \uparrow \tag{3-35}$$

加热和减压有利于 $KHCO_3$ 的分解，因此工业上常用这两种方法使溶液再生。一般吸收和再生都在吸收压力时的沸点温度下进行，只是吸收时压力较高。

为使溶液再生彻底，应做到以下两点：

① 利用再生塔设置再沸器，间接换热将溶液加热到沸点并使大量的水蒸气从溶液中蒸发出来，水蒸气沿再生塔向上流动与溶液逆流接触，这样不仅降低了气相中的 CO_2 分压，增加了

解吸的推动力，同时增加了液相的湍动程度和解吸面积，从而使溶液得到更好的再生。

② 降低再生压力，以便降低再生温度（该压力下溶液的沸点即为再生温度）。再生压力越低对再生越有利，一般多维持在略高于大气压力下进行。

3. 工艺流程

图 3-16 为变压本-菲尔脱碳流程。其主要特点是两段变压再生和三段吸收。出吸收塔的富液经水力透平进入闪蒸再生塔的高压段进行部分闪蒸，其底部有热再生塔顶部出来的、压力相近的气体加入，促进二氧化碳的解吸。闪蒸后的溶液减压进入闪蒸再生塔的低压段，低压闪蒸的溶液一部分通过换热器与热再生来的贫液换热并循环返回塔内。由于低压段的压力较低，富液换热后可达沸点，闪蒸出的蒸汽促进了 CO_2 的解吸，再与解吸后的气体汇合，压缩后补充加入高压段入口。出低压段的半贫液经半贫液泵后分为两段股，一股返回吸收塔下段，另一股送热再生塔。热再生后的贫液经上述换热器与循环、再沸的半贫液换热后也分为两股，一股引入吸收塔中部，另一股经冷却后送吸收塔顶部。该流程可使净化气中的二氧化碳含量降至 0.05% 以下，能耗为 $3.6\times10^4\sim4.2\times10^4\,kJ/kmol\ CO_2$。

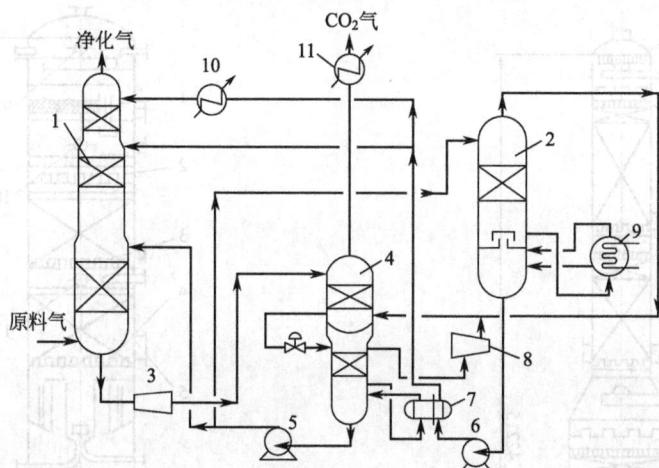

图 3-16　变压本-菲尔脱碳流程

1—吸收塔；2—再生塔；3—水力透平；4—闪蒸再生塔；5—半贫液泵；6—贫液泵；7—溶液换热器；8—蒸汽压缩机；9—再沸器；10—贫液冷却器；11—二氧化碳冷却器

4. 装置的腐蚀及缓蚀

在以胺-碳酸钾溶液脱除 CO_2 的系统中，除了酸性气体及冷凝液对设备腐蚀以外，碳酸钾溶液本身对设备也有较强的腐蚀。溶液对碳钢的腐蚀是由于电化学作用而产生的。特别当溶液中含有 CO_2 时，对碳钢的腐蚀更加严重，对不锈钢也有一定的腐蚀。为降低溶液的腐蚀性，向溶液中加入一定量的 V_2O_5 缓蚀剂，使五价钒离子与干净金属表面生成致密的钝化膜，牢固附在金属表面上，有效地防止了溶液对碳钢的腐蚀，在流速较高或温度较高的地方，即难以形成钝化膜的部位最好选用不锈钢材料，以保证该系统长周期稳定运行。

5. 吸收溶液的起泡及消泡

改良热钾碱法，在操作上的一个重要问题是溶液起泡。溶液一旦起泡，吸收塔和再生塔阻力增加，严重时则发生拦液、泛塔等事故。溶液起泡的机理目前说法不一，多数专家认为造成起泡的主要原因是溶液混入某些有机杂质，降低了其表面张力。一些憎水性固体颗粒（如铁锈、催化剂粉尘等）附着在气泡表面可使气泡更加稳定，这些杂质可能随原料气、化学药品（如碳酸钾）进入。设备的腐蚀产物以及活化剂、消泡剂的降解产物等亦可引起溶液起泡。一旦发现溶液起泡可立即向系统注入消泡剂。

常用的消泡剂有硅酮型、聚醚型以及高级醇类等。消泡剂的作用是破坏气泡间液膜的稳定性，加速气泡的破裂，降低溶液的起泡高度，因而只有在溶液起泡时才间断或连续地将消泡剂加入溶液中，系统中保持 10×10^{-6} 的消泡剂就能使溶液不起泡。

在系统设计时除考虑溶液消泡外，还应在溶液系统设置过滤器，加强溶液过滤，除去其中机械杂质，以期保持溶液系统干净。另外，运行时亦应定时测定溶液泡沫高度和消泡时间。

6. 吸收塔和再生塔

吸收塔和再生塔的型式主要有填料塔和筛板塔。填料塔生产强度低、填料体积大，但操作稳定可靠，因此大多数工厂的吸收塔和再生塔都采用填料塔。

（1）吸收塔　如图 3-17 所示，吸收塔是加压设备，进入上塔的溶液量仅为全部溶液量的 1/5～1/4，气体中大部分二氧化碳是在塔下部吸收的，因此塔分上下两段，上塔塔径较小而下塔较大。

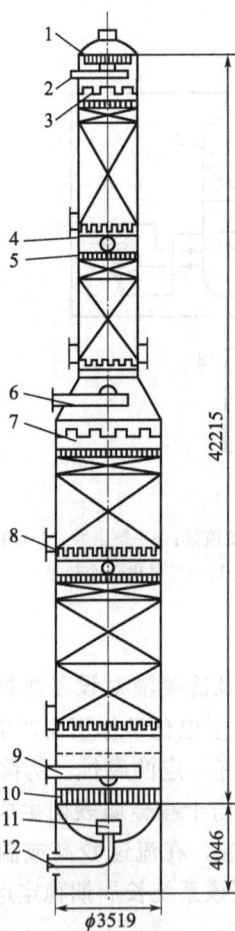

图 3-17　吸收塔（单位：mm）

1—除沫器；2,6—液体分配管；3,7—液体分布器；
4—填料支承板；5—压紧箅子板；8—填料卸出口
（4个）；9—气体分配管；10—消泡器；
11—防涡流挡板；12—富液出口

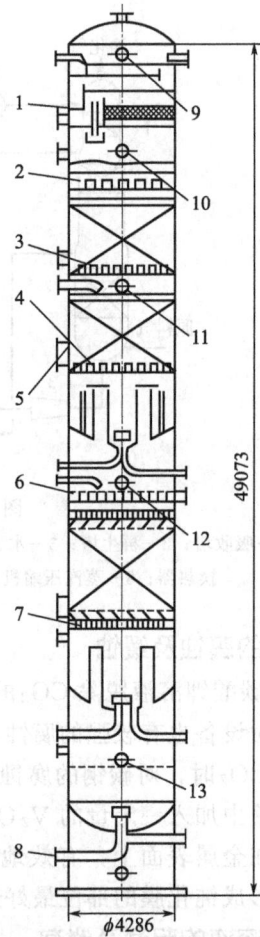

图 3-18　再生塔（单位：mm）

1—除沫器；2—液体分配器；3,4,7—液体再分布器；
5—填料卸出口（3个）；6—液体分配器；
8—贫液出口；9～13—人孔

整个塔内装有填料，为使溶液能均匀润湿填料表面，除在填料层上部装有液体分布器外，上下塔的填料又都分两层，两层中间设液体再分布器。

每层填料都置于支承板上，支承板为气体喷射式，呈波纹状，上面有圆形开孔，其自由截面可与塔的截面积相当。气体由波形上面和侧面的小孔进入填料，而液体由波形板下部的小孔流出。这样，气液分布均匀，不易液泛，而且刚性较好，承重量大。

在下塔底部存有消泡器，可消除液体流出时形成的泡沫。为防止溶液产生旋涡而将气体带到再生塔内，在吸收塔下部富液出口管上装有破旋涡装置。

（2）再生塔 如图 3-18 所示，再生塔也分为上、下两段，上下塔的直径可以不同。因其为常压设备，为制作和安装方便，上下塔也可制成同一直径。塔的上下两段都装有填料，上塔填料分两层，中间设有液体分布器，下塔填料装成一层。溶液经上塔填料层再生后，大部分由上塔底部作为半贫液引出，小部分在下塔继续再生。因此，在上塔底部装有导液盘，下塔来的水蒸气和二氧化碳经盘上的气囱进入上塔，而上塔溶液大部分则由导液盘下部的引出管送至半贫液泵，小部分经降液管流入下塔。导液盘上应保持一定的液面，防止半贫液泵抽空，而降液管的高度和开孔又应保持下流的液体量均匀稳定。在填料层上部设有不锈钢丝网除沫器，以分离气体所夹带的液滴，除沫器上设有洗涤段，用分离器分离下来的水洗涤再生气，进一步洗涤所夹带的液滴并部分回收其热量，洗水作为再生塔的补充水加到塔下部。再生塔为常压设备，壳体和底部端盖用碳钢或普通低合金钢制作，塔顶气相空间腐蚀较严重，用不锈钢或复合钢板制作，而内件多由不锈钢制作。

吸收塔和再生塔所用填料可以是陶瓷的，也可以用碳钢、不锈钢或聚丙烯塑料制成。热碳酸钾溶液对普通的陶瓷有腐蚀性，而某些塑料环则可能造成溶液的起泡或当溶液局部过热时发生软化、变形，因此对用于热碳酸钾系统的陶瓷或塑料均有特殊要求。

三、低温甲醇洗法脱碳

低温甲醇洗是 20 世纪 50 年代初德国林德公司和鲁奇公司联合开发的一种气体净化方法。该工艺以甲醇为吸收溶剂，利用甲醇在低温下对酸性气体溶解度极大的优良特性，脱除原料气中的酸性气体，广泛应用于国内外合成氨、合成甲醇、羰基合成、城市煤气、工业制氢和天然气脱硫等气体净化装置中实现 CO_2 和 H_2S 的脱除。

低温甲醇洗脱硫、脱碳的技术特点如下：

① 低温甲醇洗可以脱除气体中的多种杂质。在 $-30 \sim -70℃$ 的低温下，甲醇可以同时脱除气体中的 H_2S、CO_2、有机硫、HCN、NH_3、NO、石蜡、芳香烃和粗汽油等杂质。

② 气体的净化度很高。净化气中总硫量可脱除到 $0.1mg/m^3$ 以下，CO_2 可净化到 $10mg/m^3$ 以下，可适用于对硫含量有严格要求的化工生产。

③ 可以选择性地脱除 H_2S 和 CO_2，并可分别加以回收，以便进一步利用。

④ 甲醇的热稳定性和化学稳定性好。甲醇不会被有机硫、氰化物等组分所降解，在生产操作中不起泡，纯甲醇也不腐蚀设备和管道。

主要缺点是工艺流程长，甲醇的毒性大，设备制造和管道安装都严格要求无泄漏，严防泄漏事故发生。

（一）基本原理

1. 各种气体在甲醇中的溶解度

图 3-19 为常见气体在甲醇中的溶解度曲线，由图可见，H_2S、CO_2 等酸性气体在甲醇

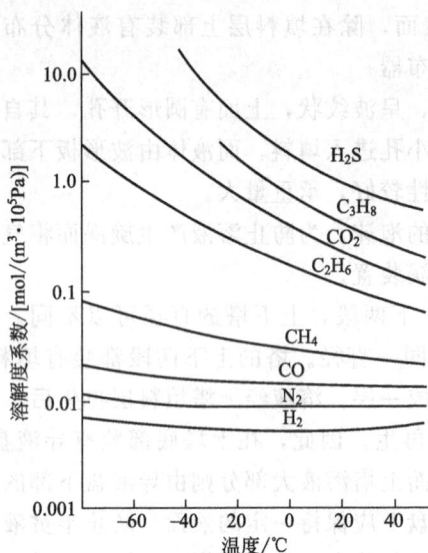

图 3-19　常见气体在甲醇中的溶解度曲线

中有较大的溶解能力，而氢、氮、一氧化碳等气体在其中的溶解度甚微。因而甲醇能从原料气中选择吸收二氧化碳、硫化氢等酸性气体，而氢和氮损失很少。在低温下，例如 $-40 \sim -50℃$ 时，H_2S 的溶解度差不多比 CO_2 大 6 倍，这样就有可能选择性地从原料气中先脱除 H_2S，而在溶液再生时先回收 CO_2。H_2S、CO_2 在甲醇中的溶解度随温度的降低，增加较快，而 H_2、CO、CH_4 等有用气体的溶解度在温度降低时都变化很小。对 H_2S 来说，甲醇是良好的溶剂。

研究表明，当气体中有 H_2 存在时，CO_2 在甲醇中的溶解度就会降低。如甲醇中含有水分时，CO_2 的溶解度也会降低，当甲醇中的水分含量为 5％ 时，其中 CO_2 的溶解度与无水甲醇相比约降低 12％。

2. 各种气体在甲醇中的溶解热

根据各种气体在甲醇中的溶解度数据或亨利定律与温度的关系可求得溶解热，如表 3-3 所示。

表 3-3　各种气体在甲醇中的溶解热

气体	H_2S	CO_2	COS	CO	H_2	N_2	CH_4
溶解热/(kJ/mol)	19.228	17.029	17.364	4.412	3.821	0.359	3.347

由表可见，H_2S 和 CO_2 在甲醇中溶解热不同，但因其溶解度较大，在甲醇吸收气体过程中，吸收塔中溶剂温度有较明显的提高，为保证吸收效果，应不断移走热量。

3. 净化过程中溶剂的损失

净化过程中甲醇溶剂的损失主要是甲醇的挥发，常温下甲醇的蒸气压很大。即使气体中挥发出来的甲醇溶剂浓度很小，但由于处理气量很大，溶剂损失还是可观的。在实际生产中，采用低温吸收，会减少操作中的溶剂损失。

4. 低温甲醇洗的吸收速率

实验发现，吸收过程的速率仅取决于 CO_2 的扩散速率，在相同条件下 H_2S 的吸收速率约为 CO_2 吸收速率的 10 倍。温度降低时吸收速率缓慢减小。由于混合气体中 H_2S 的浓度较小，吸收速率又比较快，所以 CO_2 的吸收是控制因素。影响吸收的主要因素是温度和压力。

5. 甲醇再生的原理

吸收气体后的甲醇，需在再生设备内再生，循环使用。甲醇的再生主要利用减压再生、气提再生和热再生三个方面的作用。

(1) 减压再生　从洗涤塔出来的甲醇减压到 2.0MPa 左右，利用各种气体在甲醇中的溶解度不同，而首先闪蒸出 CO 和 H_2，并进行回收。闪蒸后的甲醇进入闪蒸塔后进一步减压，闪蒸出 CO_2，并回收利用。

(2) 气提再生　气提的原理是在气相中通入氮气，降低气相中 CO_2 的分压，使甲醇中 CO_2 充分解吸出来。

（3）热再生　溶解在甲醇中的 H_2S 和残余的 CO_2 通过加热，使其全部解吸出来。此方法的再生度非常高。

实际再生时，先采用分级减压膨胀的方法再生，通过减压使 H_2 和 N_2 气体从甲醇中解吸出来，加以回收。再减压使大量 CO_2 解吸出来，而 H_2S 仍旧留在溶液中，得到二氧化碳含量大于98％的气体，以满足其他生产的要求。然后用减压、汽提、蒸馏等方法使 H_2S 解吸出来，得到 H_2S 含量大于25％的气体，送往硫黄回收工序。

（二）工艺条件

1. 吸收操作条件

（1）压力　增加压力对吸收有利，但过高的压力对设备强度和材质的要求高，使有用气体组分 H_2、CO 或 N_2 等的溶解损失也增加。具体采用多大压力，主要由原料气组成、所要求的气体净化度以及前后工序的压力等来决定。目前常用的吸收压力为2～8MPa。

（2）温度　降低吸收的温度可以增加 H_2S 和 CO_2 在甲醇中的溶解度，提高吸收效果。在要求的吸收效果一定的情况下，可降低甲醇的循环量，节省输送的功耗。同时，在低温下吸收，甲醇的饱和蒸气压低，挥发损失少。但过低的温度，会使冷量损失加大。吸收的温度主要依据吸收效果和吸收压力而定，目前常用的温度为 $-20\sim-70℃$。

H_2S 和 CO_2 等气体在甲醇中的溶解热很大，为了维持吸收塔的操作温度，在吸收大量二氧化碳的吸收塔中部设有冷却器，或将甲醇溶液引出塔外进行冷却。吸收过程放出的热量，可以与再生时甲醇节流效应的结果和气体解吸时吸收的热量相抵，使甲醇的温度降低。由于不完全的再生和与周围环境的换热，所造成的冷冻损失，可由氨冷器或其他冷源来补偿。

（3）吸收剂的纯度　吸收剂的纯度对其吸收能力有很大的影响。影响吸收剂纯度的因素是多方面的，其中含水量是主要的因素。当甲醇中含有水分时，甲醇的吸收能力将会下降。目前，对贫甲醇的含水量要求为小于1％。

2. 再生的操作条件

（1）闪蒸的工艺条件选择　H_2、CO 会在吸收塔内少量地溶于甲醇溶液中，而溶液排出吸收塔时，也会成泡沫状态夹带少量原料气，造成有效气体 H_2、CO 的损失。因此吸收液需要在中间压力下进行闪蒸，以回收 H_2 和 CO，降低合成甲醇原料消耗定额。

闪蒸的压力与温度的选择，以使易溶组分（如 CO_2、H_2S 等）解吸量最小，难溶组分（如 H_2、CO 等）尽可能完全地解吸出来为原则。对闪蒸的条件总的来说，如温度高、压力低，则 H_2 和 CO 解吸充分，原料气损失小，但过低的压力，会加重 CO_2 洗涤塔的洗涤负荷，降低洗涤效率。

（2）CO_2 解吸塔的压力与温度　CO_2 解吸塔的作用是让 CO_2 解吸出来，压力低、温度高解吸的 CO_2 数量多，但其中 H_2S 和甲醇蒸气的含量高。随着压力的降低，由于节流制冷效应，甲醇的温度会降低，所以 CO_2 解吸塔的温度，与闪蒸的温度和 CO_2 解吸塔的压力相关。同时，由于 CO_2 解吸塔和 H_2S 浓缩塔之间存在温差，在此两塔之间循环的甲醇的量也会影响 CO_2 解吸塔的温度。生产中温度的调节可通过后者实现。

压力是影响 CO_2 解吸的主要因素，压力选择的原则，以解吸出的 CO_2 产品中 H_2S 的含量小于 $1mg/m^3$、甲醇含量小于 $25mg/m^3$ 为原则。通常 CO_2 解吸塔的压力为 $0.2\sim0.4MPa$。

（3）甲醇的热再生　甲醇再生的效果最终由甲醇热再生塔决定。甲醇热再生塔利用接近常压、加热到沸点、蒸汽汽提等多种措施实现溶解的 H_2S、CO_2、NH_3 和 HCN 的解吸。解吸效果的好坏主要取决于塔内汽提蒸汽的量。汽提蒸汽量多,再生效果好。但汽提蒸汽量多,使加热蒸汽消耗增加,也有可能超出塔板的负荷。

3. 低温甲醇洗系统中的防腐

低温甲醇洗系统的腐蚀主要是由于生成羰基铁,H_2S 的存在会明显地促进 CO 与 Fe 的反应。羰基铁的生成直接引起设备部件的腐蚀,由于含硫羰基铁的分解产物会形成硫、硫化铁等沉淀,在甲醇系统的管线及设备中引起堵塞。为防止碳钢设备的腐蚀,可以加入碱性溶液。已经发现,加入碱性物质以后,腐蚀可得到完全抑制或可大大减轻,林德公司提出为实现防腐要求,碱性物质的浓度可维持在 $0.005 \sim 0.2 mol/L$。

(三)工艺流程

1. 两步法低温甲醇洗流程

两步法吸收 H_2S 和 CO_2 的流程如图 3-20 所示。原料气经预冷器、氨冷器冷却至吸收温度后赶往第一吸收塔 1,用含有 CO_2 的甲醇半贫液进行脱硫。原料气预冷时,为防止水分在冷却时冻结和分离气体中水分,往气体中喷入少量甲醇,而冷凝分离出来的含水甲醇可通过蒸馏回收。第一吸收塔顶出来已脱硫至 (H_2S+COS) 含量 $< 0.1 cm^3/m^3$ 的气体经回收冷量最后送 CO 变换。变换气再经冷却后进入第二吸收塔 2 脱除 CO_2。第一吸收塔出来的甲醇经闪蒸并加热后进入 H_2S 热再生塔 3,用蒸汽加热至沸腾,利用甲醇蒸气气提使溶剂完全再生。再生后的贫液经冷却至要求温度后进入第二吸收塔的顶部精洗段,以保证净化气的指标。此外,经气提再生塔 4 后的半贫液送往第二吸收塔的主洗段,用于脱除大部分的 CO_2。第二吸收塔出来的甲醇富液经减压闪蒸回收 H_2 后,进入 4 的 CO_2 解吸段闪蒸回收 CO_2,随后进入 4 的气提段,用氮气气提再生。再生后的半贫大部分进第二吸收塔主洗段,构成一个循环;小部分送第一吸收塔脱硫。第一吸收塔出来的富液经闪蒸罐减压闪蒸回收 H_2 和 CO_2 后送 4 气提塔,用氮气气提以提高溶液中 H_2S 的相对浓度。气提后的气体用半贫液洗涤以控制其中的硫含量,尾气回收冷量后放空。气提后的溶液则送往再生塔 3,热再生后的贫液经泵加压并冷却后进入第二吸收塔 2 精洗段,形成溶液的另一循环。热再生塔顶部出去的 H_2S 馏分送硫回收装置。减压闪蒸时回收的 H_2 与 CO_2 用压缩机 5 送回原料气管线。原料气带入的水分在甲醇-水蒸馏塔中除去。系统中的各种换热器组成换热网络,用以回收冷量并保证必要的操作条件,氨冷器用于补充冷量。

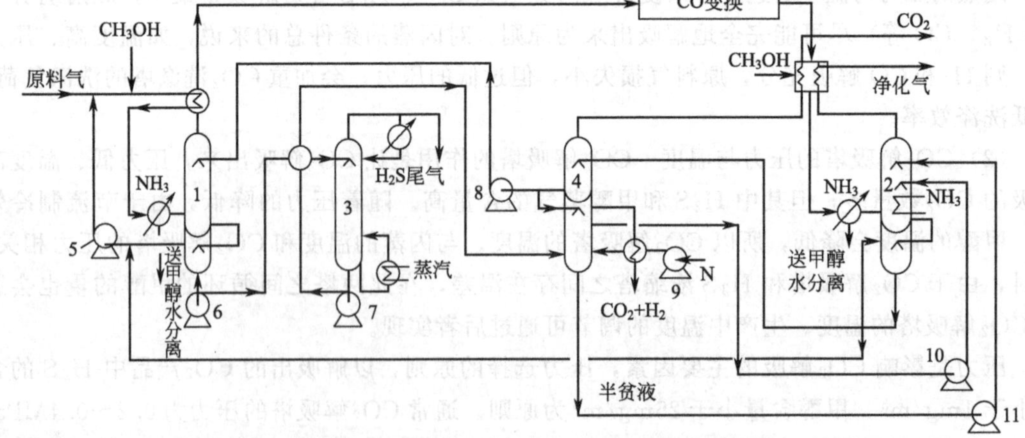

图 3-20 两步法吸收 H_2S 和 CO_2 的流程

1—第一吸收塔;2—第二吸收塔;3—H_2S 热再生塔;4—气提再生塔;5,9—压缩机;6~8,10,11—泵

2. 一步法甲醇洗流程

如图 3-21 所示为一步法同时脱除 H_2S 和 CO_2 的低温甲醇洗流程示意图。变换气经冷却后，分离其中的甲醇水溶液进入硫化氢吸收塔和二氧化碳吸收塔，依次脱除其中的 HCN、NH_3、H_2S、COS、CO_2，出二氧化碳吸收塔的工艺气换热后被加热至 32℃ 送入下游甲烷化工序。二氧化碳吸收塔底部的含 CO_2 的甲醇引出后分两路，一路进硫化氢吸收塔吸收 H_2S，另一路去中压闪蒸塔上塔闪蒸出 H_2、CO_2，闪蒸后的甲醇送入再吸收塔上部闪蒸，再生出的 CO_2 经回收冷量后送入尿素装置。

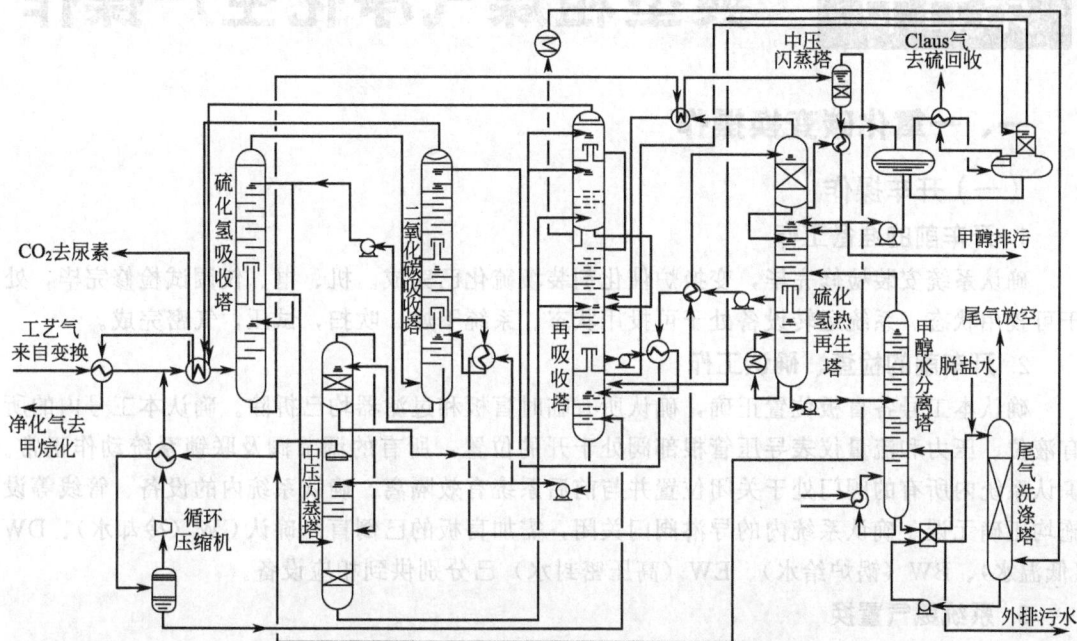

图 3-21　一步法同时脱除 H_2S 和 CO_2 的低温甲醇洗流程

硫化氢吸收塔上塔出来的含 H_2S、CO_2 的甲醇到中压闪蒸塔下塔闪蒸出 H_2、H_2S、CO_2 等气体，中压闪蒸塔上下塔闪蒸出的气体一起经循环压缩机压缩后再送入系统。闪蒸后的甲醇进入二氧化碳闪蒸塔底部，闪蒸出 CO_2 和 H_2S，H_2S 气体被上部流下来的甲醇重新吸收，吸收后的甲醇则进入再吸收塔下部的气提段进行气提。富含 H_2S、CO_2 的甲醇在再吸收塔经减压闪蒸和氮气气提后送入硫化氢热再生塔，浓缩塔顶部出来气体经回收冷量后送入尾气洗涤塔经脱盐水洗涤后放空。

在硫化氢热再生塔内，甲醇被变换气再沸器提供的热量彻底再生后，大部分溶液经冷却后送入二氧化碳吸收塔的顶部用来吸收工艺气中的 CO_2、H_2S，塔顶出来含 H_2S 的气体，在浓度没有达到进硫回收装置要求的浓度前，继续回到硫化氢浓缩塔浓缩，浓度达到进硫黄回收装置的要求后引出。硫化氢热再生塔底部的小部分甲醇送入甲醇水分离塔进行精馏，以保持循环甲醇中较低的含水量。塔底部有少量含甲醇的废水外排，送往污水处理装置进行处理。

该流程虽有优点，但同时也存在一些明显的不足。一是系统冷量消耗大；二是系统操作压力低，溶液循环量大；三是甲醇消耗偏高。

与两步法流程相比，一步法流程的操作条件更加苛刻。这主要是由于原料气中（H_2S＋COS）/CO_2的比值显著降低。（H_2S＋COS）/CO_2的比值由两步法流程的1:7.5左右变为一步法的1:139。流程中气体只冷却一次且压力较高，有利于物理吸收，但基本建设投资与操作费用与两步法流程相比较相差不大。主要原因有两个：一是脱硫段处理的气体量增大；二是所有的甲醇都要进行热再生，耗能较多。不过当与液氮洗联合时，经济性可以得到改善，氨冷负荷比两步法流程小。

第五节　典型粗煤气净化生产操作

一、一氧化碳变换操作

（一）开车操作

1. 开车前的准备工作

确认系统安装检修完毕，变换炉催化剂装填硫化已完成。机、电、仪调试检修完毕，处于可投用状态。系统运转设备处于可投用状态。系统干燥，吹扫，试压，气密完成。

2. 开车前的检查、确认工作

确认本工号各盲板位置正确，确认所有临时盲板和过滤器均已拆除。确认本工号内的所有液位、压力和流量仪表导压管根部阀处于开的位置，所有的调节阀及联锁系统动作正常。确认系统内所有的阀门处于关闭位置并与前后系统有效隔离。确认系统内的设备、管线等设施均正确无误。确认系统内的导淋阀门关闭，需加盲板的已倒盲。确认CW（冷却水）、DW（低温水）、BW（锅炉给水）、EW（高压密封水）已分别供到相应设备。

3. 系统氮气置换

① 确认除需通氮气的截止阀、调节阀打开以外，其余阀位、盲板均处于关闭或盲死状态。

② 确认及准备工作完成后，用氮气置换整个系统。

4. 变换催化剂升温硫化

变换催化剂升温可用N_2为加热载体，开启氮气管线上的阀门，给氮气循环升温系统充压至0.5MPa，启动氮气鼓风机，使氮气循环。接着投用换热器等设备，并进行系统升温，缓慢将床层温度提高到230℃，保证床层温度最低点不低于200℃。当催化剂床层温度高于180℃，床层温度最低点不低于160℃时，开氢氮气补充阀，向氮气循环升温系统补加氢氮气，并从氮气分离器后放空，以调节循环气成分，使循环气中氢气含量大于25%，边升温边调节循环气成分。

当变换炉催化剂床层温度升至230℃，可稍开二硫化碳储槽出口阀，使二硫化碳进入变换炉入口，同时提高床层的温度，硫化主期温度控制在300~380℃，硫化末期维持催化剂床层温度在400~420℃，进行高温硫化2h。硫化过程中要消耗氢，为了防止惰性气体在循环气中积累，应在氮气分离器分的放空管连续放空少量循环气，同时连续补充氢氮气，使循环气中氢气含量维持在25%以上。当变换炉进出口总硫量相等或接近时，硫化结束，用氮气吹除至变换炉出口的硫化氢小于$1g/m^3$。关变换炉进出口阀，并保持正压。

5. 系统导气

升温结束，确认各工艺条件达到规定指标后，导入工艺气（导气时需联系调度同意再进行）。导气可采用配氮气法和不配氮气导气法，但两种导气方法是有区别的。

（二）向甲醇洗导气

当变换工段正常且各指标合格后，甲醇洗工段就可以导气。在向甲醇洗导工艺气时要慢，一定要注意变换压力的波动以及气液分离器的液位，防止液位过高将水夹带至甲醇洗工段。

（三）正常操作

1. 加减负荷

① 加减负荷要与前后工号配合，与调度联系。

② 加负荷时，要视床层温度而定，每次加量要小。

③ 加减负荷时，床层温度要做相应调节。

2. 床层温度的调节

催化剂运行初期，变换器第一段进口温度设定尽可能低，当变换率下降、床层温度维持困难时，可适当调高进口温度设定值。

3. 进变换器气体流量的调节

在系统运行正常时，通过调节主阀的开度，以保证自动控制阀有一定的调节余量。

4. 工艺气回路注意事项

① 运行时要检查各分离器的液位和温度，以免雾滴夹带进入工艺气中。

② 注意变换炉压差的升高，以免高压差下支撑的损坏。

③ 注意中温加热器的压差，以免高压差下换热器浮头的损坏。

④ 运行时要注意脱盐水加热器、变换气水冷器的温度以及前后的压差，以判断是否出现碳酸氢铵结晶。

（四）系统停车

1. 长期停车

① 通知煤气化车间退气，协调甲醇洗单元降低负荷。

② 缓慢降低系统负荷，逐步减少并切断煤气，关闭去低甲醇洗的阀门。

③ 逐渐减小并关闭汽气混合器的蒸汽，第一、第二淬冷过滤器的锅炉给水。防止变换炉床层温度突降，出现液态水，损坏催化剂。

④ 关闭煤气气水分离器、汽气混合器、第一和第二变换气气水分离器的冷凝液排放阀。冷凝液闪蒸槽液位降低后，停送煤气化的水泵，剩余液体送到污水处理。

⑤ 停变换气冷却器、闪蒸气冷却器循环水。

⑥ 以 0.1MPa/min 的速率降低系统压力。当系统压力至 0.1MPa 以下时，接通氮气管线。

⑦ 氮气置换。打开氮气管线的截止阀，向系统充压。压力上升到 0.5MPa 时，卸压。反复数次，直到分析 $CO+H_2$ 含量≤0.5%时，即可认为置换合格，系统保压 0.4MPa。

2. 短期停车

在停车时间不超过 24h 的情况下，停车要按上述前五步操作。保持系统压力为操作时的压力。

（五）催化剂的硫化

变换系统在新装或更换催化剂后，即要进行催化剂的硫化，在系统安装检修完毕，变换炉催化剂装填完成并气密结束后，即可进行催化剂的硫化。硫化可按以下方法进行：

1. 硫化前的确认

同操作规程原始开车前的检查、确认。

2. 系统氮气置换

系统升温：过程见操作规程系统升温。

当催化剂床层温度达到 $100\sim130℃$ 时，恒温 $2\sim3h$ 排除吸附的物理水，然后继续升温至 $200\sim230℃$ 时，进行下一步的硫化程序。

硫化：本处叙述的工艺流程采用工艺气硫化，所以硫化过程的操作如操作规程中的导气操作。但要注意以下事项。

① 每小时要作变换器进出口硫含量分析，要求进口硫含量不低于 0.06%（体积分数），如果工艺气总硫含量偏低时，可联系气化工段加入硫黄，以增加工艺气中总硫含量。

② 在硫化过程中，床层温度应控制 $<350℃$，各压差控制在适宜的范围内。

③ 用工艺气硫化，硫化过程中可能发生一系列放热反应，硫化过程为了使产生的热量尽可能小，便于硫化温度控制，在硫化过程中应尽可能地抑制放热量较大的反应，通常初期一般采用低压、小气量硫化，随着硫化的进行，逐渐提高压力和气量。

④ 硫化结束时，将温度慢慢提升到规定的变换入口温度。用工艺气硫化催化剂，尤其在较高压力下，应该注意存在甲烷化反应的可能性。为了防止此反应发生，或者如果已经发生了这种反应，应通过控制温度来限制此反应。

⑤ 当有明显的硫穿透时，为了深度硫化，应逐步增加压力至 $0.8MPa$、$1.2MPa$、$1.5MPa$ 进行硫化。当在 $1.5MPa$ 压力下有明显的硫穿透时，表明硫化接近完全，等出口硫含量与入口硫含量平衡时，表明硫化结束。

⑥ 硫化结束后，以 $10\sim15℃/h$ 的速度将入口温度提高到设计温度，催化剂床层温度要保持足够高，避免水蒸气在催化剂上冷凝。

硫化结束后的正常开车：在硫化结束后，可少量多次的增大工艺气量，按系统导气的操作程序及要求，使系统压力及流量正常，停氮气及氮气换热器蒸汽，进而开变换炉入口大阀将氮气换热器切出，转入正常开车。

二、低温甲醇洗脱、硫脱碳操作

（一）开车

1. 原始开车（大修后开车）

（1）做好开车前的检查、确认工作及准备工作。

（2）开车步骤

① 系统充压。给整个低温甲醇洗系统充压。在充压过程中，要注意观察各塔罐压力，防止串压。

② 系统充甲醇。确认甲醇罐区有足够合格甲醇，有关仪表和联锁已投用，吸收塔已充压至 $5.04MPa$。注入甲醇前，向火炬管线送入低压氮后，确认气化常明火炬投入运行。甲醇循环建立后，液位保持在 $50\%\sim60\%$ 时，停甲醇罐区泵。

③ 系统冷却。给冷冻系统充液氨（特别注意：严禁在系统甲醇未循环时投用氨冷器）。为了同时冷却整个冷区装置，调整甲醇循环以使产生的冷量均衡地分配。

④ 投用甲醇再生塔。在系统冷却的同时投用甲醇再生塔。

⑤ 投用喷淋甲醇。导气半小时前，投用喷淋甲醇，投用之前，要确认闪蒸罐上的压力调节前后截止阀开，去火炬阀关，去甲醇水蒸馏塔阀开后，将其控制阀投自动；确认进闪蒸罐的液体阀前后所有截止阀开，旁路阀关。

⑥ 投用甲醇水蒸馏塔。在投用喷淋甲醇的同时，投用甲醇水蒸馏塔。首先给甲醇-水蒸馏塔泵充甲醇，然后投用甲醇水分离塔。

⑦ 向甲醇洗涤塔导气。

⑧ 送气。送净化气。当甲醇洗涤塔塔顶气体温度降至 $-50℃$ 左右，联系投用在线分析仪，当在线分析指示合格后，取样手动分析 CO_2 为 $2.5\%\sim3.5\%$、$H_2S<1\times10^{-6}$、CO 为 29% 时，根据甲醇合成要求送气。送 H_2S 尾气。当热再生塔操作稳定，分析 H_2S 浓度合适，联系调度调整热再生塔压力，按硫回收工序要求，向硫回收工序送气。

⑨ 投用循环气压缩机。打开压缩机进出口阀，打开联锁自动调节阀 PICA2603-1，截止阀投自动。确认压力为 1.75MPa，按压缩机操作规程启动压缩机。

⑩ 投用后的检查。检查设备是否泄漏。检查各泵运行情况。检查冷量是否平衡。检查运行参数是否达标。

2. 正常开车（短期停车后开车）

（1）系统充压　与大检修后开车方法相同。

（2）甲醇循环　因系统内已有甲醇，所以各泵启动的先后顺序可根据各塔器内的液位而定，但必须防止高、低压系统串气，其他步骤均与大检修后开车相同。

（二）停车（计划长期停车）

（1）停车前的确认

① 确认装置已减负荷至 50%，且相应流量随负荷的减少降至预定值。

② 确认甲醇合成装置已停车。

（2）停车　关闭进出低温甲醇洗工段工艺气阀，开放空阀。

（3）停气后预处理　打开甲醇洗塔充氮管线截止阀向甲醇洗塔充氮，使塔内压力不小于 4.50MPa。关闭循环压缩机。

（4）第二步处理　系统再生，根据甲醇中 CO_2 和 H_2S 的减少，甲醇体积会变小，适当降低系统各处液位。分析出贫/富甲醇换热器壳程甲醇里 H_2S 含量，如 $H_2S<1\times10^{-6}$，表明再生结束了。再生结束后，如需要，系统开始回温。停各氨冷器，停止向系统提供冷量。

（5）第三步处理　停甲醇-水蒸馏塔；停止 H_2S 再生塔。

（6）停甲醇循环　在停泵时，要注意必须当再生塔底泵停后才可停循环泵。关阀时注意要先高压后低压。

（7）卸压　通过各设备的压力控制阀，以小于 0.1MPa/min 的速率进行卸压操作。

（8）排甲醇　如系统需要排液，各设备残余甲醇排往污甲醇地下罐。打开排放阀，进行甲醇排放。各设备排甲醇时，充氮排放，以免形成负压。排放完毕后，关闭各排放点导淋阀。通入氮气，使各设备保持相应压力。

本章小结

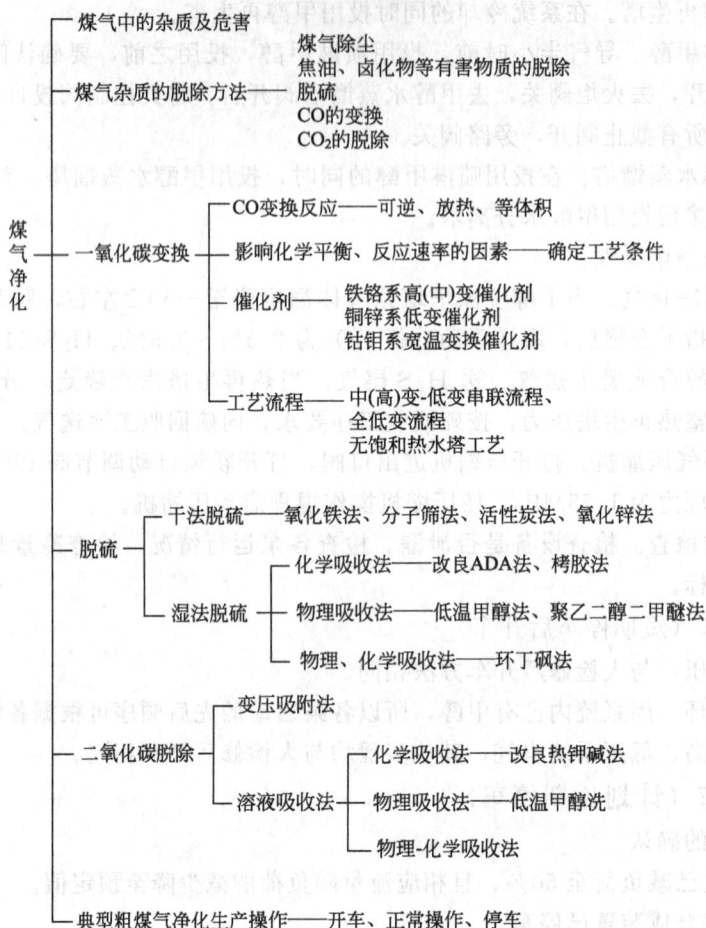

煤气净化
├─ 煤气中的杂质及危害
├─ 煤气杂质的脱除方法 ── 煤气除尘
│   焦油、卤化物等有害物质的脱除
│   脱硫
│   CO的变换
│ CO_2的脱除
├─ 一氧化碳变换
│   ├─ CO变换反应 ── 可逆、放热、等体积
│   ├─ 影响化学平衡、反应速率的因素 ── 确定工艺条件
│   ├─ 催化剂 ── 铁铬系高(中)变催化剂
│   │   铜锌系低变催化剂
│   │   钴钼系宽温变换催化剂
│   └─ 工艺流程 ── 中(高)变-低变串联流程、
│   全低变流程
│   无饱和热水塔工艺
├─ 脱硫
│   ├─ 干法脱硫 ── 氧化铁法、分子筛法、活性炭法、氧化锌法
│   └─ 湿法脱硫 ── 化学吸收法 ── 改良ADA法、栲胶法
│   物理吸收法 ── 低温甲醇法、聚乙二醇二甲醚法
│   物理、化学吸收法 ── 环丁砜法
├─ 二氧化碳脱除
│   ├─ 变压吸附法
│   └─ 溶液吸收法 ── 化学吸收法 ── 改良热钾碱法
│   物理吸收法 ── 低温甲醇洗
│   物理-化学吸收法
└─ 典型粗煤气净化生产操作 ── 开车、正常操作、停车

自测题

一、填空

1. CO 变换的化学反应为 _____。

2. 双竖管属于煤气冷却和净化设备，使用冷却水对高温煤气进行冷却，煤气中的 _____、_____ 和硫化氢等杂质也被洗涤下来。

3. 按脱硫剂状态煤气脱硫可分为 _____ 和 _____。

4. 吸收法脱除 CO_2，可分为物理吸收和 _____ 两大类。

5. 煤气中的杂质包括 _____、_____、_____、_____、碱金属化合物、砷化物、NH_3 和 HCN 等物质。

二、判断

1. 煤气不论什么生产方法，但粗煤气的温度和杂质都是一样的。 （　　）

2. 旋风除尘器除尘效率高，不论怎样细的粉尘都可以清除。 （　　）

3. 中（高）温 CO 变换催化剂以 Cr_2O_3 为主要添加物。 （　　）

4. 对于含硫高的煤气，先用湿法脱硫后，再用干法清脱把关。　　　　（　　）

5. CO 变换时，耐硫变换催化剂载体多为 Al_2O_3。　　　　　　　　（　　）

6. 干法脱硫不适于含硫高的煤气。湿法脱硫适合于含硫高的煤气。　（　　）

7. 栲胶法脱硫国内很少使用。　　　　　　　　　　　　　　　　　（　　）

三、选择

1. CO 变换催化剂主要有三大类，即（　　）。

  A. 高温变换、中温变换、低温变换

  B. 中（高）温变换、低温变换、耐硫变换

  C. 中温变换、低温变换、铜锌铅系变换

  D. 高温变换、中温变换、铜锌铅系变换

2. 干法脱硫的特点是（　　）。

  A. 设备简单，操作平稳，脱硫效率高，体积庞大等

  B. 设备结构复杂，难以控制，脱硫效率不高，但体积小

  C. 可回收硫黄，宜脱除含硫高的煤气

  D. 脱硫反应快，阻力无变化，煤气含硫高时可单独使用

3. 热煤气工艺流程，（　　）。

  A. 无煤气冷却装置　　　　　　　B. 无焦油回收装置

  C. 有冷却装置　　　　　　　　　D. 有煤气冷却装置

4. 洗涤塔的作用是（　　）。

  A. 冷却作用　　　B. 终冷除尘干燥作用　　　C. 除尘作用　　　D. 喷淋作用

四、简答

1. 粗煤气有哪些主要有害成分？它们有哪些危害？

2. 煤气中硫的存在对煤气有什么影响？

3. 粗煤气中的固体颗粒如何清除？使用的主要设备是什么？

4. 说明湿式电除尘器的工作原理。

5. 煤气脱硫有哪些方法？比较各种脱硫方法的特点。

6. 说明改良 ADA 法脱硫的原理。

7. 说明栲胶法脱硫的优点和缺点。

8. 粗煤气变换的目的是什么？

9. 常用的变换催化剂有哪些？各有什么特点？

10. 画出无饱和热水塔的耐硫变换工艺流程，并进行流程说明。

11. 脱碳方法如何分类？当前常用的脱碳方法有哪些？

12. 煤气净化方法中物理吸收法与化学吸收法各有什么优点和缺点？

第四章

合成氨生产

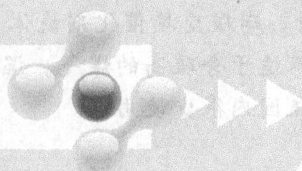

教学目的及要求

了解氨的性质、用途和合成氨技术的发展，原料气制备、净化的方法；理解氨合成的基本原理及工艺参数条件分析方法，催化剂的组成和使用条件；掌握合成氨生产工艺流程及合成塔的结构、特点。

能够识读典型合成氨工艺的工艺流程图，能根据生产原理进行生产条件的确定和工业生产的组织；能认真执行工艺规程和岗位操作方法，完成典型合成氨装置的开停车及正常操作。

氨是化学工业中产量最大的产品之一，是化肥工业和其他化工产品的主要原料，氨在国民经济中占有重要地位。目前氨是由氮气和氢气在高温、高压和催化剂作用下直接合成而得。由于采用了合成的方法生产氨，所以习惯上称为合成氨。

第一节　合成氨生产方法

一、氨的性质与用途

1. 氨的性质

在常温常压下，氨是一种具有特殊刺激性气味的无色气体，有强烈的毒性。空气中含有 0.5%（体积分数）的氨，就能使人在几分钟内窒息而死。

氨在标准状态的密度为 0.771kg/m³，沸点为 −33.5℃。在常温下加压到 0.7～0.8MPa，就能将氨变成无色的液体，同时放出大量的热量。氨的临界温度为 132.9℃，临界压力为 11.38MPa。液氨的相对密度为 0.667（20℃）。固体氨为略带臭味的无色结晶，熔点 −77.7℃。液氨容易汽化，降低压力可急剧蒸发，并吸收大量的热。

氨极易溶于水，可制成含氨 15%～30%（质量分数）的商品氨水。氨溶解时放出大量的热。氨的水溶液呈弱碱性，易挥发。

液氨或干燥的氨气对大部分物质没有腐蚀性，但在有水的条件下，氨对铜、银、锌等金属有腐蚀作用。

氨的化学性质较活泼，能与酸反应生成盐。如与磷酸反应生成磷酸铵；与硝酸反应生成硝酸铵；与二氧化碳反应生成氨基甲酸铵，脱水后成为尿素；与二氧化碳和水反应生成碳酸氢铵等。

氨自燃点为 630℃。氨与空气或氧按照一定比例混合后，遇火能爆炸。常温常压下，氨在空气中的爆炸范围为 15.5%～28%（体积分数），在氧气中为 13.5%～82%。

2. 氨的用途

(1) 制造化学肥料的原料　液氨本身就可作为化学肥料，而且农业上使用的所有氮肥、含氮混合肥和复合肥，都以氨为原料。

(2) 化工原料　基本化学工业中的硝酸、纯碱、含氮无机盐，有机化学工业中的含氮中间体，制药工业中的磺胺类药物、维生素、氨基酸，化纤和塑料工业中的己内酰胺、己二胺、甲苯二异氰酸酯、人造丝、丙烯腈、酚醛树脂等都需要直接或间接地以氨为原料。

(3) 应用于国防工业和尖端技术　作为制造三硝基甲苯、三硝基苯酚、硝化甘油、硝化纤维等多种炸药的原料；作为导弹、火箭的推进剂和氧化剂。

(4) 应用于医疗、食品行业　作为医疗食品行业中冷冻、冷藏系统的制冷剂。

二、合成氨工业的发展概况

德国化学家哈伯从 1902 年开始研究由氮气和氢气直接合成氨，1909 年开始用锇作催化剂，在 170～200atm（1atm＝101325Pa）和 500～600℃下进行合成，氨的含量达到 6% 以上。由于氢、氮混合气每次通过合成反应器只有一小部分反应，为了提高原料的有效利用率，哈伯提出气体循环的方法，将反应后的气体经冷却装置使氨冷凝分离，剩余气体用循环压缩机补充压力后返回到反应器。1911 年，米塔希研究成功以铁为活性组分的合成氨催化剂，这种铁催化剂活性好，比锇催化剂廉价、易得，直到今天仍在工业生产中被广泛采用。1913 年第一个合成氨装置建立。

合成氨法的研究成功，不仅为获取化合态氮开辟了广阔的道路，而且也促进了许多科学部门的发展，如高压技术、低温技术、催化、特殊金属材料、固体燃料气化、烃类燃料的合理利用等。

百年来，合成氨的生产技术有了很大的进展。第二次世界大战结束以后，合成氨产量大幅度提高，这是由于 20 世纪 50 年代天然气、石油资源大量开采，氨的需要急剧增长，尤其是 60 年代以后开发了多种活性好的催化剂、反应热的回收与利用更加合理、大型化工程技术等方面的发展，促使合成氨工业高速发展。

新中国成立以前，国内的合成氨工业基础非常薄弱，规模小，厂家少，并且技术十分落后。新中国成立以后，合成氨工业发展很快，产量不断增加。在原料气制造方面，基本掌握了煤、油、气不同原料的气化技术，在发展煤炭工业的同时，还开发了石油与天然气资源，从而逐步扩大了合成氨工业的原料来源。在原料气净化方面，也掌握了有机胺催化热钾碱法、ADA 法、液氮洗与低温甲醇洗联合法、低温变换、甲烷化、钴钼加氢等方法的技术，提高了气体净化度；在氨的合成方面，催化理论的研究和催化剂制造都有了很大进步，所制得的催化剂具有相当良好的性能，并成功地使用了轴向、径向、卧式、球形和副产蒸汽等多种型式的合成塔，塔内换热器也采用了高效传热装置，使氨合成塔的生产能力有了提高，技术经济指标日益先进。近年来，由于透平式离心压缩机和计算机自动控制等新技术的应用，合成氨工业的发展又迈进了一步。

20 世纪 70 年代以来，国外合成氨工业发展较快，其发展特点如下。

① 合成氨原料以油气为主，如重油、石脑油、天然气、油田气、炼厂气等，同时注意扩大其他原料来源。另外以煤炭制氨的原料路线，在煤炭资源丰富的国家仍然受到重视，其装置主要采用气流床气化的柯柏斯-托切克炉及固定层加压气化的鲁奇炉。

② 大型氨厂数量继续增加，单系列规模趋于稳定。由于大容量透平式离心压缩机的研制成功与使用，新建与扩建的合成氨装置中规模在年产 $20\times10^4\sim40\times10^4\,t$ 氨的装置已占 80% 以上。

③ 发展节约能源的工艺成为技术改进的重点，如采用深冷净化法达到节约能源、提高合成效率的效果。

④ 采用预还原催化剂，缩短开车时间，从而使装置提前投入生产。

⑤ 发展抗腐蚀材料，提高生产自动化水平。为适应工艺的变化，新型抗腐蚀、耐高温、耐高压的复合材料已投入使用。

三、合成氨生产的基本过程

生产合成氨，必须制备氢、氮原料气。

氮气来源于空气，可以在低温下将空气液化分离而得，也可在制氢的过程中加入空气，将空气中的氧与可燃性物质反应而除去，剩下的氮与氢混合，获得氢氮混合气。

氢气来源于水蒸气或含有烃类化合物的各种燃料，最简单的制取方法是将水电解，但此法由于能耗大、成本高而受限制。现在工业上普遍采用的是以焦炭、煤、天然气、重油等原料与蒸汽作用的气化方法。

除电解水以外，不论用什么原料制取的氢、氮原料气，都含有硫化物、一氧化碳、二氧化碳等杂质。这些杂质不但能腐蚀设备，而且能使氨合成催化剂中毒。因此，把氢、氮原料气送入合成塔之前，必须进行净化处理，除去各种杂质，获得纯净的氢、氮混合合成气。因此，合成氨的生产过程包括以下三个主要步骤。

1. 原料气的制取

制备含有氢气、氮气的粗原料气。一般由造气、空分工序组成。

目前，合成氨生产原料按状态分主要有固体原料，如焦炭和煤；气体原料，如天然气、油田气、焦炉气、石油废气、有机合成废气；液体原料，如石脑油、重油等。生产方法主要有固体燃料气化法（煤或焦炭），烃类蒸气转化法（气态烃、石脑油），重油部分氧化法（重油）。

固体燃料气化过程是以煤或焦炭为原料，在一定的高温条件下通入空气、水蒸气或富氧空气-水蒸气混合气，经过一系列反应生成含有一氧化碳、二氧化碳、氢气、氮气及甲烷等混合气体的过程。在气化过程中所使用的空气、水蒸气或富氧空气-水蒸气混合气等称为气化剂。这种生成的混合气体称为煤气。用于实现气化过程的设备称为煤气发生炉。

煤或焦炭气化因采用不同的气化剂，可以生产出下列几种不同用途的工业煤气：空气煤气、水煤气、混合煤气及半水煤气。合成氨工业生产中用半水煤气作原料气。

目前，工业上固体燃料为原料制取合成氨原料气的方法，根据气化方式不同，主要有固定床间歇气化法、固定床连续气化法、沸腾床连续气化法和气流床连续气化法。

2. 原料气的净化

除去粗原料气中氢气、氮气以外的杂质。一般由原料气的脱硫、一氧化碳的变换、二氧化碳的脱除、原料气的精制工序组成。

（1）原料气的脱硫　合成氨原料气中，一般总含有一定数量的无机硫化物（主要是硫化

氢 H_2S），其次是有机硫化物如二硫化碳（CS_2）、硫氧化碳（COS）、硫醇（RSH）、硫醚（RSR'）和噻吩（C_4H_4S）等。

硫化氢对合成氨生产有着严重的危害，它不但能与铁反应生成硫化亚铁，并放出氢气腐蚀管道与设备，而且进入变换和合成系统，使铁催化剂中毒；进入铜洗系统，会使铜液中的低价铜生成硫化亚铜沉淀，使操作恶化，铜耗增加。因此，半水煤气中的无机硫化物和有机硫化物必须在进入变换、合成系统以前除去。

（2）一氧化碳变换　各种方法制取的原料气都含有 CO，其体积分数一般为 12%～40%，一氧化碳不仅不是合成氨所需要的直接原料，而且对氨合成催化剂有毒害作用，因此原料气送往合成工序之前必须将一氧化碳彻底清除。生产中一般分两次除去。首先，利用一氧化碳与水蒸气作用生成氢和二氧化碳的变换反应除去大部分一氧化碳，再采用铜氨液洗涤法、液氮洗涤法或甲烷化法脱除变换气中残余的微量一氧化碳。

（3）二氧化碳的脱除　变换后的气体含有大量的二氧化碳，还有少量一氧化碳等其他有害气体，它们会使氨合成催化剂中毒。另外，二氧化碳还是一种重要的化工原料，如制造尿素、纯碱和干冰等都需要大量二氧化碳。在合成氨生产中，原料气中二氧化碳的脱除往往兼有净化气体和回收二氧化碳两个目的。

（4）原料气的最终净化　经 CO 变换和 CO_2 脱除后原料气中尚含有少量残余的 CO 和 CO_2。
为了防止它们对氨合成催化剂的毒害，一般大型合成氨厂要求原料气中 CO 和 CO_2 总含量不得大于 $10cm^3/m^3$，中、小型合成氨厂要求小于 $25cm^3/m^3$。因此，原料气在合成以前，还有一个最终净化步骤。

由于 CO 不是酸性气体，也不是碱性气体，在各种无机、有机溶液中的溶解度又很小，所以要脱除少量 CO 并不容易。最初采用铜氨液吸收法，以后又研究成功了深冷分离法和甲烷化法等。

3. 原料气的压缩与合成

将符合要求的氢氮混合气压缩到一定的压力后，在高温、高压和有催化剂的条件下，将氢、氮气合成为氨。一般由压缩、合成工序组成。

合成氨生产的基本过程可用图 4-1 表示。

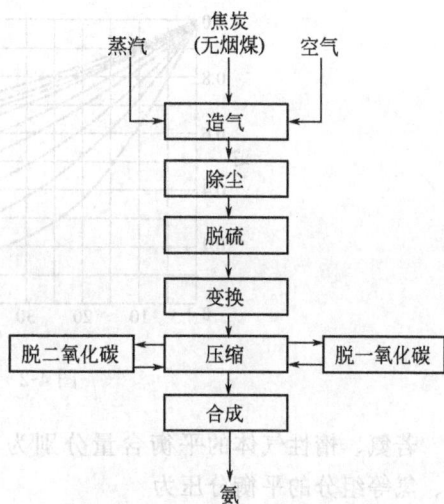

图 4-1　合成氨生产的基本过程

第二节　合成氨生产的工艺条件

一、合成氨生产的基本原理

1. 氨合成反应的化学平衡

氢与氮合成氨的反应是可逆放热反应，其反应式为：

$$\frac{1}{2}N_2 + \frac{3}{2}H_2 \Longrightarrow NH_3 \tag{4-1}$$

化学平衡常数 K_p 可表示为：

$$K_p = \frac{p^*_{NH_3}}{(p^*_{N_2})^{1/2}(p^*_{H_2})^{3/2}} \tag{4-2}$$

式中　p，p^*——总压和各组分平衡分压，MPa。

$$\lg K_{p(p \to 0)} = \lg K_f = \frac{2001.6}{T} - 2.69112\lg T - 5.5193 \times 10^{-5}T +$$
$$1.8489 \times 10^{-7}T^{-2} + 2.6899 \tag{4-3}$$

式中　T——反应温度，K。

加压下的化学平衡常数 K_p 不仅与温度有关，而且与压力和气体组成有关，需改用逸度表示。K_p 与 K_f 之间的关系为：

$$K_f = \frac{f^*_{NH_3}}{(f^*_{N_2})^{1/2}(f^*_{H_2})^{3/2}} = \frac{p^*_{NH_3}\gamma^*_{NH_3}}{(p^*_{N_2}\gamma^*_{N_2})^{1/2}(p^*_{H_2}\gamma^*_{H_2})^{3/2}} = K_p K_\gamma \tag{4-4}$$

式中，f 和 γ 为各平衡组分的逸度和逸度系数。若已知各平衡组分的逸度系数 γ，可计算加压下的 K_p 值。

如将各反应组分的混合物看成是真实气体的理想溶液，则各组分的 γ 值可取"纯"组分在相同温度及总压下的逸度系数，由普遍化逸度系数图可查得 γ 值。有人将不同温度、压力下的 K_γ 值算出并绘成图，氨合成反应的 K_γ 值如图 4-2 所示。

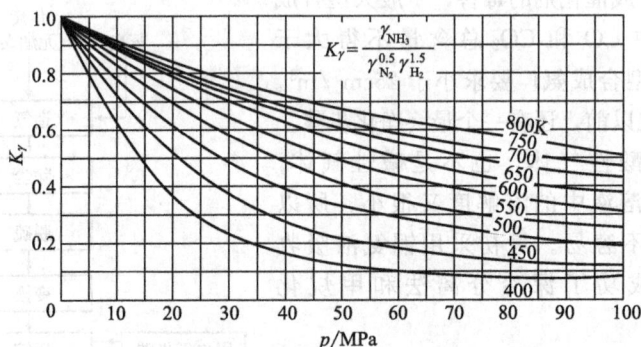

图 4-2　氨合成反应的 K_γ 值

若氨、惰性气体的平衡含量分别为 $y^*_{NH_3}$ 和 $y^*_惒$，原始氢氮比为 m，总压为 p，则氨、氮、氢等组分的平衡分压为

$$p^*_{NH_3} = p y^*_{NH_3}$$

$$p^*_{N_2} = p \frac{1}{1+m}(1 - y^*_{NH_3} - y^*_惒)$$

$$p^*_{H_2} = p \frac{m}{1+m}(1 - y^*_{NH_3} - y^*_惒)$$

将各分压代入上式得到

$$\frac{y^*_{NH_3}}{(1 - y^*_{NH_3} - y^*_惒)^2} = K_p p \frac{m^{1.5}}{(1+m)^2}$$

当 $m = 3$ 时，则 $\dfrac{y^*_{NH_3}}{(1 - y^*_{NH_3} - y^*_惒)^2} = 0.325 K_p p$

由此式即可求平衡氨浓度 $y^*_{NH_3}$。式中 K_p 在高压下与压力和温度有关，所以，平衡氨浓度与温度、压力、氢氮比和惰性气体浓度有关。

(1) 温度和压力的影响　当温度降低，或压力增高时，都能使平衡氨浓度增大。

(2) 氢氮比的影响　氢氮比 m 对平衡氨含量有显著影响，如不考虑组成对平衡常数的影响，$m=3$ 时平衡氨含量具有最大值。考虑到组成对平衡常数 K_p 的影响，具有最大 $y_{NH_3}^*$ 的氢氮比略小于 3，随压力而异，在 2.68～2.90 之间。

(3) 惰性气体的影响　$y_{NH_3}^*$ 总是随惰性气体平衡含量 $y_{惰}^*$ 的增大而减小，因此其含量不能高。

综上所述，提高平衡氨含量的途径为降低温度，提高压力，保持氢氮比为 3 左右，并减少惰性气体含量。

2. 氨合成反应动力学

在工业上氨合成是在催化剂的条件下进行的，属于气固相催化反应。由此捷姆金-佩留夫推导出动力学方程

$$r=\frac{dN_{NH_3}}{dS}=k_1 p_{N_2}\left(\frac{p_{H_2}^3}{p_{NH_3}^2}\right)^{\alpha}-k_2\left(\frac{p_{NH_3}^2}{p_{H_2}^3}\right)^{\beta} \tag{4-5}$$

式中　　　dN_{NH_3}——单位时间内生成的氨量，kmol/h；

　　　　　S——催化剂内表面积，m^2；

　　　　　k_1，k_2——正、逆反应速率常数，atm/h；

　　　　　α，β——常数 $\alpha+\beta=1$，由实验测定，对于铁催化剂而言，$\alpha=\beta=0.5$；

　　p_{N_2}，p_{H_2}，p_{NH_3}——N_2、H_2 和 NH_3 的瞬时分压，atm。

从动力学方程可知影响反应速率的因素有以下几个方面。

(1) 压力的影响　各组分的分压 p_i 与总压 p 的关系为

$$p_i=y_i p \tag{4-6}$$

可知，当压力增高时，正反应速率加快，而逆反应速率减慢，所以净反应速率提高。

(2) 温度的影响　合成氨的反应是可逆反应，温度对正逆反应速率常数都有影响，存在最适宜温度，具体值由气体组成、压力和催化剂活性而定。

(3) 氢氮比的影响　前面已分析过，反应达到平衡时氨浓度在氢氮比为 3 时有最大值，然而在此值时反应速率并不是最快的。在反应初期，由动力学方程式求极值的方法，可求出氢氮比为 1 时速率最大，随着反应的继续进行，要求氢氮比随之变化。所以说，对于氢氮比的要求，热力学和动力学上是有不同的。

(4) 惰性气体的影响　惰性气体对平衡氨浓度有影响，对反应速率也有影响，而且对两方面的影响是一致的，即惰性气体含量增加，会使反应速率下降，也会使平衡氨浓度降低。

在实际工业生产中，由于气流速度大，一般可以忽略外扩散对氨合成速率的影响，而内扩散的影响则应予以重视，内扩散的影响通常以内表面利用率 ξ 表示，因此，实际的氨合成反应速率是内表面利用率 ξ 和化学动力学速率 r_{NH_3} 的乘积。

3. 氨合成催化剂

氨合成催化剂经过了 80 多年的研究与使用，现在仍然以熔铁为主，还原前主要成分是四氧化三铁，有磁性，另外添加 Al_2O_3、K_2O、SiO_2、MgO、CaO 等助催化剂以提高催化剂的活性、抗毒性和耐热性等。20 世纪 70 年代末期，为了降低温度和压力，在催化剂中加入钴和稀土元素。用电炉将它们熔融生成固熔体，制成不规则的催化剂。其中二价铁和三价铁的比例对活性影响很大，最适宜的 FeO 含量在 24%～38% 的范围内。国内外氨合成催化剂的组成和主要性能见表 4-1。

表 4-1　国内外氨合成催化剂的组成和主要性能

国别	型号	组成	外形	还原前堆密度/(kg/L)	推荐使用温度/℃	主要性能
中国	A106	Fe_3O_4, Al_2O_3, K_2O, CaO	不规则颗粒	2.9	400~520	380℃还原已很明显,550℃耐热20h,活性不变
	A109	Fe_3O_4, Al_2O_3, K_2O, CaO, MgO, SiO_2		2.7~2.8	380~500(活性优于A106)	还原温度比A106低20~30℃,525℃耐热20h,活性不变
	A110 A110-5Q	Fe_3O_4, Al_2O_3, K_2O, CaO, MgO, SiO_2, BaO	球形	2.7~2.8	380~490(低温活性优于A109)	还原温度比A106低20~30℃,500℃耐热20h,活性不变,抗毒能力强
	A201	Fe_3O_4, Al_2O_3, Co_3O_4, K_2O, CaO	不规则颗粒	2.6~2.9	360~490	易还原,低温活性高,比A110型活性高10%,短期500℃活性不变
	A301	FeO, Al_2O_3, K_2O, CaO		3.0~3.25	320~500	低温、低压、高活性,还原温度280~300℃,极易还原
丹麦	KMⅠ	Fe_3O_4, Al_2O_3, K_2O, CaO, MgO, SiO_2	不规则颗粒	2.5~2.85	380~550	390℃还原明显,耐热及抗毒性能较好,耐热温度550℃
	KMⅡ			2.5~2.85	360~480	370℃还原明显,耐热及抗毒性较KMⅠ差
英国	ICI35-4	Fe_3O_4, Al_2O_3, K_2O, CaO, MgO, SiO_2	不规则颗粒	2.6~2.85	350~530	温度超过530℃,活性下降
美国	C73-1	Fe_3O_4, Al_2O_3, K_2O, CaO, SiO_2	不规则颗粒	2.88	370~540	570℃以下活性稳定
	C73-2-03	Fe_3O_4, Al_2O_3, Co_3O_4, K_2O, CaO		2.88	360~500	500℃以下活性稳定

氨合成催化剂在还原之前没有活性,使用前必须经过还原,使 Fe_3O_4 变成 α-Fe 的微晶才具有活性。还原反应如下:

$$Fe_3O_4 + 4H_2 \Longrightarrow 3Fe + 4H_2O \tag{4-7}$$

确定还原条件的原则一方面是使 Fe_3O_4 充分还原为 α-Fe,另一方面是还原生成的铁结晶不因重结晶面长大,以保证有最大的比表面积和更多的活性中心。为此,宜选取合适的还原温度、压力、空速和还原气组成。

催化剂还原也可以在塔外进行,即催化剂的预还原。预还原催化剂不但可以缩短还原时间 1/4~1/2,提前产氨,而且保证催化剂还原彻底,延长催化剂寿命,取得长期的经济效益。

氨合成催化剂一般寿命较长,在正常操作下,预期寿命 6~10 年。催化剂经长期使用后活性下降,氨合成率降低,这种现象称为催化剂衰老。其衰老的主要原因是 α-Fe 微晶逐渐长大,催化剂内表面变小,催化剂粉碎及长期慢性中毒。

氨合成催化剂的毒物有多种,如硫、磷、砷、卤素与催化剂形成稳定的表面化合物,造成永久性中毒。某些氧化物,如 CO、CO_2、H_2O 等都会影响氨合成催化剂的活性。此外还有油类、某些重金属(Cu、Ni、Pb 等)也是氨合成催化剂的毒物。因此必须将毒物脱除才能保持其良好的活性。

二、合成氨生产工艺条件

前面对氨合成的热力学、动力学及催化剂进行了讨论。实际生产中，反应不可能达到平衡，合成工艺参数的选择除了考虑平衡氨含量、反应速率、催化剂使用特性，还必须考虑系统的生产能力、原料和能量消耗等，以达到良好的技术经济指标。

1. 温度

氨合成反应是可逆放热反应，存在着最适宜温度 T_m，它取决于反应气体的组成、压力以及所用催化剂的活性。

T_m 与平衡温度 T_e 及正逆反应的活化能 E_1、E_2 的关系为：

$$T_m = \frac{T_e}{1 + \frac{RT_e}{E_2 - E_1} \ln \frac{E_2}{E_1}}$$

(4-8)

在一定的压力下，氨含量提高，相应的平衡温度与最适宜温度下降。惰性气体含量增高，对应于一定氨含量的平衡温度下降。

从理论上看，反应沿着最适宜温度进行，催化剂用量最少，氨合成率最高，生产能力最大。但是在实际工业生产中，不可能完全按最适宜温度进行。反应初期，反应物浓度高，反应速率很高，能很快放出反应热量，使温度迅速上升至最适宜温度，再继续反应，则将超过最适宜温度。故工业上需一边反应一边冷却，采用间接换热式或直接的冷激式方法冷却，只是尽可能地接近最适宜温度而已。内部换热式内件采用催化剂中排列冷管或绝热层间安置中间热交换器的方法，以降低床层的反应温度，并预热未反应的气体。冷激式内件采用反应前尚未预热的低温气体进行层间冷激，以降低反应气体温度。

此外，反应温度还受催化剂活性温度范围的影响，床层进口温度不低于催化剂的活性起始温度，而床层最高温度不得超过催化剂的耐热温度。

2. 压力

氨合成过程中，合成压力是决定其他工艺条件的前提，是决定生产强度和技术经济指标的主要因素。从化学平衡和反应速率的角度来看，较高的操作压力是有利的。但压力的高低直接影响到设备的投资、制造和合成氨功耗的大小。压力越高，反应速率越快，出口氨含量越高，装置生产能力就越大，而且压力高，设备紧凑、流程简单。例如，高压下分离氨只需水冷却即可。但是，高压下反应温度一般较高，催化剂使用寿命短，对设备材质、加工制造要求高。生产上选择操作压力的主要依据是能量消耗以及包括能量消耗、原料费用、设备投资在内的综合费用，即取决于技术经济效果。

实践表明，合成压力为 13～30MPa 是比较经济的。目前，我国中小型合成氨厂，生产中采用往复式压缩机，氨合成的操作压力一般在 30～32MPa；大型合成氨厂，采用蒸汽透平驱动的高压离心式压缩机，操作压力为 15～24MPa。随着氨合成技术的进步，采用低压力降的径向合成塔，装填高活性的催化剂，都会有效地提高氨合成率，降低循环机功耗，可使操作压力降至 10～15MPa。

3. 空间速率

空间速率（简称空速）是指单位时间内、单位体积催化剂通过的气体量。氨合成反应在催化剂颗粒表面进行，合成气体中氨含量与煤气和催化剂表面接触时间有关。空间速率直接影响氨合成系统的生产能力，空速太小，生产能力低。空速过高，减少了气体在催化剂床层的停留时间，合成率降低，循环气量要增大、能耗增加，同时气体中氨含量下降，增加了分离产物的困难。过大的空速对催化剂床层稳定操作不利，导致温度下降，影响正常生产。故空速的选择一般根据合成压力、反应器的结构和动力价格综合考虑。中小型合成氨厂，30MPa 左右的中压法合成氨空速在 $20000\sim30000h^{-1}$；大型合成氨厂，15MPa 的轴向冷激式合成塔，为充分利用反应热、降低功耗并延长催化剂使用寿命，通常采用较低的空速，空速为 $10000h^{-1}$。

4. 合成塔进口气体组成

合成塔进口气体组成包括氢氮比、惰性气体含量和入塔氨含量。

(1) 氢氮比　最适宜氢氮比与反应偏离平衡的状况有关。当接近平衡时，氢氮比为 3，可获得最大平衡氨含量；当远离平衡时，氢氮比为 1 最适宜。生产实践证明，最适宜的循环氢氮比应略低于 3，通常在 2.5～2.9 间，而对含钴催化剂，该氢氮比在 2.2 左右。由于氨合成时氢氮比是按 3∶1 消耗的，若忽略氢和氮在液氨中溶解的损失，混合气中的氢氮比将随反应进行而不断减少，若维持氢氮比不变，新鲜气中的氢氮比应控制在 3。否则，循环系统中多余的氢气或氮气会积累起来，造成氢氮比失调，操作条件恶化。

(2) 惰性气体含量　惰性气体（CH_4、Ar）来自新鲜气，而新鲜气中惰性气体的含量随所用原料和气体净化方法的不同相差很大。惰性气体的存在，对氨合成反应、平衡氨含量和反应速率的影响都是不利的。由于氨合成过程中未反应的氢氮混合气需返回氨合成塔循环利用，而液氨产品仅能溶解少量惰性气体，因此惰性气体在系统中积累。随着反应的进行，循环气中惰性气体的量就会越来越多，为保持循环气中一定的惰性气体含量，目前生产中主要靠放空气量来控制。但是，维持过低的惰性气体含量又需大量排放循环气，而损失氢氮气，导致原料气消耗量增加。因此，控制循环气中惰性气体含量过高或过低都是不利的。

循环气中惰性气体含量的控制，还与操作压力和催化剂活性有关。操作压力较高、催化剂活性较好时，惰性气体含量宜控制高些，以降低原料气消耗量，同时也能获得较高的氨合成率；反之，循环气中惰性气体含量就应该控制低些。一般控制在 12%～20%。

(3) 入塔氨含量　在其他条件一定时，入塔气体中氨含量越低，氨净值就越大，反应速率越快，生产能力就越高。目前一般采用冷凝法分离氨，入塔氨含量与系统压力和冷凝温度有关。要降低入合成塔混合气体中的氨含量，需消耗大量冷冻量，增加冷冻功耗。因此，过低地降低冷凝温度而增加氨冷负荷，在经济上并不可取。

入塔氨含量的控制还与合成操作压力有关。压力高，氨合成反应速率快，入塔氨含量可控制高些；压力低，为保持一定的反应速率，入塔氨含量应控制得低些。工业生产中，当操作压力在 30MPa 左右时，一般控制在 3.2%～3.8%，而当操作压力为 15～20MPa 时，则控制在 2%～3%。若采用水吸收法分离氨，入塔氨含量可在 0.5% 以下。

第三节　合成氨生产的工艺流程

一、氨合成基本工艺步骤

根据氨合成的工艺特点，工艺过程采用循环流程。其中包括氨的合成、分离、氢氮原料气的压缩并补入循环系统，未反应气体补压后循环利用、热量的回收以及排放部分循环气以维持循环气中惰性气体的平衡等。

在工艺流程的设计中，要合理地配置上述各环节。重点是合理地确定循环压缩机、新鲜原料气的补入以及惰性气体放空的位置、氨分离的冷凝级数（冷凝法）、冷热交换器的安排和热能回收的方式等。

由于采用压缩机的型式、氨分离冷凝级数、热能回收形式以及各部分相对位置的差异而形成不同的流程。

1. 气体的压缩和除油

为了将新鲜原料气压缩到氨合成所要求的操作压力，在流程中设置压缩机。当使用注油润滑往复式压缩机时，部分润滑油汽化并被气体带出，因此必须将油分清除干净。除油的方法是在压缩机每段出口都设置油分离器，并在氨合成系统设置油分离器（也称滤油器）。若采用离心式压缩机或采用无油润滑的往复式压缩机，从根本上解决了压缩后气体带油问题，可以取消油分离设备，使生产流程得以简化。

2. 气体的预热和合成

氨合成催化剂有一定的活性温度，因此压缩后的氢氮混合气需加热到催化剂的起始活性温度，才能送入催化剂层进行氨合成反应。加热气体的热源：正常操作情况下，主要是利用氨合成的反应热，即在换热器中，利用反应后的高温气体预热反应前温度较低的氢氮混合气；在开工或反应不能维持合成塔自热平衡时，可利用塔内电加热器或塔外加热炉供给热量。换热过程一部分在催化剂床层中通过换热装置进行，一部分在催化剂床层外的换热设备中进行。因此，在流程中设置换热器及氨合成塔。

3. 氨的分离

从合成塔出来的混合气体中，氨含量很低，一般为 $10\% \sim 20\%$，因此，必须将生成的氨分离出来，将未反应的氢氮气送回系统循环利用。氨的分离方法有冷凝分离法和水或溶剂吸收法，溶剂吸收法尚未获得工业应用。目前工业生产中主要为冷凝法分离氨。冷凝法分离氨是利用氨气在低温、高压下易于液化的原理进行的。该法是首先冷却含氨的混合气，使其中的气氨冷凝成液氨，再经气-液分离设备，从不凝性气体中分离出来液氨。

目前，工业上在冷凝合成氨后的气体过程中，以水和液氨做冷却剂，因此，在流程中设置水冷器、氨冷器。在水冷器和氨冷器之后，为了把冷凝下来的液氨从气相中分离出来，设置氨分离器。分离出来的液氨，经减压后送至液氨储槽，液氨储槽压力一般为 1.6MPa 左右。液氨既作为产品，也作为氨冷器添加液氨的来源。在冷凝过程中，一定量的氢气、氮气、甲烷、氩气等气体溶解于液氨中，当液氨在储槽内减压后，溶解于液氨中的气体组分，大部分从中解吸出来。同时，由于减压作用使部分液氨汽化，这种混合气工业上称为"储槽气"或"弛放气"。

4. 未反应氢氮气的循环

从合成塔出来的混合气体，经氨的分离后，剩余气体中含有大量未反应的氢气、氮气。为了回收这部分气体，工业上常采用循环法合成氨，即未反应的氢氮混合气，经分离氨后补充能量，与新鲜原料气汇合，重新进入氨合成塔进行反应。因此，在流程中设置循环压缩机，常用离心式压缩机，也有少数厂家使用往复式压缩机。循环压缩机进、出口压差为 $2 \sim 3\text{MPa}$，它表示了整个合成循环系统阻力降的大小。

5. 惰性气体的排放

因制取合成氨原料气所用原料及净化方法的不同，在新鲜原料气中通常含有一定数量的惰性气体，即甲烷和氩，采用循环法合成氨时，新鲜原料气中的氢氮气会连续不断地合成为氨，而惰性气体除一少部分溶解于液氨中被带出外，大部分在循环气体中积累下来，惰性气体含量增加，对氨的合成不利。

在工业生产中，为了保持循环气体中惰性气体含量不致过高，常常采取将一部分含惰性气体较高的循环气，间歇或连续放空的办法，来降低循环气中的惰性气体含量。工艺流程中各部位惰性气体含量是不同的，其排放的位置应选择在惰性气体含量最大，氨含量最小的地方，这样氢氮混合气的损失最小，放空损失也就最小。由此可见，放空位置应该选择在氨已大部分分离（氨分离器）之后，而又在新鲜气加入（一般为滤油器）之前。放空气中的氢气、氨等可加以回收利用，从而降低原料气的消耗，其余的气体一般可用作燃料。

6. 反应热的回收

氨的合成反应热较大，必须回收利用。目前回收热能的方法有以下几种。

① 用反应后的高温气体预热反应前的氢氮混合气，使其达到催化剂的活性温度。

② 加热热水，加热进入铜液再生塔热水，供铜液再生使用；加热进入饱和塔热水，供变换使用。

③ 预热锅炉给水生产高压蒸汽，供汽轮机使用。

副产蒸汽按副产蒸汽锅炉安装位置的不同，可分为塔内副产蒸汽合成塔（内置式）和塔外副产蒸汽合成塔（外置式）两类。内置式副产蒸汽合成塔因结构复杂且塔的容积利用系数低，已很少采用。目前一般采用外置式，根据反应后气体抽出位置的不同，又可分为前置式、中置式和后置式三种。

前置式是从催化剂床层出来的高温气体，先进入塔外的副产蒸汽锅炉，产生 2.5～4.0MPa 高压蒸汽。但设备及管线均承受高温、高压，对材料性能要求高；中置式是将塔内换热器分为两段，反应后的高温气体经第一段换热器后，进入塔外的副产蒸汽锅炉，产生 1.3～1.5MPa 中压蒸汽，然后再回到塔内第二段换热器。产生的蒸汽可供变换等工段使用，且对材料的要求不很高；后置式是反应后的高温气体，先进入塔内换热器，再进入塔外的副产蒸汽锅炉，产生约 0.4MPa 的低压蒸汽，使用价值低。

目前，大型氨厂较多采用加热锅炉给水；中型氨厂则多用于副产蒸汽；小型氨厂多用于副产蒸汽、加热热水。预热反应前的氢氮混合气，大中小型氨厂都有应用。

二、合成氨系统工艺流程

1. 中小型合成氨厂流程

在中小型合成氨工艺流程中，新鲜气与循环气均由往复式压缩机加压，设置水冷器与氨冷器两次冷却，氨合成反应热仅用于预热进塔气体，如图 4-3 所示。

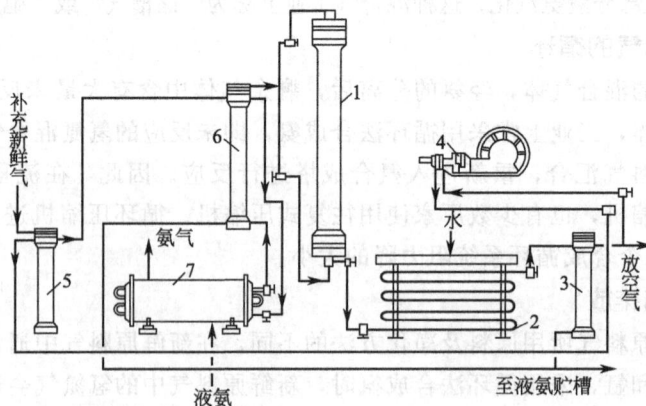

图 4-3　中小型合成氨工艺流程
1—氨合成塔；2—水冷器；3—氨分离器；4—循环压缩机；5—滤油器；6—冷凝塔；7—氨冷塔

合成塔出口气经水冷器冷却至常温，其中部分氨被冷凝，液氨在氨分离器中分出。为降低惰性气体含量，循环气在氨分离后部分放空，大部分循环气进循环压缩机补充压力后进滤油器，新鲜原料气也在此处补入。而后气体进冷凝塔的上部热交换器与分离液氨后的低温循环气换热降温，经氨冷器冷却到 0～-8℃，使气体中绝大部分氨冷凝下来，在氨冷凝塔的下部将气液分开。分离出液氨的低温循环气经冷凝塔上部热交换器与来自循环压缩机的气体换热，被加热到 10～30℃进氨合成塔，从而完成循环过程。

该流程的特点：放空气位置设在惰性气体含量最高、氨含量较低的部位以减少氨损失和原料气消耗；循环压缩机位于第一、第二氨分离器之间，循环气温度较低有利于压缩作业；新鲜气在滤油器中补入，在第二次氨分离时可以进一步达到净化目的，可除去油污以及带入的微量 CO_2 和水分。

对 15MPa 下操作的小型合成氨厂，因为操作压力低，水冷后很少有氨冷凝下来，为保证合成塔入口氨含量的要求，设置有两个串联的氨冷器和氨分离器。

2. 大型合成氨厂流程

20 世纪 60 年代，美国凯洛格公司开发了以天然气为原料，采用单系列和蒸汽透平为驱动力的大型合成氨装置是合成氨工业的一次飞跃；70 年代，我国引进的大型合成氨装置，普遍采用凯洛格氨合成工艺流程。该流程氨合成塔操作压力较低，为 15MPa，因此采用三级氨冷将气体冷却至 -23℃，才能使氨分离较为完全。图 4-4 为凯洛格氨合成工艺流程。

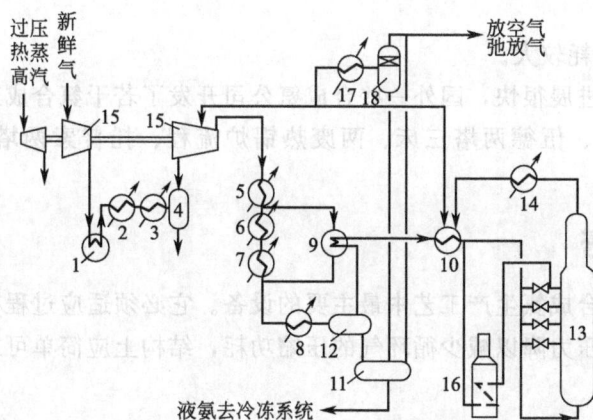

图 4-4 凯洛格氨合成工艺流程

1—甲烷化换热器；2,5—水冷却器；3,6～8—氨冷却器；4—冷凝液分离器；9—冷热交换器；10—塔前换热器；11—低压氨分离器；12—高压氨分离器；13—氨合成塔；14—锅炉给水预热器；15—离心式压缩机；16—开工加热炉；17—放空气氨冷器；18—放空气分离器

来自于甲烷化工序的新鲜气温度约 38℃，压力约 2.5MPa，在离心式压缩机 15 的第一段压缩到 6.5MPa，经甲烷化换热器 1、水冷却器 2 及氨冷却器 3 逐步冷却到 8℃，由冷凝液分离器 4 除去水分。除去水分后的新鲜气进入压缩机第二段继续压缩，并与循环气在压缩机缸内混合，压缩到 15.5MPa、温度为 69℃，经过水冷却器 5，气体温度降到 38℃，而后分两路继续冷却、冷凝。

一路约 50% 的气体经过两级串联的氨冷却器 6 和 7，一级氨冷却器 6 中液氨在 13℃下蒸发，将气体冷却到 22℃，二级氨冷却器 7 中液氨在 -7℃下蒸发，将气体进一步冷却到 1℃；另一路气体与来自高压氨分离器 12 的 -23℃的气体在冷热交换器 9 中换热，降温至 -9℃，而冷气体升温到 24℃。两路气体汇合（温度为－4℃），再经过第三级氨冷却器 8，利用在－33℃下液氨的蒸发，将气体进一步冷却到－23℃，然后送往高压氨分离器 12，分离液氨后，含氨 2%的循环气经冷热交换器 9 和塔前换热器 10 预热到 141℃，进冷激式氨合成塔 13 进行氨的合成反应。出合成塔的气体温度为 284℃，首先进入锅炉给水预热器 14，然后经塔前换热器 10 与进塔气体换热，被冷却到 43℃，分两路：一路绝大部分气体回到压缩机高压段（也称循环段），与新鲜气在缸内混合，完成了整个循环过程；另一路小部分气体在放空气氨冷却器 17 中被液氨冷却，经放空气分离器 18 分离液氨后，去氢气回收系统。高压氨分离器中的液氨经减压后进入冷冻系统；弛放气与回收氨后的放空气一并用作燃料。

该工艺流程的特点：

① 采用汽轮机驱动的离心式压缩机，气体不受油雾的污染；

② 设锅炉给水预热器，回收氨合成的反应热，用于加热锅炉给水，热量回收好；

③ 采用三级氨冷，逐级将合成后的气体降温至－23℃，冷冻系统的液氨亦分三级闪蒸，三种不同压力的氨气分别返回离心式氨压缩机相应的压缩段中，这比全部氨气一次压缩至高压、冷凝后一次蒸发冷冻系数大，功耗小；

④ 放空管线设在压缩机循环段之前，此处惰性气体含量最高，氨含量也最高，由于回收放空气中的氨，故对氨损失影响不大；

⑤ 氨冷凝设在压缩机循环段之后进行，可以进一步清除气体中夹带的密封油、CO_2 等杂质。

⑥ 缺点是循环功耗较大。

合成氨生产技术进展很快，国外一些合成氨公司开发了若干氨合成工艺新流程，如布朗三塔三废热锅炉流程、伍德两塔三床、两废热锅炉流程、托普索两塔三床两废热锅炉梳程等。

三、氨合成塔

氨合成塔是整个合成氨生产工艺中最主要的设备。它必须适应过程在接近最适宜温度下操作，力求小的系统压力降以减少循环气的压缩功耗，结构上应简单可靠，满足合成反应高温高压操作的需要。

1. 结构特点

在氨合成的温度、压力条件下，氢气、氮气对碳钢具有明显的腐蚀作用。为避免腐蚀，合成塔通常都由内件和外筒两部分组成。进入合成塔的气体先经过内件和外筒之间的环隙。内件外面设有保温层（或死气层），以减少向外筒散热。因而，外筒主要承受高压而不承受高温，可用普通低合金钢或优质低碳钢制成。正常情况下，寿命达 40～50 年。内件虽在 500℃左右的温度下操作，但只承受高温而不承受高压，承受的压力为环隙气流和内件气流的压差，此压差一般为 0.5～2.0MPa，可用镍铬不锈钢制作。内件由催化剂筐、热交换器、电加热器三个主要部分构成。大型氨合成塔的内件一般不设电加热器，由塔外供热炉供热。

氨合成塔的结构形式繁多。工业上，按降温方式不同，可分为冷管冷却型、冷激型和中间换热型。一般而言冷管冷却型用于 $\phi500～1000mm$ 的小型氨合成塔；冷激型具有结构简单，制造容易的特点；中间换热型氨合成塔是当今世界的发展趋势，但其结构较复杂。近年来将传统的塔内气流由轴向流动改为径向流动以减少压力降，降低压缩功耗已受到了普遍重视。

2. 冷激式氨合成塔

随着合成氨规模的大型化，氨合成塔直径大大增加，为了简化结构，较多采用冷激式内件。这类合成塔催化剂床层分为若干段，在段间通入未预热的氢气、氮气混合气直接冷却，故称为多段直接冷激式氨合成塔。以床层内气体流动方向的不同，可分为沿中心轴方向流动的轴向塔和沿半径方向流动的径向塔。

图 4-5 为凯洛格四层轴向冷激式氨合成塔。该塔外筒形状为上细下粗的瓶式，在缩口部位密封，以便解决大塔径造成的密封困难。内件包括四层催化剂床、床层间气体混合装置（冷激管和挡板）以及列管换热器。

气体由塔底封头接管进入塔内，向上流经内外筒之间环隙以冷却外筒。气体穿过换热器与上筒体的环形空间，折流向下经过换热器的管间，被加热到 400℃ 左右入第一层催化剂床，反应后温度升至 500℃ 左右，在第一、第二层间，反应气与来自冷激管的冷激气混合降温，尔后再依次通过第二、第三、第四层催化剂床，层间均加入冷激气降温。气体由第四层催化剂床底部流出，折流向上通过中心管进入换热器管内，换热后经波纹连接管流到塔外。

该塔的优点是：用冷激气调节床层温度，操作方便，而且省去许多冷管，结构简单，内件可靠性好，合成塔筒体与内件上开设人孔，装卸催化剂时不必将内件吊出，外筒密封在缩口处。

但该塔也有明显缺点：瓶式塔内件封死在塔内，致使塔体较重，运输和安装均较困难，而且内件无法吊出，造成维修与更换零部件极为不利，塔的阻力也较大。

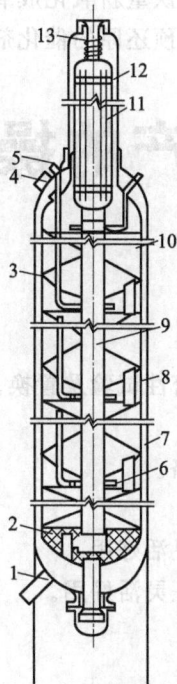

图 4-5 冷激式氨合成塔
1—塔低封头接管；2—氧化铝球；3—筛板；4—人孔；5—冷激气管；
6—冷激管；7—下筒体；8—卸料管；9—中心管；10—催化剂床；
11—换热器；12—上筒体；13—波纹连接管

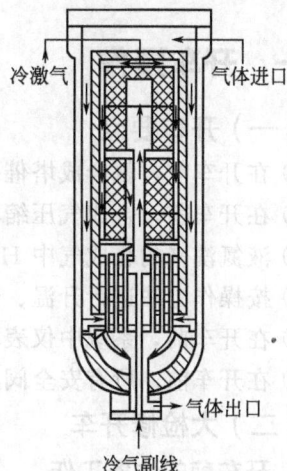

图 4-6 径向二段冷激式合成塔

径向流动氨合成塔有时称为托普索径向塔，从 1964 年开始在合成氨厂应用。图 4-6 为径向二段冷激式合成塔。气体从塔顶进入，向下流经内外筒之间的环隙，再入下部换热器的管间，冷气副线由塔底封头接口进入，两者混合后沿中心管进入第一催化剂床层。气体沿径向呈辐射状流经催化剂床层后进入环形通道，在此与由塔顶来的冷激气混合，再进入第二段催化剂床层，从外部沿径向向里流动，最后由中心管外面的环形通道向下流经换热器管内从塔底流出塔外。

与轴向冷激塔比较，径向合成塔最突出的特点是气体呈径向流动，路径较轴向塔短，而流动截面积则大得多，气体流速大大降低，故压降很小。径向塔可使用 1.5～3.0mm 的小颗粒催化剂，气体通过床层的压降只有 0.01～0.02MPa，全塔压降仅为 0.25MPa，而 Kellogg 轴向合成塔的全塔压降为 0.7～1.0MPa。采用径向塔大大降低了循环机的功耗。使用小颗粒催化剂的径向塔，对于一定的生产能力，催化剂需要量较少，故塔径小，造价低。在改造老塔时，可显著提高产量。另外，径向塔的结构比较简单，催化剂床和换热器都放在同一塔体中，采用大的平板端盖密封，便于运输、安装与检修。

径向塔的生产能力及操作性能极大程度上取决于气流分布的均匀性，气流进催化剂床层时，容易引起偏流，将导致床层内温度的混乱、催化剂迅速衰老、产量降低。

目前采取的措施是在催化剂床外设双层圆筒，与催化剂接触的一层圆筒开孔率低，当气流以高速穿过此圆筒时，受到一定的阻力，以此使气体均匀分布，另外，在上下两段催化剂床层中，仅在一定高度处装设双层圆筒，催化剂装填高度高出多孔圆筒部分，以防催化剂床层下沉时气体走短路。

在径向合成塔中，另一个重要问题是催化剂的还原。由于气体在催化剂床层中的线速度远较轴向合成塔小，还原反应生成的水蒸气极易使金属铁重新氧化成氧化铁，造成催化剂反复氧化还原，活性下降。因此，在径向塔中易采用经过预还原的催化剂。

第四节　合成氨生产的操作控制

一、开车操作

（一）开车要点

① 在开车前，氨合成塔催化剂装填好，并进行气密性试验及置换。

② 在开车前，合成气压缩机必须与循环回路隔离。

③ 液氮洗来的合成气中 H_2/N_2 比为 3，微量已合格。

④ 按操作方法进行升温、升压。

⑤ 在开车前，系统中仪表联锁必须调试好，保证灵活好用。

⑥ 在开车前，所有安全阀必须进行调试合格，保证灵活好用。

（二）大检修开车

1. 开车前的准备工作

① 所有的设备、管线、仪表均安装完毕，设备管线吹扫、清洗、气密、置换、单试、联试均已完成，DCS 系统具备操作条件。

② 氨合成塔催化剂装填工作已完成，并具备还原条件。

③ 废热锅炉已经化学清洗并检查合格，具备开车条件。

④ 工艺管线与公用工程管线上的阀均关闭，但去冷却器的水阀门打开。

⑤ 所有盲板、短管均按要求安装就位。安全阀均已具备投运条件。

⑥ 所有泵、机具备启动条件。

⑦ 所有仪表已具备投运条件，调节阀前、后隔离阀打开，旁路关闭。阀位已调整完，联锁已调整就位具备开启条件。

⑧ 建立氨合成回路。

a. 各水冷却器已运行正常。

b. 合成气已合格，合成气压缩机入口压力已设定，各复位按钮已就位。

c. 合成气压缩机系统置换、充压。

d. 启动合成气压缩机与蒸汽透平，严格控制各段压力与联锁及其转速。

e. 检查回路。废热锅炉应具备运行条件；各调节阀均开关到位，符合要求。

f. 检查各有关按钮的复位是否达到要求，相关阀是否打开。

g. 氨合成回路充压，注意压缩机的运行情况。

2. 催化剂的升温与还原

（1）催化剂升温

① 用外来蒸汽进行第一加热阶段，控制升温速度，最后升至300℃。

② 用开工锅炉蒸汽加热合成气进行升温，严格控制升温速度。

（2）催化剂还原

① 氨合成催化剂的基本性能。

组成：K_2O、CaO、Al_2O_3和MnO的活化磁铁矿催化剂。

外形：不规则外形。

密度：$2\sim3.5$kg/L。

规格：$1.5\sim3$mm，$8\sim12$mm。

空隙率：$0.35\sim0.4$。

最低温度：520℃。

② 氨合成塔催化剂的装填类型。

第一层：预还原式催化剂。

第二层：氧化式催化剂。

第三层：氧化式催化剂。

③ 还原概述。开车之前必须用氮气吹扫合成回路，以使回路中氧含量达到规定值。

在缓慢升高温度的情况下，通过合成气在催化床间的循环来活化氨合成催化剂。合成塔入口的气体中H_2/N_2比为3，杂质量合格。

还原是通过氢还原氧化铁生成水蒸气，此水蒸气在冷凝设备中冷凝出来，催化剂还原只耗用氢，因此，需要向合成回路不断加入一定量的合成气，并通过放空阀控制放空相应量。以保持不变的H_2/N_2比和控制反应后的温度。只要部分催化剂还原，还原后的催化剂就开始生成氨，由于反应放热，循环将增加，而催化剂还原的速度将比以前更快，出塔水蒸气易损坏还原催化剂的细分孔结构。所以要采取所有可能的措施保证水蒸气含量最低，使之严控预还原和未还原催化剂出塔水蒸气浓度在极限值之内。

④ 将冷冻系统启动，使高压氨分离器出口温度尽可能低，但要高于所生成的氨水溶液的冷冻点。

⑤ 出水分析。预还原催化剂和氧化催化剂在还原时所生成的水是一定值。在催化剂还原期间根据还原天数、氨累计产量、累计水生成量、氨水浓度来控制还原的进程及其还原结束的时间。

⑥ 催化剂还原主要控制的原则是：稳定热输入和合成气流量及其床层温升适度。

⑦ 催化剂还原温度的控制。预还原式与氧化式催化剂按其不同升温速度进行控制。预还原式催化剂可分为五段进行，各段升温速度要严格控制。氧化式催化剂可分为三段进行，各段升温速度也要严格控制。

⑧ 还原综述。第一阶段，使第一床层催化剂加热到开始还原的温度，控制合成压力与气体流量。冷冻系统投入运行，并使其气体出口温度控制在 10℃ 左右。用开工加热器功率与合成塔气量来调整床层温度，当床层温度达 $300 \sim 400℃$、出口温度超过入口温度时，则将有 NH_3 生成。当床层温差达 50℃ 时，第一床层还原结束。

第二阶段，为使冷冻系统尽快达到正常工艺条件，提高回路压力有利于第一床层温度的提高，当第二层温度达 200℃ 且床层中的梯度低于第一层时，意味着第一层出口和第二层入口之间的温差升高。此时催化剂活性、水和 NH_3 浓度连续增大，第一床层温度将难以控制，当氨含量达 25％ 时，两个深冷器投入运行后，合成回路将趋于稳定。

第三阶段，逐渐增大回路压力和循环流量，以提高第二床层的入口温度，当第二床层出口温度高于入口温度时，则有氨生成，应进一步增大压力与循环流量。使第三床层温度升至规定值，第一床层入口温度也在规定范围内，第二床层出口温度升至规定值时，则第二床层催化剂还原也基本结束。随着时间的延长，氨生成量不断增加，反应热增多，而需要热量则相应减少，这时开工加热器功率逐渐减少，直至停车。

第四阶段，按要求提高第三床层入口温度，增大合成回路的压力与流量，适当降低第一床层入口温度，逐渐使第三床层温度达到规定范围。液氨产品达到合格后，为使催化剂完全还原，每个床层在规定温度范围内，保持一定的时间为宜。

⑨ 在开车的几天中，应保持低负荷运行，并严格控制在规定的温度条件下。

（三）临时开车

1. 用氨合成塔开工加热炉开车

① 合成气压缩机与蒸汽透平开车，建立循环回路，循环压力与流量均达规定值。其气量 80％ 流经开工加热器。

② 启动锅炉加热系统，调整好操作压力。

③ 当合成气温度达到 300℃ 时，将加热器投入使用。

a. 启动氨合成塔开工加热炉，并调整其操作压力与气体通过量。

b. 根据第一床层入口温度升温速率的要求，调整加热炉的蒸汽压力与电炉的其他操作。

④ 当第一床层开始有氨生成时提高其压力。当第二床层入口温度高于规定值时提高压力与流量。当第三床层有氨生成时，调整第一床层入口温度与循环流量，并调整开工加热炉的操作。

2. 不用氨合成塔开工加热炉开车

① 由于停车时间短，催化剂温度在 350℃ 以上可不用开工加热炉开车。

② 废热锅炉液位正常并处于暖态。

③ 确认有关阀位设定值处于正常值。

④ 建立循环回路，并将压力调到规定值。

⑤ 开合成气压缩机与蒸汽透平，建立循环。

⑥ 提高合成回路压力，启动冷冻系统，调整循环量。

⑦ 调整高压氨分离器液位。

⑧ 当催化床的入口温度高于正常操作值时，则通过调整循环流速或旁路，使催化床温

度控制在规定范围内。并保持合成回路压力稳定。

⑨ 当废热锅炉蒸汽压力达到规定值时，则将锅炉投入正常运行状态。

二、正常操作管理

轴径向合成塔的特点：一方面是气体线性速度低，床层的分布为气体通过提供了大的交叉区，使得催化床间的压降非常低；另一方面气体分布是一个关键因素。在全负荷下合成塔相同交叉区各点间温差受到限制，从而使气体分布达到稳定。在负荷降低的情况下，这些差值将增大，因而通常将该流速尽可能地保持在高值。

1. 自动控制

① 第一床层入口温度以该温度控制器控制合成塔中间换热器的旁路阀来控制。

② 第二床层入口温度以该温度控制器控制合成塔底中间换热器的旁路阀来控制。

③ 合成塔入口温度以合成气出原料气/产品换热器的温度控制器控制该换热器旁路阀来控制。

④ 废热锅炉出口合成气温度以该温度控制器控制锅炉给水旁路阀来控制。

⑤ 高压锅炉给水预热器的合成气温度由以控制器控制锅炉给水补加阀来控制。

⑥ 高压氨分离罐的液位用排出阀来控制。

⑦ 中压分离出的液位用排出阀来控制。

⑧ 初级深冷器与初终级深冷器的液位分别以各深冷器液位控制器控制氨进入阀来控制。

⑨ 废热锅炉液位以液位控制器送出信号来分别控制高压锅炉给水流量阀与蒸汽排出流量阀实现。

⑩ 中压分离器压力由压力控制器控制排放阀来实现。

2. 催化剂床层温度的控制

① 催化剂床层温度根据使用的时间而定。

② 用中间换热器、塔底中间换热器、外部换热器的旁路阀来控制各床层入口温度。

3. 压缩机负荷的控制

① 根据负荷的要求调整控制第一段入口压力来实现，同时透平速度将有增减以满足要求。

② 各段防喘振的流量控制阀只作为防喘振用，不能作为调整负荷用。

4. 加减量操作

（1）加量操作

① 可通过来自前道工序的入口压力来实现。

② 提高压缩机组的转速与回路压力，进行相关阀的调整。防喘振也应相应调整。

③ 调整操作必须缓慢进行。

（2）减量操作

① 前道工序减量时应视压缩机入口压力而定，当压力下降时应及时减转速。

② 开大一段、二段入口阀和降低转速要交替进行，保证入口压力稳定。本着升压先升速、降速先降压的原则。

5. 入塔氨含量的控制

入塔氨含量是由循环气的温度与压力决定的，提高回路压力、降低循环气温度将使入塔氨含量下降。而循环气的温度则由深冷器决定，即降低初级深冷器与初终级深冷器氨蒸发的压力，从而使入塔氨含量下降。

三、停车操作

1. 计划停车

为了进行短期检修或其他工作而计划停车。

① 降低合成回路压力，按规定提高床层入口温度。

② 合成气压缩机调速器调至最低值，回路降压、控制好压缩比。

③ 隔离合成气压缩机与合成回路，关闭手动隔离阀，压缩机作相关操作。

④ 压缩机可在降压后保持运行，以备重新启动合成回路。

⑤ 如果不需合成回路降压时，关闭高压氨分离罐与中压分离器的排出阀、废热锅炉进水阀、初级深冷器与初终级深冷器的进氨阀，排净系统中的液氨。

⑥ 监视合成塔壁温，按规定调整相关操作。

⑦ 如果需停合成气压缩机与蒸汽透平时，切断前道工序的来气，压缩机做好相应操作。

⑧ 停车期间，合成回路必须保持规定的压力。

⑨ 如果要长期停车时，按上述操作，直接先关闭合成气压缩机和合成回路间的隔离阀，然后停合成气压缩机。

2. 紧急停车

（1）下列情况之一，允许紧急停车　前道工序跳车；达到联锁停车条件但联锁未动作；合成系统设备、管道大量泄漏、着火、爆炸；床层温度超出最高值，经多方调节无效；合成气质量不合格，确认 CO 含量达规定的最高值；床层温度急剧下降；系统压力迅速上升，合成气压缩机跳车。

（2）紧急停车步骤

① 按下合成气压缩机的跳车按钮，压缩机紧急停车，确认相关阀门关闭或打开。

② 如果设备、管线着火、爆炸时，则立即将合成回路压力放掉，通入氮气置换、灭火。

3. 临时停车

① 合成系统减量、降压并降至规定值、关闭相关阀门、合成塔保温保压。

② 合成气压缩机组转速降至调速器最低值，压缩机做好相应操作。

③ 如前道工序停止来气，则现场停合成气压缩机。如前道工序继续送气时，压缩机应做好保持运输的相应操作，便于重新开车。

❀ 本章小结

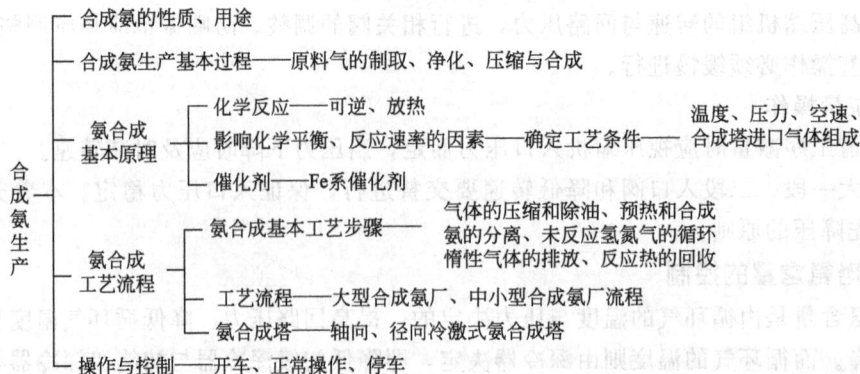

自测题

一、填空

1. 入合成塔的气体中氨含量越低，反应速率_____，但会增加_____。
2. 氨合成催化剂的活性组分为_____。
3. 合成氨生产中使用的循环压缩机有两种：_____和_____。
4. 为避免腐蚀，氨合成塔通常都由_____和_____两部分组成。
5. 冷激式氨合成塔用_____调节床层温度，操作方便。
6. 第一床层入口温度以该温度控制器控制_____的旁路阀来控制。

二、判断

1. 合成氨反应是放热反应，当温度降低时，能使平衡氨浓度增大。　　　（　　）
2. 我国中小合成氨厂，氨合成操作压力为 30～32MPa。　　　　　　　（　　）
3. 氨的合成是放热反应，热必须回收。　　　　　　　　　　　　　　（　　）
4. 在合成氨生产中，原料气中二氧化碳的脱除只是为了净化气体。　　（　　）
5. 工业生产中氨的分离方法只有冷凝分离法。　　　　　　　　　　　（　　）

三、选择

1. 合成氨的生产过程的三个主要工序为（　　　）。
   A. 原料气的压缩和合成、氨的分离、惰性气体的排放
   B. 原料气的制取、压缩与合成、未反应氢氮气的循环
   C. 原料气的制取、净化、压缩与合成
   D. 原料气的制取、压缩与合成、氨的分离
2. 实际生产中，控制合成氨原料气进塔的氢氮比为（　　　）。
   A. 3　　　　　　B. 2.5　　　　　　C. 2.6～2.8　　　　　　D. 2.8～2.9
3. 合成氨反应是（　　　）。
   A. 可逆放热反应　　　　　　　　B. 可逆吸热反应
   C. 不可逆放热反应　　　　　　　D. 不可逆吸热反应
4. 大型合成氨厂 15MPa 的轴向冷激式合成塔，一般采用（　　　）的空速。
   A. 较高　　　　B. 较低　　　　C. $30000h^{-1}$　　　　D. $40000h^{-1}$
5. 氨合成塔是（　　　）反应器。
   A. 流化床　　　B. 鼓泡塔　　　C. 固定床　　　　　　D. 列管式反应器

四、简答

1. 说明合成氨生产工业的发展情况。
2. 合成氨生产包括哪几个主要步骤？
3. 合成氨生产主要原料有哪几种？对应的典型方法是什么？
4. 影响平衡氨浓度的因素有哪些？如何提高平衡氨浓度？
5. 为使氨合成反应尽可能在最适宜反应温度下进行，实际生产中采取了哪些措施？
6. 氨的合成反应热较大，目前回收热能的方法有哪几种？
7. 试分析工业氨合成的压力条件。

8. 氨合成基本的工艺步骤是哪几个？

9. 在氨合成生产过程中，合成塔应严格控制哪两点温度？

10. 氨合成塔的热点温度控制的关键是什么？

11. 怎么样调节氨合成塔催化剂床层温度？

12. 画出合成氨生产工艺流程框图。

13. 说明冷激式氨合成塔的结构及特点。

14. 合成氨生产过程中为什么排放弛放气？

第五章

甲醇生产

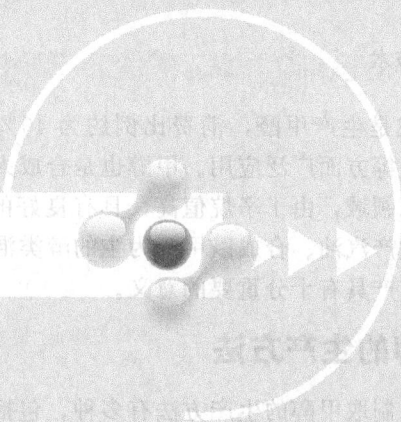

教学目的及要求

了解甲醇的性质、用途和甲醇合成技术的发展,掌握甲醇合成的基本原理及工艺参数条件分析方法,催化剂的组成和使用条件;掌握甲醇合成生产工艺流程及甲醇合成塔的结构、特点;掌握甲醇精制的基本原理及工艺流程。

能够识读甲醇合成岗、甲醇精制岗的工艺流程图,能根据生产原理进行生产条件的确定和工业生产的组织;能认真执行工艺规程和岗位操作方法,完成甲醇装置的开停车及正常操作。

第一节　甲醇生产方法

一、甲醇的性质与用途

1. 甲醇的性质

常温常压下纯甲醇是无色透明、略带醇香味、易挥发和易燃液体。熔点 $-97.8℃$。沸点 $64.5℃$。闪点 $12.22℃$。自燃点 $463.89℃$。甲醇蒸气与空气可形成爆炸性混合物,爆炸极限 $6.0\% \sim 36.5\%$。遇明火、高热能引起燃烧爆炸,属甲类易燃液体。能与水、乙醇、乙醚、苯、酮、卤代烃和许多其他有机溶剂相混溶。甲醇对气体的溶解能力也很强,特别是对 CO_2 和 H_2S,故甲醇可作为工业生产时脱除合成气中 CO_2 和 H_2S 气体的溶剂。甲醇有强烈的毒性,内服 $5 \sim 8mL$ 有失明的危险,$30mL$ 能致人死亡,甲醇可通过消化道和皮肤等途径进入人体。我国卫生标准(GBZ 2—2002)规定:甲醇工作场所空气中时间加权平均容许浓度为 $25mg/m^3$,短时间接触允许浓度为 $50mg/m^3$,空气中允许最高甲醇蒸气浓度为 $0.05mg/L$。

甲醇是饱和脂肪醇,分子式 CH_3OH,具有脂肪醇的化学性质,可进行氧化、酯化、羰基化、胺化、脱水等反应。

2. 甲醇的用途

甲醇是一种重要的有机化工原料,它是碳一化学的基础,甲醇经深度加工可生产百余种化工产品及衍生物,可以生产甲醛、乙酸、对苯二甲酸二甲酯、氯甲烷、二甲醚等产品,其中最大消费领域是生产甲醛，消费比例约为 40％，在塑料、合成橡胶、合成纤维、农药、染料和医药工业等方面广泛应用。甲醇也是合成人工蛋白的重要原料。

甲醇在能源领域，由于辛烷值高，具有良好的燃烧、抗爆性能好，可作无烟燃料使用。还可用于直接生产汽油、合成以甲醇为主的醇类混合物燃料，生产 MTBE 作为汽油添加剂。因此，甲醇的生产具有十分重要的意义。

二、甲醇的生产方法

目前，可以制取甲醇的生产方法有多种，包括木材或木质素干馏法、氯甲烷水解法、甲烷部分氧化法和合成气化学合成法。目前，工业生产上主要是采用合成气为原料的化学合成法，也称为羰基合成法。由于反应压力的不同，又分为高压法、低压法和中压法，总的趋势是由高压向低压、中压发展。

1. 高压法

高压法一般指的是使用锌铬催化剂，在 300～400℃、30MPa 高温高压下合成甲醇的过程。自从 1923 年第一次用这种方法合成甲醇成功后，差不多有 50 年的时间，世界上合成甲醇生产都沿用这种方法，仅在设计上有某些细节不同。近几年来，我国开发了 25～27MPa 压力下在铜基催化剂上合成甲醇的技术，出口气体中甲醇含量 4％左右，反应温度 230～290℃。

2. 低压法

低压甲醇法为英国 ICI 公司在 1966 年研究成功的甲醇生产方法，从而打破了甲醇合成的高压法的垄断，这是甲醇生产工艺上的一次重大变革，它采用 51-1 型铜基催化剂，合成压力 5MPa。ICI 法所用的合成塔为热壁多段冷激式，结构简单，每段催化剂层上部装有菱形冷激气分配器，使冷激气均匀地进入催化剂层，用以调节塔内温度。低压法合成塔的型式还有联邦德国 Lurgi 公司的管束型副产蒸汽合成塔及美国电动研究所的三相甲醇合成系统。20 世纪 70 年代，我国四川维尼纶厂从法国 Speichim 公司引进了一套以乙炔尾气为原料日产 300t 低压甲醇装置（英国 ICI 专利技术）。80 年代，齐鲁石化公司第二化肥厂引进了联邦德国 Lurgi 公司的低压甲醇合成装置。

3. 中压法

中压法是在低压法研究基础上进一步发展起来的，由于低压法操作压力低，导致设备体积相当庞大，不利于甲醇生产的大型化，因此发展了压力为 10MPa 左右的甲醇合成中压法，它能更有效地降低建厂费用和甲醇生产成本。例如 ICI 公司研究成功了 51-2 型铜基催化剂，其化学组成和活性与低压合成催化剂 51-1 型差不多，只是催化剂的晶体结构不相同，制造成本比 51-1 型高。由于这种催化剂在较高压力下也能维持较长的寿命，从而使 ICI 公司有可能将原有的 5MPa 的合成压力提高到 10MPa，所用合成塔与低压法相同也是四段冷激式，其流程和设备与低压法类似。

无论采用哪一种生产方法，甲醇的合成均需要在高温、高压、催化剂存在下进行，是典型的气-固相催化反应过程。

三、甲醇生产的基本过程

甲醇生产的典型的流程包括制气、净化、压缩与合成、精制四大部分。总流程长，工艺复杂，根据不同的原料、不同的压力和不同的净化方法可以演变为多种生产流程。高压和中低压法的基本生产工艺过程一致，来自制气过程的合成气进入甲醇生产装置，经过合成气的净化、压缩与合成、甲醇分离与精制三个工艺过程后获得合格的甲醇产品。甲醇生产装置的流程框图如图5-1所示。

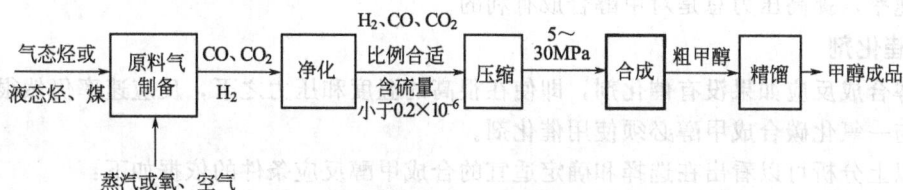

图 5-1　甲醇生产装置的流程框图

第二节　甲醇合成的工艺条件

一、甲醇合成的基本原理

（一）化学平衡

主反应：

$$CO+2H_2 \rightleftharpoons CH_3OH(g) \tag{5-1}$$
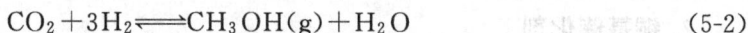
$$CO_2+3H_2 \rightleftharpoons CH_3OH(g)+H_2O \tag{5-2}$$

副反应：

$$CO+3H_2 \rightleftharpoons CH_4+H_2O \tag{5-3}$$

$$2CO+2H_2 \rightleftharpoons CO_2+CH_4 \tag{5-4}$$

$$4CO+8H_2 \rightleftharpoons C_4H_9OH+3H_2O \tag{5-5}$$
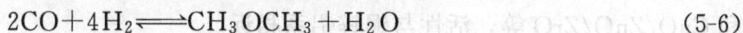
$$2CO+4H_2 \rightleftharpoons CH_3OCH_3+H_2O \tag{5-6}$$
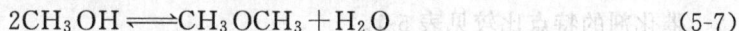
$$2CH_3OH \rightleftharpoons CH_3OCH_3+H_2O \tag{5-7}$$

$$CH_3OH+nCO+2nH_2 \rightleftharpoons C_nH_{2n+1}CH_2OH+nH_2O \tag{5-8}$$
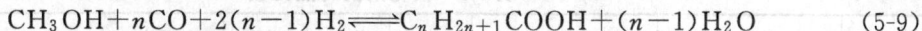
$$CH_3OH+nCO+2(n-1)H_2 \rightleftharpoons C_nH_{2n+1}COOH+(n-1)H_2O \tag{5-9}$$

当有金属铁、钴、镍等存在时：

$$2CO \rightleftharpoons CO_2+C \tag{5-10}$$

上述反应生成的副产物还可以进一步发生脱水、缩水、酰化或酮化等反应，生成烯烃、酯类、酮类等副产物。当催化剂中含有碱性化合物时，这些化合物生成更快。

甲醇合成反应的特点是可逆、放热、体积缩小和催化反应，而且高温会引起一系列副反应的发生。依据化学平衡，在较低的温度和较高压力下，甲醇的平衡浓度增高。因此从反应的平衡观点出发，采用低温催化剂和高压，是能够强化合成甲醇生产的。

（二）甲醇合成的反应速率

甲醇合成的反应速率与温度、压力、催化剂及惰性气体的浓度有关。

1. 温度

大多数化学反应的速率，均随着温度的升高而加快。但对于甲醇合成的反应，由于属于可逆放热反应，随着温度的升高，正反应、逆反应和副反应的速率均增大，总的反应速率与温度的关系比较复杂，并非随温度的升高而简单地增大。

2. 压力

在高压下，因气体体积缩小了，甲醇合成反应速率也就会因此而加快。无论对于反应的平衡和速率，提高压力总是对甲醇合成有利的。

3. 催化剂

甲醇合成反应如果没有催化剂，即使在很高的温度和压力之下，反应速率仍然很慢，所以由氢与一氧化碳合成甲醇必须使用催化剂。

从以上分析可以看出在选择和确定适宜的合成甲醇反应条件的依据如下：

① 压力越高，越有利于甲醇的合成。

② 需要选择一个合适的温度，使反应进行得既快又完全。

③ 必须选用一种甲醇合成的催化剂，以加快反应速率，并且在所用的氢与一氧化碳混合气中，不能含有对催化剂有毒害作用的杂质。

（三）催化剂

催化剂的不断改进促进了合成甲醇工业的发展，决定了合成反应的操作条件，即合成压力、温度，同时影响甲醇生成速率和 CO 的单程转化率，目前甲醇合成催化剂分为锌铬催化剂和铜基催化剂。

1. 锌铬催化剂

锌铬（ZnO/Cr_2O_3）催化剂是高压催化剂，将锌和铬的硝酸盐溶液用碱沉淀，经洗涤、干燥后成型。也有将铬酐溶液加入氧化锌悬浮液中，充分混合后分离脱水、烘干，掺入石墨成型。

2. 铜基催化剂

铜基催化剂一般采用共沉淀法制备，可用硝酸盐或乙酸盐共沉淀制得，沉淀终了时控制 pH 小于 10，将沉淀物清洗、烘干、煅烧、磨碎成型。铜基催化剂是低压催化剂，铜基催化剂主要分为三类，第一类是铜锌铬系（$CuO/ZnO/Cr_2O_3$）；第二类为铜锌铝系（$CuO/ZnO/Al_2O_3$）；第三类是以铜、锌为主，添加铬、铝以外的第三、第四组分，如 $CuO/ZnO/Si_2O_3$ 和 $CuO/ZnO/ZrO$ 等，活性与铜锌铝系相近。

催化剂的特点比较见表 5-1。

表 5-1　催化剂的特点比较

种类	基本组成	使用时间	活性	热稳定性	耐硫能力	反应温度	反应压力	适应工艺
锌铬催化剂	$ZnO\text{-}Cr_2O_3$	1966 年以前国外的甲醇合成工厂几乎都使用，目前已被淘汰	较低	较好	较好	较高（380～400℃）	高压（30MPa）	高压法
铜基催化剂	$CuO/ZnO/Al_2O_3$系 $CuO/ZnO/Cr_2O_3$系	1966 年以后以英国 ICI 公司和德国鲁奇公司先后提出使用	较高	较差	较差	较低（220～270℃）	中低压（5～10MPa）	中低压法

二、甲醇合成岗位工艺条件

1. 温度

合成甲醇是一可逆放热反应。从化学平衡考虑，升高温度，对平衡不利。但从动力学考虑，温度升高，有利于加快反应速率；同时升高温度，副反应产物增多，因此反应速率随温度的变化有一最大值，对应的温度即为最适宜反应温度。实际生产中的操作温度还取决于催化剂的活性温度，催化剂的活性不同，最适宜的反应温度也不同。

对于 ZnO/Cr_2O_3 系催化剂，反应活性温度在 $320\sim400℃$；而铜基催化剂 $CuO/ZnO/Al_2O_3$ 则适宜 $210\sim280℃$ 下操作。当然，还要根据催化剂的型号及反应器型式不同，其最佳操作温度范围也略有不同。如管壳式反应器采用铜基催化剂时的最佳操作温度在 $230\sim260℃$ 之间。工业生产中，为了延长催化剂寿命，防止催化剂因高温而加速老化，反应初期在催化剂活性温度范围内，宜采用较低温度，使用一段时间后再升温至适宜温度。

由于合成甲醇是放热反应，必须采取措施及时移走反应热，反应才能正常进行。否则易使催化剂温升过高，不仅会导致生成高级醇的副反应增加，而且会使催化剂因发生熔结现象使活性下降。尤其是使用铜基催化剂时，由于其热稳定性较差，严格控制反应温度显得极其重要。

2. 压力

合成甲醇反应为体积减小的反应，因此增加压力能够提高甲醇的平衡浓度，甲醇生成量多。同时增加压力，原料分压提高，可以加快主反应速率。但是反应压力越高，增加压力消耗的能量越高，压力的高低还受设备强度限制。目前工业上采用高压、中压和低压法生产，主要是催化剂不同。由于采用锌铬催化剂的高压法生产压力太高，对设备要求严格，制造比较复杂，且投资较大。现广泛采用中压、低压法生产，均使用铜基催化剂，中压操作时压力控制在 $15.0MPa$，低压操作压力是 $5.0MPa$。但在生产规模大时，压力太低也会影响经济效果。

3. 原料组成

甲醇合成反应原料气的化学计量比 H_2：CO 为 $2:1$。实际生产中一般控制氢气与一氧化碳的摩尔比为 $(2.2\sim3.0):1$，即采用过量的氢。

氢过量可以抑制高级醇、高级烃和还原性物质的生成，提高粗甲醇的浓度和纯度。同时，因氢的导热性能好，过量的氢还可以起到稀释作用，有利于防止局部过热和控制整个催化剂床层的温度。氢过量，则降低一氧化碳含量，可以提高一氧化碳的转化率，同时羰基铁在催化剂上的积聚减少，可以一定程度上延长催化剂的寿命。但是，氢过量太多会降低反应设备的生产能力。

当原料中有二氧化碳存在时，可以发生反应：$CO_2+3H_2 \rightleftharpoons CH_3OH+H_2O$，由于 CO_2 的比热容较 CO 为高，其加氢反应热效应却较小，因此原料气中有一定 CO_2 含量时，可以降低反应峰值温度。此外，二氧化碳的存在也可抑制二甲醚的生成。

由于合成甲醇空速大，接触时间短，单程转化率低，只有 $10\%\sim15\%$，因此反应气体中仍含有大量未转化的氢气及一氧化碳，必须循环利用。工业生产上一般控制循环气量为新鲜原料气量的 $3.5\sim6$ 倍。原料气中除有效成分外，还有如 CH_4、N_2、Ar 等惰性气体存在，将会在合成系统中反复循环逐渐累积增多，降低 CO、CO_2、H_2 有效气体分压，反应速率减慢，降低甲醇合成反应转化率和收率，同时使循环动力和压缩机消耗增大。为了避免惰性气体的积累，必须将部分循环气从反应系统中排出，以使反应系统中惰性气体含量保持在一定浓度范围。一般在操作时，在催化剂使用前期，由于反应活性高，惰性气体含量可高一些，弛放气可少些；在催化剂使用后期，反应活性降低，要求惰性气体含量低，弛放气就大一些。

4. 空间速率

空间速率简称空速，可用来表示反应器的生产能力。空速越高，单位体积催化剂处理能力越大，生产能力就越大。空速是合成甲醇的一个重要控制参数。

增加空速可增大甲醇的生产能力，并有利于移走反应热，防止催化剂过热。但空速太高，转化率降低，循环气量增加，操作费用增加。采用较小空速，反应过程中气体混合物组成与平衡组成较接近，单位甲醇产品所需循环气量小，消耗动力小，热能利用好，但由于催化剂生产强度低，太小的空速则不能满足生产任务要求。

适宜的空间速率的选择与催化剂活性、反应温度及进料组成有关，另外还要由循环机动力、循环系统阻力与生产任务来决定。一般用锌基催化剂时，空速为 $35000\sim40000h^{-1}$；铜基催化剂时，空速为 $10000\sim20000h^{-1}$。当然，不同反应器空速不同，管式反应器空速要更低一些，一般控制在 $8000\sim10000h^{-1}$。

第三节　甲醇合成的工艺流程

一、工艺流程

1. ICI 低中压法

英国 ICI 公司开发成功的低中压法合成甲醇是目前工业上广泛采用的生产方法，其典型的工艺流程见图 5-2。

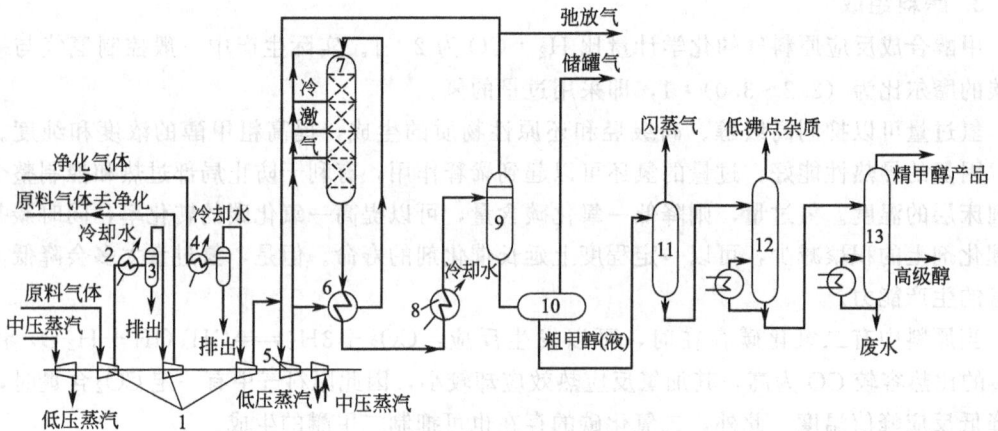

图 5-2　ICI 低中压法甲醇合成工艺流程

1—原料气压缩机；2—冷却器；3—分离器；4—冷却器；5—循环压缩机；6—热交换器；
7—甲醇合成反应器；8—甲醇冷凝器；9—甲醇分离器；10—中间槽；
11—闪蒸槽；12—轻馏分塔；13—精馏塔

合成气经离心式透平压缩机压缩后与经循环压缩机升压的循环气混合，混合气的大部分经热交换器预热至 230～245℃进入冷激式合成反应器，小部分不经过热交换器直接进入合成塔作为冷激气，以控制催化剂床层各段的温度。在合成塔内，合成气体在铜基催化剂上合成甲醇，反应温度一般控制在 230～270℃范围内。合成塔出口气经热交换器换热，再经水冷器冷凝分离，得到粗甲醇，未反应气体返回循环压缩机升压。为了使合成回路中惰性气体含量维持在一定范围内，在进循环压缩机前弛放一部分气体作为燃料气。粗甲醇在闪蒸槽中降至350kPa，使溶解的气体闪蒸出来也作为燃料气使用。

闪蒸后的粗甲醇采用双塔蒸馏。粗甲醇送入轻馏分塔，在塔顶除去二甲醚、醛、酮、酯和羰基铁等低沸点杂质，塔釜液进入精馏塔除去高碳醇和水，由塔顶获得99.8%的精甲醇产品。

该流程工艺技术特点如下：

① 由于采用了 ICI 51-1 和 ICI 51-2 铜基催化剂，其活性比锌-铬催化剂高，同时可以抑制强放热的烷基化等副反应，使粗甲醇的精制比较容易。

② 反应物料利用率高。

③ 合成塔的设计结构简单，能快速更换催化剂，延长开工时间，生产费用比高压法节省约30%。

2. Lurgi 低中压法

德国鲁奇（Lurgi）公司开发的低中压甲醇合成技术是目前工业上广泛采用的另一种甲醇生产方法，其典型的工艺流程见图5-3。

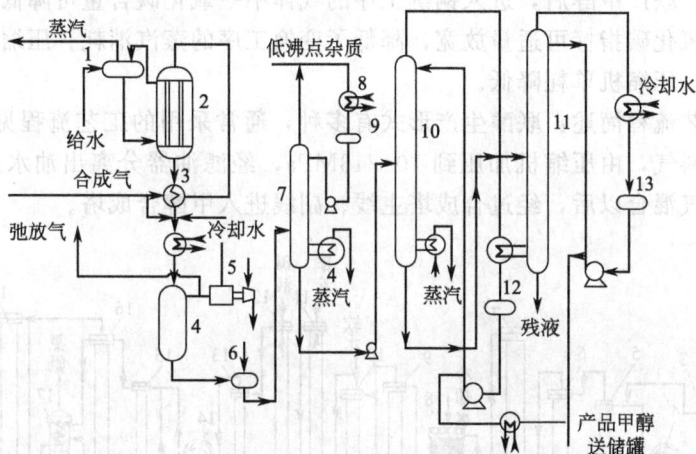

图 5-3 Lurgi 低中压法甲醇合成工艺流程

1—汽包；2—合成反应器；3—废热锅炉；4—分离器；5—循环透平压缩机；6—闪蒸罐；
7—初馏塔；8—回流冷凝器；9,12,13—回流槽；10—第一精馏塔；11—第二精馏塔

合成原料气经冷却后，送入离心式透平压缩机，压缩至5~10MPa压力后，与循环气体以1：5的比例混合。混合气经废热锅炉预热，升温至220℃左右，进入管壳式合成反应器，在铜基催化剂存在下，反应生成甲醇。催化剂装在管内，反应热传给壳程的水，产生蒸汽进入汽包。出反应器的气体温度约250℃，含甲醇7%左右，经换热冷却至85℃，再用空气和水分别冷却，分离出粗甲醇，未凝气经压缩返回合成反应器。冷凝的粗甲醇送入闪蒸罐，闪蒸后送至精馏塔精制。粗甲醇首先在初馏塔中脱除二甲醚、甲酸甲酯以及其他低沸点杂质；塔底物即进入第一精馏塔精馏，精甲醇从塔顶取出，气态精甲醇作为第二精馏塔再沸器的加热热源。由第一精馏塔塔底出来的含重馏分的甲醇在第二精馏塔中精馏，塔顶采出精甲醇，塔底为残液。从第一和第二精馏塔来的精甲醇经冷却至常温后，产品甲醇送储槽。

该流程工艺技术特点如下：

① 合成反应器采用管壳型，催化剂装在管内，水在管间沸腾，反应热以高压蒸汽形式

被带走，用以驱动透平压缩机。催他剂温度分布均匀。有利提高甲醇产率，抑制副反应的发生和延长催化剂使用寿命。合成反应器在低负荷或短时间局部超负荷时也能安全操作，催化剂不会发生过热现象。

② 合成催化剂中添加了钒（$CuO\text{-}ZnO\text{-}Al_2O_3\text{-}V_2O_5$），可提高催化剂晶粒抗局部过热的能力，有利于延长催化剂的寿命。

③ 管壳型合成反应器在经济上有较大的优越性，可副产 3.5～5.5MPa 的蒸汽。1t 甲醇可产生 1～1.4t 蒸汽。

④ 原料气是由顶部进入合成反应器，当原料气中硫、氯等有毒物质未除干净时，只有顶部催化剂层受到污染，影响催化剂的活性和寿命，而其余部分不受污染。

3. 联醇的生产

中、小合成氨厂可以在炭化或水洗与铜洗之间设置甲醇合成工序，生产合成氨的同时联产甲醇，称为串联式联醇工艺，简称联醇。联醇生产是我国自行开发的一种与合成氨生产配套的新型工艺。目前，联醇产量约占我国甲醇总产量的 40%。

联醇生产主要特点：充分利用已有合成氨生产装置，只需添加甲醇合成与精馏两套设备就可以生产甲醇；联产甲醇后，进入铜洗工序的气体中一氧化碳含量可降低，减轻了铜洗负荷；变换工序一氧化碳指标可适量放宽，降低了变换工序的蒸汽消耗；压缩机输送的一氧化碳成为有效气体，压缩机单耗降低。

联醇生产工艺流程简述：联醇生产形式有多种，通常采用的工艺流程见图 5-4。经过变换和净化后的原料气，由压缩机加压到 10～13MPa，经滤油器分离出油水后，进入甲醇合成系统，与循环气混合以后，经过合成塔主线、副线进入甲醇合成塔。

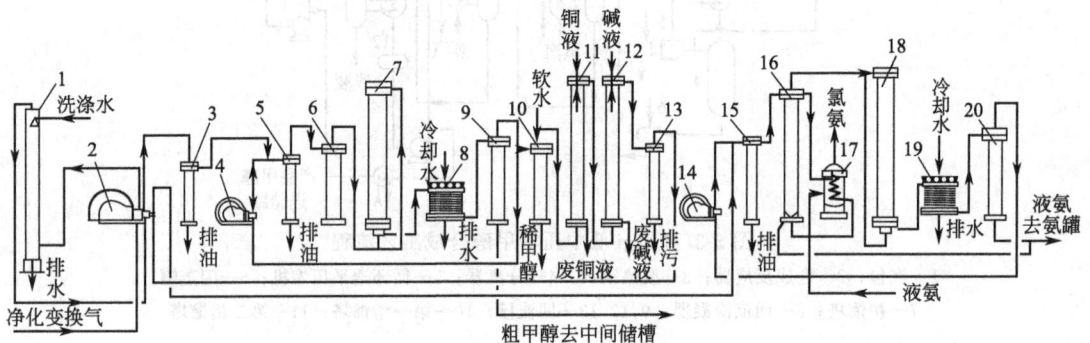

图 5-4　联醇生产工艺流程图

1—水洗塔；2—压缩机；3—油分离器；4—甲醇循环压缩机；5—滤油器；6—炭过滤器；
7—甲醇合成塔；8—甲醇水冷却器；9—甲醇分离器；10—醇后气分离器；
11—铜洗塔；12—碱洗塔；13—碱液分离器；14—氨循环压缩机；
15—合成氨滤油器；16—冷凝器；17—氨冷器；18—氨合成塔；
19—合成氨水冷器；20—氨分离器

原料气在三套管合成塔内流向如下：主线进塔的气体，从塔上部沿塔内壁与催化剂管之间的环隙向下，进入热交换器的管间，经加热后到塔内换热器上部，与副线进来、未经加热的气体混合进入分气盒，分气盒与催化床内的冷管相连，气体在冷管内被催化剂层反应热加热。从冷管出来的气体经集气盒进入中心管。

中心管内有电加热器，当进气经换热后达不到催化剂的起始反应温度时，则可启用电加热器进一步加热。达到反应温度的气体出中心管，从上部进入催化剂床，CO 和 H_2 在催化剂作用下反应合成甲醇，同时释放出反应热，加热尚未参加反应的冷管内的气体。反应后的气体到达催化剂床层底部。气体出催化剂筐后经分气盒外环隙进入热交换器管内，把热量传给进塔冷气，温度小于 200℃，沿副线管外环隙从底部出塔。合成塔副线不经过热交换器，改变副线进气量来控制催化剂床层温度，维持热点温度 245～315℃范围之内。

出塔气体进入冷却器，使气态甲醇、二甲醚、高级醇、烷烃、甲胺和水，冷凝成液体，然后在甲醇分离器内将粗甲醇分离出来，经减压后到粗甲醇中间槽，以剩余压力送往甲醇精馏工序。分离出来的气体的一部分经循环压缩机加压后，返回到甲醇合成工序，另一部分气体送铜洗工序。对于两塔或三塔串联流程，这一部分气体作为下一套甲醇合成系统的原料气。

二、甲醇合成反应器

甲醇的合成是在高温、高压、催化剂存在下进行的，是典型的复合气-固相催化反应过程。低压法合成甲醇所采用的装置有冷激式和列管式两种反应器。

1. 列管式反应器

如图 5-5 所示，列管式反应器的催化剂装填于列管中，壳程走冷却水。反应热由管外锅炉给水带走，同时产生高压蒸汽。通过对蒸汽压力的调节，可以方便地控制反应器内反应温度，使其沿管长温度几乎不变，避免了催化剂的过热，延长了催化剂的使用寿命。列管式等温反应器的优点是温度易于控制，单程转化率较高，循环气量小，能量利用较经济，反应器生产能力大，设备结构紧凑。

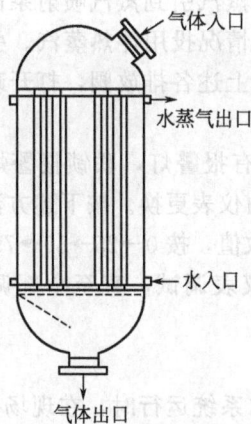

图 5-5 列管式反应器

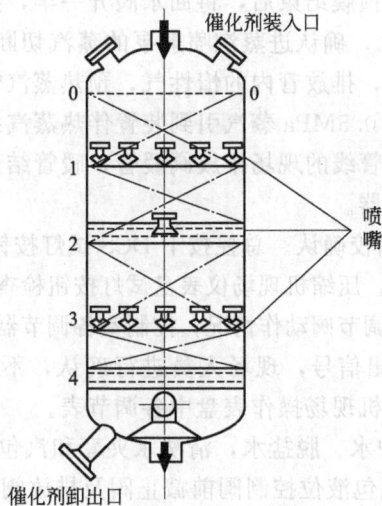

图 5-6 冷激式绝热反应器

2. 冷激式绝热反应器

冷激式绝热反应器把反应床层分为若干绝热段，段间直接加入冷的原料气使反应气体冷却，故称为冷激式绝热反应器。图 5-6 是冷激式绝热反应器的结构示意图，反应器主要由塔体、气体喷头、气体进出口、催化剂装卸口等组成。催化剂由惰性材料支撑，分成数段。反应气体由上部进入反应器，冷激气在段间经喷嘴喷入，喷嘴分布于反应器的整个截面上，以便冷激气与反应气混合均匀。混合后的温度正好是反应温度低限，混合气进入下一段床层进行反应。段中进行的反应为绝热反应，释放的反应热使反应气体温度升高，但未超过反应温度高限，于下一段间再与冷激气混合降温后进入下一段床层进行反应。冷激式绝热反应器在反应过程中流量不断增大，各段反应条件略有差异，气体的组成和空速都不相同。这类反应器的特点是：结构简单，催化剂装填方便，生产能力大，但需有效控制反应温度，避免过热现象发生，冷激气体和反应气体的混合及均匀分布是关键。

第四节　甲醇合成的操作控制

以低压法甲醇合成单元为例，采用列管式等温反应器。

一、开车操作

1. 开车前的准备工作

① 全部设备安装，检修完毕，并验收合格。

② 所有容器和静设备等检查、清洗合格。

③ 气体、蒸汽、锅炉给水、冷凝液所用的全部球阀、闸阀等都进行检查并涂上油。

④ 检查所有的测量和控制仪表，特别是调节阀及联锁阀的功能好用，具备投运条件。

⑤ 引循环水（CW）。在循环水系统启动时，分别打开入口及出口循环水阀，打开回水线高点放空阀。当甲醇冷却器、循环气压缩机油冷器、氢气压缩机油冷器及段间换热器循环水回水线高点放空排出，水中无气时，关闭放空阀。随循环水系统进行化学清洗、预膜等。当化学清洗、预膜结束后，将回水阀开一半，投入正常运行。

⑥ 引蒸汽。确认进蒸汽喷射泵的蒸汽切断阀关闭，打开进蒸汽喷射泵的蒸汽切断阀前的现场排放阀，排放管内的惰性气，预热蒸汽管线，并将蒸汽引到蒸汽喷射泵前。如果在冬季，还应当将 0.5MPa 蒸汽引到装置伴热蒸汽站，并根据情况投用伴热蒸汽。引汽的方法是首先打开相应管线的现场排放阀暖管，暖管结束后，关闭上述各排放阀，打开疏水器前后切断阀投用疏水器。

⑦ 仪表调校确认。总控按下 DCS 试灯按钮，检查所有报警灯，联锁报警灯，泵运行指示灯应全部亮，压缩机现场仪表盘试灯按钮检查，不亮的由仪表更换。按下述方法，总控与现场配合调试各调节阀动作情况，控制室各调节器手动输入数值，按 0→25→50→75→100→75→50→25→0 输出信号，现场人员进行确认，不正常的由仪表调试，直至全部调节阀动作正常，包括压缩机现场操作表盘中各调节表。

⑧ 引锅炉水、脱盐水，清洗水夹套和汽包。

a. 打开汽包液位控制阀前截止阀及排放阀，当锅炉水系统运行时，在现场排放阀排放。

b. 打开脱盐水前切断阀，关闭后切断阀，打开阀间排放阀排放脱盐水。

c. 当排放水质合格后，关闭排放阀，锅炉水具备使用条件。

d. 打开汽包液位控制阀及后切断阀，打开锅炉顶排空阀，向锅炉及甲醇合成塔夹套充水至粗甲醇液位控制指示 20%，停加锅炉水。

e. 缓慢打开蒸汽喷射泵入口蒸汽阀，以 20℃/h 的速度升温至汽包达最高压力为止，当汽包压力指示大于 0.1MPa 时，关汽包排空阀。

f. 锅炉进水液位达 50%～60% 时，打开锅炉及甲醇合成塔夹套排污阀，就地排放，使锅炉进水液位维持在 50%～60%。

g. 关闭蒸汽喷射泵入口蒸汽阀，锅炉慢慢泄压到常压，降温速率≤20℃/h，同时锅炉内水全部就地排放。

h. 按上述方法蒸煮三次，锅炉及合成塔排净热水，冷却至环境温度后，充入冷的锅炉水至液位指示 20%时停。

2. 正常开车

（1）开车前联检确认

① 再次检查确认本系统所有设备、检修项目、技措项目等待施工完毕，复位正确，所有设备处于可使用状态。

② 确认本系统所有电气、仪表等设备检修、安装调试完毕，并处于可随时投用状态。

③ 按开车条件确认卡中内容，逐条确认。

④ 精馏岗位具备接受粗甲醇条件，对于新装催化剂常压塔回流槽应排空，关闭甲醇分离器预馏塔和精甲醇计量槽的切断阀，打开去常压塔回流槽的切断阀，以备接受开车初期的粗甲醇。

⑤ 火炬系统运行正常，去火炬的分离器出口线上盲板抽掉，阀开。

⑥ 净化、氢回收装置均已运行正常，具备送气条件。

⑦ 所有调节器均处于手动位置，输出信号均为关闭。

（2）开车操作

① 确认净化、氢回收装置具备送气条件，合成循环机运行，精馏运行正常。

② 打开新鲜气进缓冲罐阀，引新鲜气置换循环回路，直至 N_2 含量<1%（体积分数）。

③ 用氢回收装置来富 H_2 气，将循环回路升压至指示 2.0MPa，升压速率<0.1MPa/min。

④ 调整蒸汽喷射泵蒸汽量，维持温度≥205℃，汽包液位保持 50%~60%液位。

⑤ 将汽包蒸汽压力给定 2.0MPa 投自动，将甲醇分离器液位给定 20%（设计值）投自动。

⑥ 根据生产负荷，提高循环气流量。

⑦ 打开净化装置新鲜气阀，调整好气体比例后缓慢补加氢回收、净化装置来气量到约为设计值的 10%。

⑧ 观察合成反应的进行，及时调节合成塔入口 CO、CO_2 含量，以及汽包压力和锅炉给水量。

⑨ 缓慢增加新鲜气量，提高循环回路压力，至前工序气体全部加入，当分离器出口压力压力达到 5MPa 时，缓慢打开分离器出口压力调节弛放气排放量、压力稳定，将分离器出口压力投自动。

⑩ 导气过程注意：甲醇分离器出口气 CO 含量不应超过 9%，床层温度<230℃。

⑪ 催化剂首次使用不应超过 70%负荷。

⑫ 投用初期生产的粗甲醇从甲醇分离器排到甲醇地下槽。

⑬ 待操作稳定后，将蒸汽并网运行。

二、停车操作

1. 正常停车操作

（1）通知气化、净化、一氧化碳、精馏岗位准备停车。

（2）新鲜气进缓冲罐阀手动关闭，现场手动关闭新鲜气进缓冲罐阀前后切断阀，关闭前系统来气切断阀。

（3）打开蒸汽喷射泵蒸汽阀，投用蒸汽喷射泵，维持温度在 210℃以上。

（4）将蒸汽切除并网，汽包蒸汽压力调节阀改手动关闭，打开蒸汽出口阀后放空阀。

（5）分离器出口压力调节阀改手动，关闭分离器出口压力阀。

（6）将甲醇分离器液位调节阀改手动，将甲醇分离器液位排空，注意膨胀槽压力不可超高，排空后关闭甲醇分离器液位手动阀及前后切断阀。

（7）甲醇合成塔降温。

（8）手动调节分离器出口压力，使系统卸压，控制卸压速率≤1.0～1.5MPa/min，将系统卸压至 0.4MPa。

（9）打开 N_2 阀，系统充 N_2 置换，通过分离器出口阀放空至火炬。

（10）置换至系统 $H_2+CO+CO_2$＜0.5％为止，系统保持 0.5MPa 压力。

（11）关闭蒸汽喷射泵入口蒸汽阀，关闭汽包排污阀。

（12）将汽包蒸汽压力调节阀投自动，由汽包蒸汽压力手动阀控制，降低汽包压力，使合成塔降温，降温速率≤25℃/h。

（13）汽包液位投自动，维持液位稳定。

（14）当反应器出口气温度降至接近 100℃时，关闭反应器出口气温度调节阀及前后切断阀，关闭汽包液位调节手动阀及前后切断阀，打开汽包顶放空阀。

（15）打开合成塔夹套及汽包排污阀，将汽包内水就地排放干净。

（16）当反应器温度≤50℃时，按停车程序停止循环压缩机运转，关闭循环压缩机出入口阀。

（17）如进行检修不卸催化剂，则系统充入 0.5MPa N_2 保压，并将系统加入下列盲板。

① 新鲜气至甲醇单元之前净化、氢回收气体各一块。

② 新鲜气放空阀新鲜气压力调节手动阀阀后一块。

③ 循环压缩机入口一块，出口一块。

④ 合成放空阀门出口去火炬管网线上一块。

⑤ 甲醇分离器顶部安全阀后一块。

⑥ 分离器出口压力调节手动阀及副线各一块。

⑦ 水洗塔液位调节手动阀及副线各一块。

⑧ 水洗塔出口气相管线阀门一块。

2. 紧急停车操作

（1）蒸汽系统故障紧急停车操作

① 若蒸汽系统故障，甲醇合成应使用汽包蒸汽压力调节阀保住汽包压力在原操作压力，自汽包蒸汽压力调节阀后现场放空蒸汽，继续生产。

② 若精馏系统因蒸汽故障停车，粗甲醇通过甲醇膨胀槽出口管线改去粗甲醇罐。

③ 若因蒸汽系统故障必须停甲醇合成，应立即按循环压缩机停车按钮，手动关闭循环压缩机防喘振回流量调节阀，切断新鲜气进料阀，关闭循环压缩机回流阀。

④ 合成系统泄压至 0.2～0.3MPa，有 N_2 则系统置换，置换到 $CO+CO_2+H_2$≤0.5％后 N_2 封闭，合成塔自然降温。无 N_2 则保压 0.2～0.3MPa，合成塔自然降温。

⑤ 汽包液位控制 50％，甲醇分离器液位排到 5％后，关闭甲醇分离器液位调节阀及切断阀。

（2）冷却水突然中断紧急停车操作

① 手动关闭新鲜气进缓冲罐进口阀及循环机回流阀，停循环压缩机。

② 系统立即泄压，有 N_2 则合成系统置换，置换到 $CO+CO_2+H_2\leqslant0.5\%$ 后 N_2 封闭，合成塔自然降温。无 N_2 则合成系统保压 $0.2\sim0.3MPa$，合成塔自然降温。

③ 汽包液位控制 50%，甲醇分离器液位排到 5% 后，关闭甲醇分离器液位调节阀及切断阀。

④ 注意循环压缩机油系统温度及轴瓦温度，以防超温，必要时停循环压缩机。

（3）仪表风突然中断紧急停车操作

① 因无仪表风，气动调节阀均关闭，改手动关闭，停压缩机。

② 系统立即泄压。有 N_2 则合成系统置换，置换到 $CO+CO_2+H_2\leqslant0.5\%$ 后 N_2 封闭，合成塔自然降温。无 N_2 则合成系统保压 $0.2\sim0.3MPa$，合成塔自然降温。

③ 参照汽包现场液位，用副线阀控制汽包液位。参照甲醇分离器现场液位，用副线将甲醇分离器液位排到 5% 后关闭副线。

（4）突然停电紧急停车操作

① 循环压缩机做紧急停车处理，手动关闭新鲜气进缓冲罐进口阀、切断新鲜气。

② 系统立即卸压，当系统压力降至 $1.0MPa$ 后，润滑油系统正常运行。有 N_2 则合成系统置换，置换到 $CO+CO_2+H_2\leqslant0.5\%$ 后 N_2 封闭，合成塔自然降温。无 N_2 则合成系统保压 $0.2\sim0.3MPa$，合成塔自然降温。

③ 关闭汽包排污阀，汽包液位控制 50%，甲醇分离器液位排到 5% 后，关闭甲醇分离器液位调节阀及切断阀。

（5）原料气突然中断紧急停车操作

① 通知前工序及精馏工段。

② 手动关闭新鲜气进缓冲罐阀、切断新鲜气进料。

③ 循环压缩机正常运行，投用蒸汽喷射泵，保持温度 $\geqslant210℃$。

④ 合成系统保压，汽包液位控制在 50%，甲醇分离器液位排到 5% 后，关闭甲醇分离器液位调节阀及切断阀。

三、正常操作

① 调整稳定好系统的负荷。

② 控制好系统压力，保持系统压力稳定。

③ 根据系统负荷，相应调整好循环量。

④ 控制好合成塔入口 CO_2、CO 含量，从而稳定新鲜气的氢碳比。

⑤ 控制好汽包压力，稳定催化剂床层温度，保证催化剂安全运行，并稳定副产蒸汽量。

⑥ 控制稳定好汽包、甲醇分离器液位。

第五节　甲醇精制的操作控制

甲醇合成受压力、温度、合成气组成、空间速率、催化剂等的影响，在生成甲醇的同时，还伴随着一系列的副反应，其产品主要是由甲醇以及水、有机杂质等组成的混合液，称为粗甲醇。甲醇精制工段的主要任务是采用精馏与萃取工艺提纯，除去粗甲醇中溶解的气体及低沸点组分，除去水及高沸点杂质，以获得高纯度的优质甲醇产品，同时获得副产品异丁基油（杂醇油）。另外，使精馏塔底的废水也能够达到排放标准。

一、粗甲醇中的杂质

1. 水

粗甲醇中最主要的杂质为水分，其含量约为 8%。

2. 还原性物质

粗甲醇中的还原性物质主要是异丁醛、丙烯醛、二异丙基甲酮、甲酸、甲酸甲酯、胺等，因为有碳碳双键和碳氧双键存在，容易被氧化，降低甲醇稳定性。这类杂质可用高锰酸钾变色试验来进行鉴别。

3. 溶解性杂质

根据甲醇杂质的物理性质，就其在水及甲醇溶液中的溶解度而言，大致可以分为：水溶性、醇溶性和不溶性三类。

(1) 水溶性杂质 醚、$C_1 \sim C_5$ 醇类、醛、酮、有机酸、胺等，在水中都有较高的溶解度，当甲醇溶液被稀释时，不会被析出或变浑浊。

(2) 醇溶性杂质 $C_6 \sim C_{15}$ 烷烃、$C_6 \sim C_{16}$ 醇类。这类杂质只有在浓度很高的甲醇中被溶解，当溶液中甲醇浓度降低时，就会从溶液中析出或使溶液变得浑浊。

(3) 不溶性杂质 C_{16} 以上烷烃和 C_{17} 以上醇类。它们在常温下不溶于甲醇和水，会在液体中结晶析出或使溶液变浑浊。

4. 无机杂质

粗甲醇中除含有合成反应生成的杂质外，还含有从生产系统中夹带的机械杂质及微量其他杂质。如生产系统中带来的羰基铁，以及微量的催化剂等杂质。这类杂质虽然很少，但很难处理，存在于甲醇中，影响甲醇质量。

二、甲醇精制的基本原理

1. 甲醇精馏

利用粗甲醇中各组分相对挥发度不同，通过精馏方法将粗甲醇与水、有机杂质分离是精制甲醇的主要方法。表 5-2 是粗甲醇中各组分的沸点。如果以甲醇的沸点为界，有机杂质又可分为低沸点杂质与高沸点杂质。

表 5-2　粗甲醇中各组分的沸点

组分	沸点/℃	组分	沸点/℃
CO_2	−78.2	正丙醇	97.2
CO	−191.48	水	100
CH_4	−161.58	异丁醇	107.66
H_2	−252.75	正丁醇	117.71
二甲醚	−24.5	丙酮	56.5
甲酸甲酯	31.5	庚烷	98.4
乙醚	34.6	异辛烷	109.9
甲醇	64.6	壬烷	150.7
乙醇	78.5	癸烷	174

由于粗甲醇中存在烷烃，可形成甲醇-烷烃的多元恒沸物，使粗甲醇中烷烃难以用普通

精馏方法除去。为解决这一问题，利用甲醇与烷烃结构不同，加入第三组分水进行萃取精馏。甲醇、烷烃共沸混合物沸点见表 5-3。

表 5-3 甲醇、烷烃共沸混合物沸点

单质	单质沸点/℃	共沸物系	共沸温度/℃
庚烷	98.4	甲醇-庚烷	58.8
异辛烷	109.9	甲醇-异辛烷	58.3
壬烷	150.7	甲醇-壬烷	63.9
癸烷	174	甲醇-癸烷	64.3

甲醇精馏的目的如下：

① 通过精馏除去低沸物，即 CO、H_2、CO_2、CH_4 以及在甲醇合成中产生的以二甲醚和甲酸甲酯为主的其他杂质；

② 脱除与甲醇沸点相近轻组分，分离与甲醇沸点接近的甲醇-烷烃共沸物；

③ 通过精馏除去水和一些高沸物杂质，分离出符合要求的精甲醇产品。

2. 甲醇精制方法

① 加碱中和（化学方法）。

② 分离二甲醚（物理方法）。

③ 预精馏（加水萃取蒸馏），脱除轻组分（物理方法）。

④ 高锰酸钾氧化（化学方法）。粗甲醇中含有还原性的杂质，影响精甲醇的稳定性，为保证精甲醇的稳定性，一般要求还原性杂质降至 40×10^{-6} 以下，当还原性杂质较多时，需借助化学氧化的方法处理，一般采用高锰酸钾进行氧化，将还原性物质氧化成二氧化碳逸出，或生成酸并结合成钾盐与高锰酸泥渣一同滤去。

⑤ 精馏（脱除重组分和水，得到精甲醇）。

三、甲醇精馏的工业方法

目前工业上甲醇的精馏主要有双塔精馏和双效三塔精馏两类方法。

1. 双塔精馏

粗甲醇的精馏分两个阶段。一是在预塔中脱除低沸点杂质。二是在主精馏塔中脱除高沸点杂质。在预塔中脱除低沸点组分的甲醇再送入主塔，进一步把高沸点杂质分离，就可以制得纯度在 99.8% 以上的精甲醇。粗甲醇双塔精馏工艺流程如图 5-7 所示。

在粗甲醇储槽的出口管（泵前）上，加入浓度为 8%～10% 的 NaOH 溶液，其加入量约为粗甲醇量的 0.50%，控制进预精馏塔的甲醇呈弱碱性（pH＝8～9），其目的是促使胺类及羰基化合物的分解，防止粗甲醇中有机酸对设备的腐蚀。

加碱后的粗甲醇，经过热交换器用热水（由各处汇集的冷凝水，约 100℃）加热至 60～70℃，进入预精馏塔（预塔）。为了便于脱除粗甲醇中的杂质，根据萃取原理，在预精馏塔上部（或进塔回流管上）加入萃取剂，以改善各组分的相对挥发度。目前，采用较多的是以蒸汽冷凝水作为萃取剂。预精馏塔塔底有再沸器，以 0.3～0.35MPa 蒸汽间接加热。塔顶出来的蒸气（66～72℃）含有以轻组分为主的多种有机杂质及甲醇、水，经过冷凝器被冷却水冷却，绝大部分甲醇和水冷凝下来，被送至塔内回流，回流比控制在 0.6～0.8（与入料

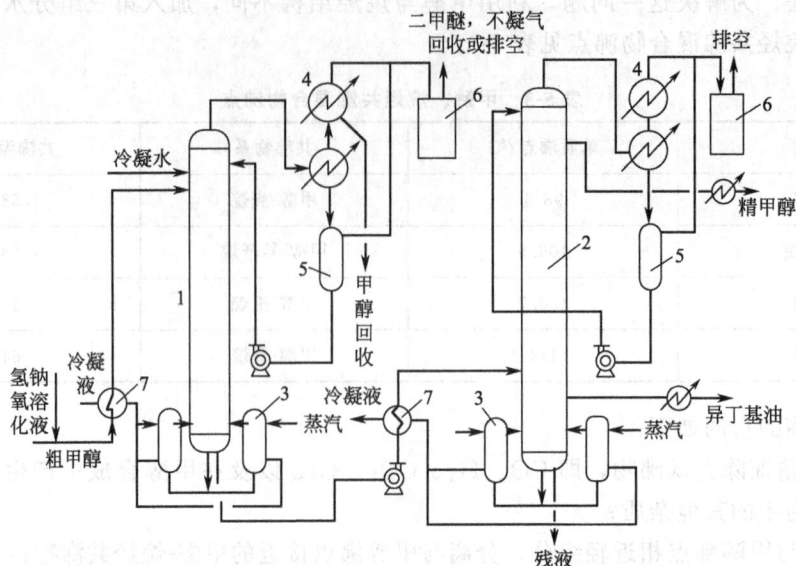

图 5-7　粗甲醇双塔精馏工艺流程

1—预精馏塔；2—主精馏塔；3—再沸器；4—冷凝器；5—回流罐；6—液封；7—热交换器

比）。以轻组分为主的不凝气体，经塔顶液封槽后放空或回收作燃料。塔釜为预处理后粗甲醇，温度为 75～85℃。

　　为了提高预精馏后甲醇的稳定性及精制二甲醚，可在预精馏塔塔顶采用两级或多级冷凝，将一级冷凝温度适当提高，减少返回塔内的轻组分，使沸点与甲醇接近的杂质通过预精馏塔更多地脱除，以提高预精馏塔精馏后甲醇的稳定性；二级冷凝器为常温，尽可能回收甲醇；三级冷凝以冷冻剂冷至更低的温度，以净化二甲醚，同时又进一步回收甲醇。

　　预精馏塔塔板数大多采用 50～60 层，如采用金属丝网波纹填料，其填料总高度一般为6～6.5m。

　　预处理后的粗甲醇在预精馏塔底部引出，经主塔入料泵送入主精馏塔，根据粗甲醇组分、温度以及塔板情况调节进料板口，主塔底部也设有再沸器，以蒸气加热供给热源，甲醇蒸气和液体在每一块塔板上进行分馏，塔顶部蒸气出来经过冷凝器冷却，冷凝液流入收集罐，再经回流泵加压送至塔顶进行全回流，回流比（与入料比）为 1.5～2.0。极少量的轻组分与少量甲醇经塔顶液封槽溢流后，不凝性气体排入大气。在预精馏塔和主精馏塔顶液封槽内溢流的初馏物入事故槽。精甲醇从塔顶往下数第 5～第 8 块板上采出。根据精甲醇质量情况调节采出口。采出的甲醇经精甲醇冷却器冷却到 30℃ 以下，利用自身的位能送至成品罐。塔下部 8～14 层板中采出杂醇油。杂醇油和初馏物均可在事故槽内加水分层，回收其中甲醇，其油状烷烃另作处理。塔釜残液主要为水及少量高碳烷烃。控制塔底温度＞110℃，相对密度＞0.993，甲醇含量＜1%。随环保要求的提高，甲醇残液不能排入地沟或江中，较合理的方法是经过生化处理，或一部分送入冷凝水储槽作为蒸馏塔的萃取水，另一部分燃烧处理。

　　主精馏塔中部可设中沸点采出口（锌铬催化剂时，称异庚酮采出口），少量采出有助于产品质量提高。

　　主精馏塔塔板数在 75～85 层，目前采用较多的为浮阀塔，而新型的导向浮阀塔和金属丝网填料塔在使用中都备显示了其优良的性能和优点。

（1）预精馏塔的作用

① 脱除轻组分有机杂质，如二甲醚、甲酸甲酯等，以及溶解在粗甲醇中的合成气。

② 加水萃取，脱除与甲醇沸点相近的轻馏分，以及分离与甲醇沸点接近的甲醇-烷烃共沸物。通过预精馏后，含水甲醇的高锰酸钾值至少达 1mg/100mL 以上，pH 值控制在 8～9。

③ 如对精甲醇中乙醇含量有特殊要求时，则预精馏塔对乙醇的共沸物有部分预脱除的作用。

（2）主精馏塔的作用

① 将甲醇与水及其他重组分分离，得到产品精甲醇；

② 将水分离出来，并尽量降低其有机杂质的含量，排出系统；

③ 分离出重组分——杂醇油；

④ 分离重组分及采出乙醇，制取低乙醇含量的粗甲醇。

2. 双效三塔精馏

双效三塔甲醇精馏的工艺流程如图 5-8 所示。从进料泵来的粗甲醇加入碱液后，经预热器加热进入预精馏塔进行精馏，以除去其中的轻馏分。塔内上升蒸气到塔顶后，经冷凝器实现冷凝。冷凝的液相，进入回流罐，经回流泵输送后实现回流，不凝气经液封槽后，进入放空总管。

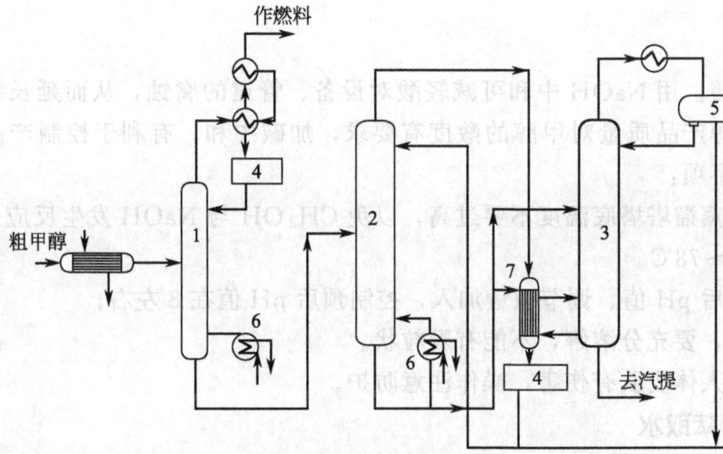

图 5-8 双效三塔甲醇精馏的工艺流程

1—预精馏塔；2—第一主精馏塔；3—第二主精馏塔；4,5—储槽；6—再沸器；7—冷却器

预精馏后甲醇从预塔底部采出，经过加压塔给料泵加压后进入加压塔进行精馏。塔内气相从塔顶出塔后，进入常压塔再沸器给常压塔提供热源。冷凝后的甲醇进入加压塔回流槽，一部分打回流，另一部分作为产品采出。

加压塔塔釜液相出塔后进入常压塔进行精馏，在常压塔顶部得到精甲醇产品，塔底排出废水，送往废水槽。

加压塔及常压塔的作用是除去水及高沸点杂质（如异丁基油），同时获得高纯度的优质甲醇产品。

双效法三塔精馏流程主要特点如下：

① 利用加压塔塔顶蒸汽冷凝热作常压塔塔底再沸器热源，从而减少蒸汽消耗和冷却水

消耗，总的能耗比双塔流程降低 10%～20%。

② 三塔精馏可制取乙醇含量较低的优质甲醇，其他有机杂质含量也相对减少。

③ 投资与操作费用，双塔精馏与三塔精馏的优点和缺点比较见表 5-4。

表 5-4　甲醇精馏工艺流程优点和缺点比较

工艺名称	精甲醇质量	蒸汽单耗	装置投资	废水中有机物总量
双塔流程	低	高	低	高
三塔流程	高	低	较高	较高

为减少废水排放，控制废水中的甲醇含量，有些流程在常压塔后增设甲醇回收塔或废水汽提塔，为四塔流程，进一步回收甲醇，以减少废水中的甲醇含量。其流程为由常压塔下部侧线采出杂醇油到回收塔。回收塔底用低压蒸汽加热，塔顶产品为甲醇蒸气，经冷却后部分回流，部分馏出物经检测，若产品合格则送至精甲醇罐，若产品不合格送粗甲醇罐。塔中部侧线采出异丁基油进入异丁基油中间槽储存，再间断地通过充入 0.45MPa 低压氮气将异丁基油送至中间罐区副产品罐，下部侧线采出杂醇油。塔釜出料液为含微量甲醇的废水与常压塔底部废水合并，经增压后由废水冷却器冷却至约 40℃，送煤浆制备工段或送污水生化装置处理。

四、甲醇精制的操作控制

1. 加碱处理

粗甲醇中含有酸，用 NaOH 中和可减轻酸对设备、管道的腐蚀，从而延长设备的使用寿命。同时，精甲醇产品质量对甲醇的酸度有要求，加碱中和，有利于控制产品的酸度指标。加碱操作注意事项：

① 严格控制预蒸馏塔塔底温度不要过高，以免 CH_3OH 与 NaOH 发生反应。一般预蒸馏塔塔底温度为 75～78℃。

② 严格检测预后 pH 值、调节碱量加入，控制预后 pH 值在 8 左右。

③ 配制碱液时，要充分溶解，不能有颗粒状。

④ 氢氧化钠对人体皮肤有伤害，操作注意防护。

2. 预蒸馏塔加萃取水

为了提高精甲醇产品的水溶性和稳定性，在预蒸馏塔中加萃取水，由于粗甲醇中的甲醇-烷烃的共沸混合物的沸点与甲醇的沸点较为接近，用普通精馏方法难以将其分离，但甲醇与烷烃在结构上却不相同，加入水后，由于水和甲醇可以任何比例互溶，因此使烷烃杂质得以与甲醇分离，使粗甲醇精馏分离脱除杂质的效果大大提高，从而使产品的纯度提高。通过加入适量的萃取水，使甲醇在水中充分溶解，减少甲醇在预蒸馏塔塔顶的损失，有利于提高甲醇的收率。萃取水过少，甲醇损失增加；萃取水过多，会增加能耗。精馏操作中，预后甲醇液密度（ρ_{20}）控制指标为 0.835～0.865g/mL，在粗甲醇质量稳定、杂质含量不高的情况下，可调节萃取水量，控制预后甲醇液密度在指标低限，有利于降低甲醇精馏蒸汽消耗。

3. 甲醇精馏工段操作控制参数

① 预塔萃取水的加入量为粗甲醇进料量的 5%～10%。

② 预精馏塔回流量/进料量为 0.4～0.6。

③ 回流比：加压塔 2.6～3.0，常压塔 1.8～2.0，回收塔＞9。

④ 加碱量的控制 NaOH 的浓度为 2％～5％，其量能最好将精馏混合液 pH 控制为 8。

⑤ 温度控制。预塔进料温度 69℃，塔底温度不得超过 78℃，加压塔进料温度 112℃，常压塔进料温度 85℃，回收塔进料温度 81℃。

4. 控制甲醇中乙醇的含量

① 控制粗甲醇中乙醇指标，调整合适的 H_2/C 比；定期清理甲醇水冷器；降低循环气温度；更换合成催化剂。

② 调整杂醇油的采出量和采出位置，杂醇一般累积在常压塔中部，设置合理的采出量和采出位置，将杂醇抽出，控制精甲醇中乙醇的浓度。为使采出位置合适，侧线采出多设采出口。控制常压塔中部温度，使乙醇富集区集中在杂醇油采出口，便于杂醇的采出。

③ 适当加大回流比，提高产品质量。

④ 降低塔底温度。

⑤ 预塔加水，降低粗甲醇的浓度，通过用水稀释粗甲醇中乙醇来控制精馏过程中乙醇向上挥发带入精甲醇中的量。

阅读资料

甲醇合成的工艺技术进展

一、液相合成工艺

气相法合成甲醇存在着一些致命缺点：单程转化率低（一般 10％～15％）；反应气体的 H_2：CO 比大 [（5～10）：1]；循环比大（＞5）；惰性气体组分有积累效应，新鲜气体中 N_2 含量不能过高等。从 20 世纪 70 年代起，人们开始开发液相法。液相法使用了热容高、热导率大的石蜡类长链烃类化合物为液相介质，使甲醇合成反应在等温条件下进行，同时由于分散在液相介质中的催化剂比表面积非常大，因而加速了反应过程，降低了反应温度和压力。目前在甲醇液相合成工业化采用最多的是浆态床和滴流床。

二、甲烷氧化工艺

1. CH₄ 非催化氧化工艺

1992 年 Francis，Michael 等人分别研究了在无催化剂的条件下，控制甲烷部分氧化生成甲醇。他们认为，该法能够显著地降低投资和能耗，但控制条件较为苛刻。

2. CH₄ 催化转化工艺

甲烷是相当惰性的化合物，其部分氧化产物极易被深度氧化，因此，使用的催化剂不但要具备高的选择性，而且还要具有较好的稳定性。目前国内 CH_4 氧化制甲醇的研究仍集中在气相法。美国 Catalytica 公司 20 世纪 90 年代开发了用铂硫化络合物作催化剂的液相法，甲醇的单程收率达到了 70％，由于在低压（3.5～4.0MPa）条件下操作，可大量节省投资。目前仅有实验装置，没有实现工业化。

3. 超临界相甲醇合成技术

超临界相甲醇合成是在固定床多相（气-固相）催化反应器中引入一个吸收相，吸收相经过催化剂床层时的状态可以是超临界状态、亚临界状态，也可以是蒸气状态或液体与蒸气混合状态，处于上述状态的吸收相与合成气并流或逆流通过反应器内的催化剂床层，使甲醇一经生成即脱离催化剂表面进入该相，达到反应物与产物在反应区内分离的目的，实现了甲醇合成过程的反应分离一体化，从而使 CO 的单程转化率大幅度提高，甲醇收率达到 100%。

4. 二氧化碳加氢合成甲醇工艺

CO_2 加氢制取甲醇成为甲醇合成的一个新的研究方向。很多学者对这一课题进行了大量的开发研究工作，取得了可喜的成果。20 世纪 80 年代初 Holder Topcbse 公司利用炼油厂废气中的 H_2 和 CO_2 直接合成甲醇，成功开发了一种 CO_2 加氢催化剂。该催化剂仍以 Cu-Zn 为主，已完成了中试。用 H_2 和 CO_2 合成甲醇的研究很多，但多数催化剂的转化率都很低，甲醇选择性也不高，因此，能否找到合适的催化剂是用 H_2 和 CO_2 合成甲醇工业化的关键。

本章小结

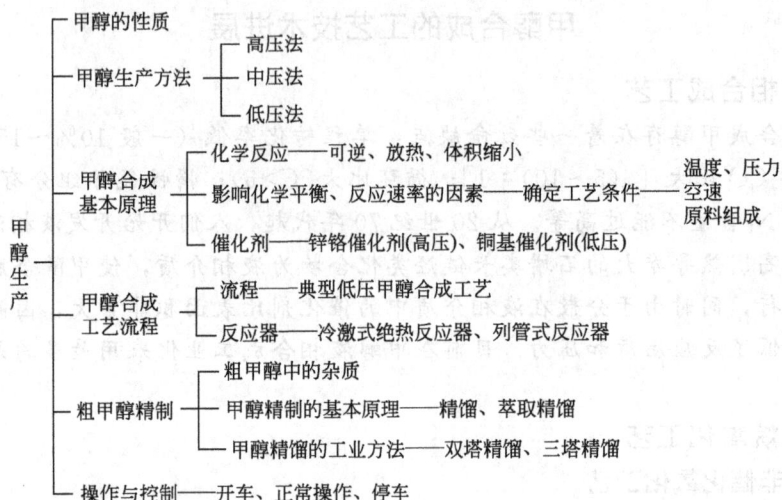

自测题

一、填空

1. 甲醇铜基催化剂的主要成分是_____。

2. 预塔精馏的作用是除去_____中的_____等组分。

3. 粗甲醇精制的三塔流程包括_____、_____和_____塔。其中常压塔釜再沸器的加热介质是_____。

4. 甲醇合成时，在一定的原料气组成情况下，压力_____对生成甲醇的平衡有利。

5. 目前合成甲醇的主要方法是_____。

6. 合成气生产甲醇采用冷激式绝热反应器，侧线打冷物料的目的是调节_____。

7. 合成甲醇反应_____热，温度升高，平衡常数_____，反应速率_____。合成甲醇反应体积_____，压力_____，平衡常数_____。

8. 催化剂使用初期，活性高，反应温度可以适当_____一些；随着反应进行，催化剂活性降低，温度可以升高。

二、选择

1. 在1atm（1atm=101325Pa）下的甲醇沸点为（　　）。

    A. 54.7℃　　　　B. 63.5℃　　　　C. 64.5℃　　　　D. 78.4℃

2. 甲醇合成反应的特点包括以下（　　）。

    A. 体积缩小的反应　　　　　　　B. 放热反应

    C. 可逆反应　　　　　　　　　　D. 气、固相催化反应

    E. 伴有多种副反应发生。

3. 甲醇合成系统正常生产时的操作控制有（　　）。

    A. 气体成分的控制　　　　　　　B. 合成系统压力的控制

    C. 催化剂床层温度的控制　　　　D. 汽包液位控制

    E. 循环量的控制

4. 从（　　）指标可以判断合成甲醇催化剂活性下降。

    A. 甲醇副产物增多　　　　　　　B. 甲醇产量增加

    C. 甲醇转化率下降　　　　　　　D. 汽包产汽明显减少

5. 甲醇的用途有多种，分别是（　　）。

    A. 制甲醛　　　B. 制MTBE　　　C. 作燃料　　　　D. 作饮品

6. 可以作为合成气生产甲醇反应器的是（　　）。

    A. 列管式固定床　　　　　　　　B. 冷激式绝热反应器

    C. 鼓泡塔　　　　　　　　　　　D. 反应釜

7. 低压法甲醇合成催化剂中CuO的属于（　　）。

    A. 载体　　　B. 活性组分　　　C. 助催化剂　　　　D. 吸收剂

三、简答

1. 合成甲醇的原料气中含有少量的CO_2对合成甲醇的有利影响表现在哪里？CO_2的存在对合反应的不利影响是什么？

2. 甲醇合成工段的主要任务是什么？

3. 甲醇合成氢气过量的优点有哪些？

4. 甲醇有哪些用途？举例说明。

5. 简述工业甲醇生产方法。

6. 简述高压法、中压法、低压法三种方法及区别。

7. 试分析影响甲醇合成的因素有哪些？

8. 试比较双塔、三塔、四塔甲醇精馏工艺优点和缺点。

9. 绘制甲醇精制的三塔分离流程。

第六章

二甲醚生产

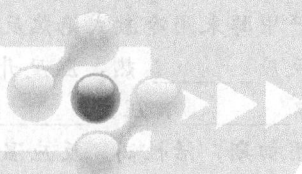

教学目的及要求

了解二甲醚的性质、用途和二甲醚合成方法，掌握二甲醚合成的基本原理及工艺参数条件分析方法，催化剂的组成和使用条件；掌握二甲醚合成生产工艺流程及二甲醚合成塔的结构、特点。

能够识读二甲醚生产的工艺流程图，能根据生产原理进行生产条件的确定和工业生产的组织；能认真执行工艺规程和岗位操作方法，完成二甲醚装置的开停车及正常操作。

第一节　二甲醚的生产方法

一、二甲醚的性质与用途

（一）二甲醚的性质

二甲醚（DME），又称甲醚，在常温、常压下为无色的有轻微醚香味的气体，无腐蚀性，不刺激皮肤、不致癌、不会对大气臭氧层产生破坏作用，极易燃烧，燃烧时火焰略带亮光。临界温度 127℃，临界压力 5.37MPa。熔点−138.5℃。沸点−24.9℃。闪点−41℃。自燃点 235℃。二甲醚蒸气与空气可形成爆炸性混合物，爆炸下限 3.45%～26.7%。长期储存或添加少量助剂后就可形成不稳定过氧化物，易自发爆炸或受热爆炸。

二甲醚具有优良的混溶性，可以同大多数极性和非极性的有机溶剂混溶，例如汽油、四氯化碳、丙酮、氯苯和乙酸乙酯。较易溶于丁醇，对多醇类的溶解度不佳。

二甲醚毒性很低，气体有刺激及麻醉作用的特性，通过吸入或皮肤吸收过量的二甲醚，会引起麻醉和呼吸器官损伤。

二甲醚是最简单的脂肪醚，结构式为 CH_3OCH_3，二甲醚含有甲基和甲氧基基团，在一定条件下，可发生化学反应，利用这些性质，可制取一系列高附加值的精细化工产品。

（二）二甲醚的用途

二甲醚作为一种新兴的基本化工原料，用途广泛，可作为许多化工产品的中间体，此外，作为"21世纪的洁净燃料"，它在现代化工生产中有着十分重要的地位。主要用途可以分为以下几类。

1. 民用燃料

二甲醚在室温下可以液化，其性能与液化石油气（LPG）类似。DME燃烧充分、不积碳，CO、HC与NO_x排放量很低。尾气完全符合国家卫生标准，此外储罐中不留残液，是一种理想的民用清洁燃料。DME还可以一定比例掺入到城市煤气或天然气中，并可改善煤气质量，提高热值。

二甲醚作民用液体燃料具有以下优点：

① 二甲醚的燃烧热为31450kJ/kg，比甲醇高约40%；

② 二甲醚液化气在室温下可以压缩成液体，其压力符合现有的液化石油气要求，可用现有的LPG气罐盛装；

③ 使用方便，与LPG灶具基本通用，随用随开；

④ DME组成稳定无残液，可完全使用，确保用户利益；

⑤ 燃烧性能良好，燃烧废气无毒，增大了作为液体燃料使用的安全性，是优质的民用液体燃料。

2. 车用燃料

二甲醚十六烷值高达55～60，燃烧值为$6468kJ/m^3$，可以直接作为柴油发动机燃料，尾气无需催化转化处理，即能满足汽车尾气超低排放标准，进一步降低了氮氧化物的排放，实现无烟燃烧，并可降低噪声，对改善城市环境具有重要意义。虽然目前二甲醚的市场价格比柴油高，但其成本和污染均低于近年来人们一直开发的液体丙烷和压缩天然气等新型低污染燃料。因此，二甲醚作为未来汽车燃料的前景十分看好。

有研究提出，在二甲醚和甲醇大约以4∶1比例和少量的水混合时可制得醇醚燃料。当其作为柴油发动机燃料时，发动机功率基本维持不变，但尾气中的HC（碳氢化合物）减少了将近50%，对解决碳氢化合物污染具有很大的意义。

除此以外，二甲醚还可作为航空煤油添加剂以及燃料电池、火力发电厂等的燃料油气替代品。

3. 氯氟烃的替代品

(1) 气雾剂 在以往的气雾剂生产中通常采用氟氯的卤代烃。由于氯氟烃产品严重危害大气臭氧层。发达国家已在1995年全面禁止使用这种产品。中国也从1998年起禁止使用氯氟烃（医疗用品除外）作气雾剂。目前世界上的替代氟氯烃（氟利昂）的气雾剂主要有：

① 丙烷、丁烷、戊烷和LPG等烃类物质；

② 二甲醚、乙醚等醚类；

③ HClFC（氢氯氟碳）、HFC（氢氟碳）；

④ CO_2，N_2，N_2O等压缩气体。

DME在气雾剂工业中以其良好的性能，逐步替代其他气雾剂，成为第四代喷雾剂的主体。

(2) 制冷剂 由于二甲醚的沸点较低，汽化热大，汽化效果好，冷凝和蒸发特性接近氟氯烷烃，而且低污染，国外许多国家都进行了以二甲醚作为制冷剂的新工艺研究。例如，用二甲醚和氟利昂混合制成特种制冷剂，结果表明：随着二甲醚含量的增加，制冷能力增加，能耗降低。

(3) 发泡剂 二甲醚作为发泡剂能使泡沫塑料等产品孔洞更为均匀，柔韧性、耐压性增加。

4. 作为化工原料

二甲醚是一种重要的化工原料，可用来合成许多种化工产品或参与许多化工产品的合成。如用二甲醚甲基化反应生产硫酸二甲酯，与氨生产甲胺混合物；二甲醚与一氧化碳发生羰基化反应生产乙酸甲酯、乙酐、乙酸；二甲醚脱水生产低级烯烃；不完全氧化生产甲醛等。也可用为甲基化试剂用于制药、农药与染料，同时二甲醚也可作为偶联剂合成有机硅化合物。

二、二甲醚的生产方法

目前已经开发的二甲醚的合成方法有两种：一种是两步法，即由合成气先制得甲醇，再由甲醇脱水来制取；另一种是一步法，由合成气直接来合成。

1. 甲醇脱水法——两步法

根据参与反应时甲醇的状态，两步法又可分为液相法和气相法。

（1）液相法　液相法也称为硫酸法，是将浓硫酸与甲醇混合，在低于100℃时发生脱水反应而制得二甲醚。此工艺过程具有反应温度低、甲醇转化率高（＞80％）、二甲醚选择性好（＞99％）等优点，但该方法由于使用腐蚀性大的硫酸，残液和废水对环境的污染大，国外已基本淘汰，而国内仍有少数厂家用此法生产。

（2）气相法　气相法是在固体酸作催化剂的固定床反应器内，使甲醇蒸气脱水而制得二甲醚。此工艺的优点是工艺较为成熟，操作比较简单，能获得高纯度的二甲醚（最高可达99.99％），是目前工业化生产应用最广泛的一种方法。缺点是生产的成本比较高，受甲醇市场波动的影响比较大。因此，研究者已把更多的注意力集中到从合成气出发一步合成二甲醚的新技术路线上来了。

2. 合成气一步法

与甲醇气相转化法相比，一步法具有流程短、转化率高、投资少、能耗低等特点。合成气一步法以合成气（$CO+H_2$）为原料，在反应器内同时完成甲醇合成反应和甲醇脱水反应，生产二甲醚。

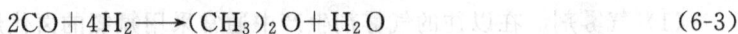

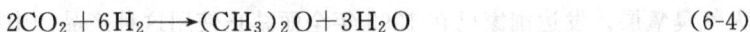

$$CO+2H_2 \longrightarrow CH_3OH \tag{6-1}$$

$$CO_2+3H_2 \longrightarrow CH_3OH+H_2O \tag{6-2}$$

$$2CO+4H_2 \longrightarrow (CH_3)_2O+H_2O \tag{6-3}$$

$$2CO_2+6H_2 \longrightarrow (CH_3)_2O+3H_2O \tag{6-4}$$

$$2CH_3OH \longrightarrow (CH_3)_2O+H_2O \tag{6-5}$$

$$CO+H_2O \longrightarrow CO_2+H_2 \tag{6-6}$$

由于合成气合成二甲醚的反应存在协同效应，使得生成的甲醇很快脱水转化成二甲醚。该反应增大了反应推动力，使得CO的转化率较单纯合成甲醇时有显著提高。

一步法合成二甲醚包括以下几项关键技术：合成气制备，二甲醚合成，反应气冷凝循环，DME精馏等。其中，合成气制备技术广泛应用于合成氨和甲醇工业，反应气冷凝技术和精馏技术在其他化工领域经常用到，而二甲醚合成技术则属于生产二甲醚的专有关键技术，该技术的成熟度决定了一步法合成二甲醚技术的实现。

世界上较早研究一步法合成二甲醚的有丹麦托普索公司、日本NKK公司、美国APC公司等，其中托普索公司采用气固相固定床反应器一步法合成二甲醚，APC公司和NKK公司都是采用三相浆态床合成二甲醚的。目前，这些公司都已经完成中试装置，正积极筹建工业化示范装置。

我国从20世纪80年代开始研究一步法制二甲醚，经过约30年的努力，在双功能催化剂的制备、热力学研究、动力学研究、合成反应器的研究等诸多方面取得了很大的进展，在湖北田力建造了我国第一套1500t/a的一步法制二甲醚工业化示范装置。

在现有的二甲醚生产方法中，合成气一步法工业化技术尚未成熟。甲醇液相法投资高、电耗高、生产成本高，而且反应器放大难度大，大装置反应器需多套并联。而先进的气相脱水法投资低、能耗低、产品质量好，而且反应器催化剂装填容量大，易于大型化，是目前最理想的二甲醚生产方法。

第二节 二甲醚合成的工艺条件

一、二甲醚生产的基本原理

主反应为：

$$2CH_3OH \Longrightarrow CH_3OCH_3 + H_2O \tag{6-7}$$

此反应为可逆、放热、等体积的反应。随着反应温度的提高，反应的平衡常数减小，甲醇平衡转化率降低。

在反应条件下，还伴随着一系列副反应：

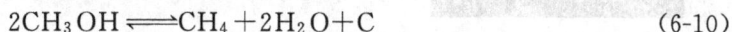

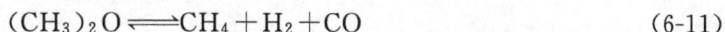

$$CH_3OH \Longrightarrow CO + 2H_2 \tag{6-8}$$
$$2CH_3OH \Longrightarrow C_2H_4 + 2H_2O \tag{6-9}$$
$$2CH_3OH \Longrightarrow CH_4 + 2H_2O + C \tag{6-10}$$
$$(CH_3)_2O \Longrightarrow CH_4 + H_2 + CO \tag{6-11}$$
$$CO + H_2O \longrightarrow CO_2 + H_2 \tag{6-12}$$

这些反应的发生，导致甲醇的转化率及选择性降低，反应后的产物中出现不凝性气体。

二、二甲醚生产的催化剂

甲醇脱水制二甲醚使用的催化剂，实质上都是酸性催化剂，气相法脱水使用固体酸，而液相法脱水使用液体酸。下面对甲醇气相脱水反应所用的固体酸催化剂做一简要介绍。

1. 固体酸的种类

固体酸指能使碱性指示剂改变颜色的固体，或者是能化学吸附碱性物质的固体。严格地讲，固体酸是指能给出质子（Brϕnsted酸，简称B酸或质子酸）或能够接受孤对电子（Lewis酸，简称L酸）的固体。固体酸的种类繁多，见表6-1。

表 6-1 固体酸的种类

类别	主要物质
天然矿物	高岭土、膨润土、山软木土、蒙脱土、沸石等
负载酸	硫酸、磷酸、丙二酸等负载于氧化硅、石英砂、氧化铝或硅藻土上
阳离子树脂	苯乙烯-二乙烯苯共聚物、Nafion-H
氧化物及其混合物	锌、镉、铅、钛、铬、锡、铝、砷、铈、镧、钍、锑、矾、钼、钨等的氧化物及其混合物
盐类	钙、镁、锶、钡、铜、锌、钾、铝、铁、钴、镍等的硫酸盐；锌、铈、铋、铁等的磷酸盐；银、铜、铝、钛等的盐酸盐

2. 甲醇气相脱水固体酸催化剂的主要研究成果

甲醇气相脱水制二甲醚大多采用活性氧化铝、结晶硅酸铝、分子筛等固体酸作为催化剂。从理论上讲，催化剂的酸性越强其活性就越高，但酸性太强易使催化剂结炭和产生副产物，并且迅速失活。如果酸性太弱，就可能导致催化活性低、反应温度与压力高，所以要调配适宜的催化剂酸性才能保证催化剂有高的活性和选择性。

1965 年，美国 Mobil 公司与意大利 ESSO 公司都曾利用结晶硅酸盐催化剂进行气相脱水制备 DME。其中 Mobil 公司使用了含硅酸铝比较高的 ZSM-5 型分子筛，而 ESSO 公司则使用了 0.5～1.5nm 的含金属的硅酸铝催化剂，其甲醇转化率为 70%，DME 选择性＞90%。1981 年，Mobil 公司利用 HZSM-5 使甲醇脱水制备二甲醚，在常压、200℃左右即可获得 80% 甲醇转化率和大于 98% DME 的选择性。

我国西南化工研究院也进行了甲醇脱水制二甲醚的研究，考察了 13X 分子筛、氧化铝及 ZSM-5 催化剂的性能。近些年来，对沸石催化剂的研究也有很多。研究的结果表明：在反应压力 1.0MPa 下，β 型沸石、Y 型沸石、ZSM-5 型沸石对甲醇脱水生成二甲醚反应的催化活性均优于 γ-Al_2O_3，其活性大小顺序为 ZSM-5 型沸石＞β 型沸石＞Y 型沸石＞γ-Al_2O_3。

催化剂的催化性能是甲醇脱水合成二甲醚的关键所在，对于活性高、寿命更长、能适应于大规模二甲醚生产的催化剂，仍在不断地研究和开发中。

第三节 二甲醚合成的工艺流程

一、工艺流程

甲醇气相脱水制二甲醚生产工艺可分为反应、精馏和汽提三个工段。反应工段主要完成甲醇的预热、汽化、甲醇脱水反应及粗二甲醚的收集；精馏工段主要实现了反应工段制得的粗二甲醚的分离，得到产品二甲醚；汽提工段主要实现了未反应的甲醇的回收。

下面以某厂二甲醚生产的工艺为例，详细说明其生产的过程，其流程见图 6-1。

原料甲醇来自甲醇合成工序粗甲醇中间罐区，经甲醇进料泵 2 加压至 0.8MPa，经甲醇预热器 3 预热至 120℃后，进入甲醇汽化塔 4 进行汽化。从甲醇汽化塔 4 顶部出来的汽化甲醇，经气气换热器 5 换热后，分两股进入反应器 6。第一股经过热后，在 260℃时，从顶部进入反应器；第二股稍过热的甲醇，温度为 150℃，作为冷激气经计量，从第二段催化剂床层的上部进入反应器 6。

从反应器 6 出来的反应气体，温度约为 360℃，经气气换热器 5、精馏塔第一再沸器 7、甲醇预热器 3、粗二甲醚预热器 8 和粗二甲醚冷凝器 9 降温至 40～60℃冷凝后，进入粗二甲醚储罐 10 进行气液分离。液相为二甲醚、甲醇和水的混合物；气相为 H_2、CO、CH_4、CO_2 等不凝性气体和饱和的甲醇、二甲醚蒸气。

从粗二甲醚储罐 10 出来的不凝性气体，经气体冷却器 11 冷却后，进入洗涤塔 12。在洗涤塔 12 中，不凝气体中的二甲醚、甲醇被来自精馏塔釜液储罐 13 的甲醇水溶液吸收，吸收后的尾气经减压后，送燃料管网。

从粗二甲醚储罐 10 出来的二甲醚、甲醇和水的混合物，用精馏塔进料泵 14 加压并计量，经过粗二甲醚预热器 8 加热至 80℃左右后，进入精馏塔 15。塔顶蒸气经精馏塔冷凝器 16 冷凝后，收集在精馏塔二甲醚回流储罐 17 中。冷凝液用二甲醚回流泵 18 加压后，一部分作为精馏塔回流液回流，另一部分作为产品送产品罐区。

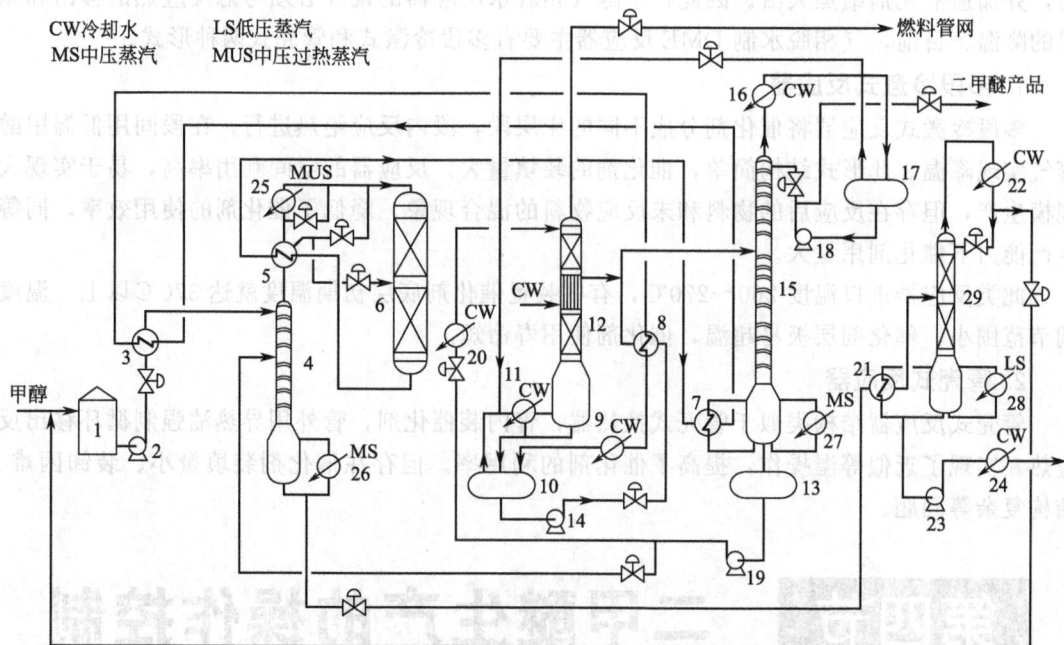

图 6-1 二甲醚生产工艺流程

1—原料储槽；2—甲醇进料泵；3—甲醇预热器；4—甲醇汽化塔；5—气气换热器；6—反应器；7—精馏塔第一再沸器；
8—粗二甲醚预热器；9—粗二甲醚冷凝器；10—粗二甲醚储罐；11—气体冷却器；12—洗涤塔；13—精馏塔釜液储罐；
14—精馏塔进料泵；15—精馏塔；16—精馏塔冷凝器；17—二甲醚回流储罐；18—二甲醚回流泵；19—釜液输送泵；
20—洗涤液冷却器；21—汽提塔第一再沸器；22—汽提塔冷凝器；23—废水输送泵；24—废水冷却器；25—开工
加热器；26—汽化塔再沸器；27—精馏塔第二再沸器；28—汽提塔第二再沸器；29—汽提塔

从精馏塔 15 溢流出来的水-甲醇釜液，先进入精馏塔釜液储罐 13，经釜液输送泵 19 增压，其中一小部分经洗涤液冷却器 20 冷却后，送洗涤塔 12 作洗涤液使用，其余大部分送入汽化塔 4 中段，其中的甲醇经回收后作为原料去反应器。

汽化塔 4 塔釜的含少量甲醇的废水，经汽提塔第一再沸器 21 换热后，送入汽提塔 29 中部蒸馏。塔顶蒸气经汽提塔冷凝器 22 冷凝后，大部分作为汽提塔回流液返回汽提塔，少量采出添加至甲醇原料中，汽提塔塔釜得到的工艺废水，经废水输送泵 23 加压，再经废水冷却器 24 冷却后，送出界外。

装置开工时，甲醇蒸气经开工加热器 25 加热后，送入反应器加热催化剂床层。反应器出口的冷凝甲醇液，送界外粗甲醇储罐。

开工加热器 25 采用 3.8MPa 过热中压蒸汽加热，汽化塔再沸器 26、精馏塔第二再沸器 27 采用 2.5MPa 中压蒸汽加热，汽提塔第二再沸器 28 采用 0.5MPa 低压蒸汽加热。粗二甲醚冷凝器 9、精馏塔冷凝器 16、气体冷却器 11、废水冷却器 24、汽提塔冷凝器 22 和洗涤液冷却器 20 均用冷却水冷凝、冷却。

二、二甲醚合成反应器

甲醇脱水制 DME 是放热反应，降低催化剂床层温升、保持催化剂下层较低温度，可提高甲醇脱水平衡转化率和反应器出口 DME 浓度，并有利于延长催化剂使用寿命。催化剂使用温度过高，不仅甲醇转化率低、催化剂时空产率低，而且还使副反应增加、原料甲醇消耗高，并加速催化剂结焦失活。因此，甲醇气相脱水反应器的设计必须考虑反应热的移出和床层的降温。目前，气相脱水制 DME 反应器主要有多段冷激式和管壳式两种形式。

1. 多段冷激式反应器

多段冷激式反应器将催化剂分成不同的床层段，段内反应绝热进行，在段间用低温甲醇蒸气实现降温。此形式结构简单，催化剂的装填量大，反应器的空间利用率高，易于实现大规模生产，但存在反应后的物料和未反应物料的混合现象，降低了催化剂的使用效率，同等生产能力下催化剂用量大。

此类反应器进口温度 260～270℃，有些装置催化剂底层初期温度就达 370℃以上，温度调节范围小，催化剂层极易超温，催化剂使用寿命短。

2. 管壳式反应器

管壳式反应器结构类似于管壳式换热器，管内装催化剂，管外用导热油强制循环移出反应热，实现了近似等温操作，提高了催化剂的利用率。但存在催化剂装填量小、装卸困难、结构复杂等问题。

第四节　二甲醚生产的操作控制

一、开车准备

① 检查工具和防护用品是否齐备完好。

② 检查动力设备，对润滑点按规定加油，并盘车数圈。

③ 检查各测量、控制仪表是否灵敏、准确完好，打开仪表电源、气源开关。

④ 检查甲醇供应与冷却水供应情况。

⑤ 检查甲醇汽化系统、反应系统、热回收系统、二甲醚精馏等所有阀门开闭的灵活性，然后关闭所有阀门。

⑥ 确认管道、设备内已清洗干净并已吹干（用氮气），没有残余水分（特别是甲醚回流罐和产品储罐）。

⑦ 确认产品罐区已做好接收产品的准备。

⑧ 在加热装置之前，再次确认所有预备程序完成，所有临时盲板已拆除，系统置换合格并保持微正压，随时可以接受原料，原料随时可以供给系统，公用工程投用，DCS 和 ESD 已投用。

二、开车程序

开车主要步骤：

① 确认系统已做好开车准备，随时可以投用；

② 调度通知开车；

③ 开车氮气回路加热风机出口温度到 260℃；

④ 开启甲醇蒸发系统；

⑤ 启动废水精馏塔，建立再沸器液位；

⑥ 引入甲醇蒸气进二甲醚反应器，同时减少氮气加入，注意每次加量都要等到床层温

度稳定后；

⑦ 开始增加负荷较慢，达 15%～20% 后引入量加大，在 30%～40% 调整系统操作稳定；

⑧ 二甲醚精馏塔随着反应的进行塔板逐渐开始工作，当停止加入氮气后，系统升压，二甲醚精馏塔逐渐正常操作；

⑨ 操作温度稳定后，启动尾气洗涤塔；

⑩ 增加负荷，同时启动排放气洗涤塔。

三、正常生产操作

反应系统操作包括甲醇汽化、脱水反应、洗涤等三步操作及其辅助设备的操作。反应系统的开车在时间安排上应紧接催化剂预加热、活化之后进行。

(1) 汽化塔开车　打开合成工段的部分阀门，分别是甲醇进料调节阀、旁路阀（打开旁路阀的目的是防止管道里面的铁屑卡住调节阀或流量计）、反应器入/出口阀、粗甲醚储罐气相出口阀、汽化塔安全阀等。根据汽化塔塔釜温度上升情况，调节中压蒸汽流量使釜温上升，当塔顶温度上升到与塔釜温度接近时，甲醇开始被大量汽化进入气体换热器。

开工加热器用中压过热蒸汽加热。开工加热器出来的甲醇蒸气进入反应器。当向反应器提供甲醇蒸气后，逐渐加大甲醇进料量至规定值，并调节出塔蒸气温度。当全系统各指标参数达到规定值，全塔实现稳定自动操作。

(2) 反应器开车　反应器开车在汽化塔开车并可以向反应器内供应甲醇蒸气之后。由于通过的甲醇蒸气不断带来热量，反应器中催化剂床层温度逐渐升高。当温度升高至反应温度时，物料开始反应。当反应器各段温度、流量都达到规定值后，反应器操作正常，此时调节装置可由手动状态切换到自动控制。

(3) 洗涤塔的操作　在精馏塔未开车前，洗涤塔只能起冷却放空气的作用，其洗涤的操作必须在精馏系统开车之后进行。

(4) 精馏塔冷凝器开关　开启精馏塔冷凝器排不凝气后关闭，当粗甲醚储罐液位有40% 左右时，打开粗甲醚储罐的出口阀、精馏塔进料泵的进口阀，待泵运行正常后关闭泵旁路阀。

粗甲醚经甲醚预热器预热后进入精馏塔，当塔釜液面上升到 20% 左右时，打开精馏塔再沸器中压蒸汽调节阀，使釜温上升，当塔顶温度到操作压力下二甲醚的沸点温度时，对塔顶产品取样分析，根据分析结果作进一步调整，直到甲醚回流液取样分析合格为止，维持稳定状态再全回流约 20min。根据回流罐液位调节产品采出量。全塔操作稳定，产品组成合格后，将进料量、采出量、塔底不凝性气体排放量、加热蒸汽量等调节装置逐步切换成自动控制。

四、停车程序概述

停车根据情况可分为正常停车、紧急停车和临时停车。

（一）正常停车

1. 停车准备

① 装置负荷逐渐减少到 40%，二甲醚反应器入口温度维持在 280℃，二甲醚再沸器的负荷维持在正常负荷下。

② 二甲醚精馏部分控制改为手动控制，使尾气洗涤塔不凝气。

③ 停止二甲醚反应器的甲醇输入，停止二甲醚产品采出。

④ 废水精馏部分继续进行。没有物流经过废水塔再沸器的壳程，加入直接蒸汽维持废水精馏塔热源。

2. 二甲醚反应器的降压

打开甲醇蒸发器导淋排放闸阀排放液体，关闭进料/出料换热器下游手动闸阀，打开排放闸阀，隔离二甲醚反应器部分。

二甲醚反应器中的催化剂不能接触液相甲醇，因此特别注意反应器中的温度高于甲醇的露点。如果长期停车或需要进入设备中，系统必须减压和置换，反应器与进料/出料换热器之间的管道可能有液相出现，剩余的液体应在低点导淋排到收集槽。排尽后，引氮气置换进料/出料换热器上游的工艺管道，置换合格后，系统保持为正压。

如果要进入反应器，可以用氮气来进行冷却反应器。当二甲醚反应器出口温度在 300℃下，4～6h 后，二甲醚反应器全走旁路。二甲醚反应器将在 4～6h 内冷却到约 60℃。然后二甲醚反应器降压和用空气置换，分析氧含量合格后可进入反应器。

(1) 催化剂卸载　卸载二甲醚反应器催化剂的人员应戴防尘面具。二甲醚反应器中的催化剂穿过底部手孔倾斜到钢桶内。用底部手孔盖子的一颗螺钉控制催化剂流量。移出大多数后，反应器中剩余的催化剂用传统方式从反应器内部取出（即用铁铲穿过同样底部手孔来松动催化剂）。当催化剂已卸载，反应器要进行彻底清扫。

(2) 维持二甲醚反应器空转　如果二甲醚精馏塔或废水精馏塔需要短时间维修，维持二甲醚反应部分的温度。可以通过建立 10% 的负荷来维持反应器。

3. 甲醇蒸发部分的停车

① 当甲醇供应到二甲醚反应器和溶剂泵已停止，部分包含液体粗甲醇的温度在大气沸点温度以上。甲醇排到废水塔的塔釜，甲醇蒸气在回收系统被冷凝。

② 剩余液体从低点导淋排到分离器。当排放已完成，通过火炬放空管将系统残余气体排向火炬，用氮气置换所有可燃成分。

③ 系统降压的优点是维持系统热态，使最终用氮气置换容易进行，因低压更容易使残留的甲醇蒸发。

4. 二甲醚精馏塔和热回收部分的停车

① 如果是短期停车和不要求进入内部，这部分在全循环状态下保持运行。

② 假定二甲醚再沸器仍然在高负荷下运转，二甲醚回流槽能通过正常的产物采出，允许所有液体返回到二甲醚塔。当二甲醚回流槽排空，按要求停二甲醚回流泵。没有液体返回到排出塔盘以下的塔盘，再沸器的运转将因为没有从塔来的液体返回而停止。

③ 产品采出以下塔盘上的物质流到塔釜。二甲醚再沸器壳侧液体也到二甲醚精馏塔的塔釜，通入蒸汽使二甲醚蒸发。

④ 当塔釜液已排空，应从所有低点导淋排到密闭排放系统，用氮气/蒸汽置换二甲醚。如果需要进入塔内部，需用空气置换氮气/蒸汽并分析合格。

5. 废水部分停车

① 当废水部分停车，从二甲醚精馏塔来的底部产物中甲醇浓度高于正常指标，输送到地下槽。上游部分停车期间，这部分将在全回流运转，由蒸汽维持热量。二甲醚精馏塔部分应停止，废水部分应处理塔釜液。

② 二甲醚精馏塔塔釜液以适当的速率输送到废水精馏塔。二甲醚精馏塔的压力可通过

蒸汽或氮气来维持。若二甲醚没有完全从精馏塔移出，可通入蒸汽分离；若二甲醚过量，废水精馏塔的压力将增加，一般不能超过 0.02MPa。如果压力进一步增加，需减少塔釜液的流量。

③ 在这期间，不能回收产品返回到工艺装置的前端。塔顶回流槽经过回流泵回流到二甲醚精馏塔。顶部产品也输送到精馏塔塔釜，从这里将产品输送到地下槽。

④ 废水部分装置管道能从所有低点导淋排到地下槽，并用氮气置换，必要时还需空气置换。

（二）紧急停车

凡属下列情况之一应采取紧急停车操作：停电；停循环冷却水；蒸汽系统因故不能供应加热蒸汽；设备管道法兰严重漏气，无法处理。

在出现上述情况时，需要进行紧急停车处理。通知调度，首先要保证整个系统压力不超过设计压力，如果系统压力过高应卸压。在确保不超压的情况下，进行以下操作：

① 关闭甲醇蒸发器加热蒸汽进口阀，停止向蒸发器供热；

② 关闭粗甲醇进料阀，停止向反应系统提供原料；

③ 关闭二甲醚产品采出阀；

④ 关闭蒸汽调节阀；

⑤ 全开旁路阀，停进料泵，关闭进料泵电源，再关旁路阀；

⑥ 关闭二甲醚精馏塔低压蒸汽进口阀；

⑦ 关闭甲醇采出阀及其前后阀；

⑧ 关闭相关阀门，完成紧急停车操作。

根据停车原因，由调度确定下步采取的处理方法。在排除造成停车的故障后，可按正常开车操作程序恢复生产操作。

阅读资料

合成气一步法生产二甲醚工艺

典型的合成气直接合成（一步法）生产 DME 的工艺流程如图 6-2 所示。含硫量小于 $1×10^{-8}$（摩尔分数）的合成气经压缩机升压后，由油水分离器进入催化反应器，在压力 2~4MPa、温度 230~300℃ 条件下进行反应，反应产物进入水洗塔。其中二甲醚被水吸收，部分不溶于水的组分得以分离，水及溶解的二甲醚再进入精馏塔，在 120~140℃、0.5~0.6MPa 条件下进行产品分离，二甲醚在塔顶经冷却分离产出。

合成气直接生产二甲醚的关键是催化系统，该系统分为二相法和三相法。二相法又称气相法，合成气在固体催化剂表面进行反应。气相法当使用小于 50% 的贫氢合成气为原料时，则催化剂表面会很快结炭而失活，因而只能在低转化率情况下操作，并且使用富氢合成气（H_2/CO 比大于 2）为原料。

三相法又称液相法，CO、H_2 和二甲醚为气相、惰性溶剂为液相、悬浮在溶剂中的催化剂为固相。合成气扩散到悬浮于惰性溶剂的催化剂表面进行反应。由于 H_2 在溶剂中的溶解度大于 CO 的溶解度，因而液相法可使用贫氢合成气为原料。

液相法合成二甲醚工艺是在液相合成甲醇工艺基础上发展起来的。液相法合成二甲醚实际上是应用的甲醇合成和甲醇脱水的双功能催化剂。选用的催化剂是甲醇合成催化剂和甲醇脱水催化剂的机械混合物，即铜系催化剂（$CuO\text{-}ZnO\text{-}Al_2O_3$）和 $\gamma\text{-}Al_2O_3$。

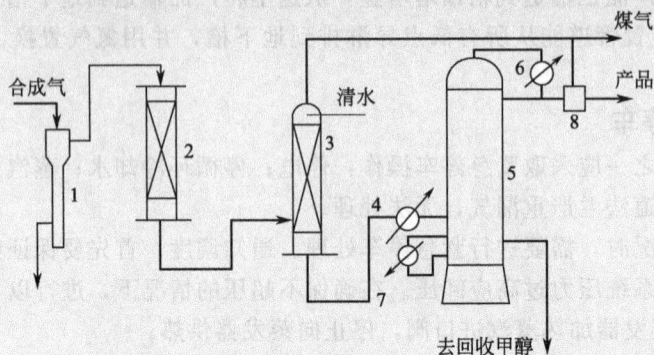

图 6-2　合成气一步法生产 DME 工艺流程

1—油水分离器；2—催化反应器；3—吸收塔；4—热交换器；
5—精馏塔；6—冷凝器；7—再沸器；8—分离器

液相法合成二甲醚所用反应器主要有四种形式：机械搅拌釜式反应器、鼓泡塔式淤浆床反应器、浆液循环鼓泡式反应器和三相流化床反应器。四种反应器各有特色，但是一般用机械搅拌釜式反应器较多。因为这种机械搅拌浆态反应器内的催化剂可借机械搅拌作用悬浮在溶剂中，所以传热、传质效率高，催化剂分布均匀。不足之处是催化剂容易结团，搅拌操作有可能带走催化剂和需要消耗动力。

本章小结

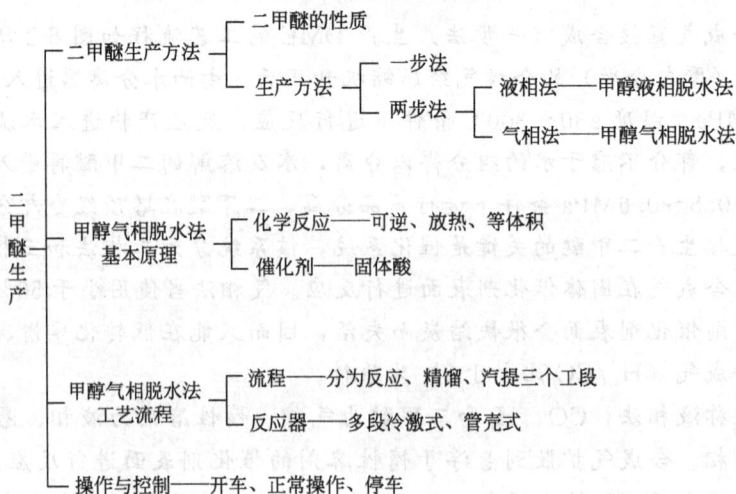

参 考 文 献

[1] 贺永德.现代煤化工技术手册.北京:化学工业出版社,2005.

[2] 郭树才,胡浩权.煤化工工艺学.第3版.北京:化学工业出版社,2013.

[3] 许祥静.煤气化生产技术.第2版.北京:化学工业出版社,2012.

[4] 李赞忠,乌云.煤液化生产技术.北京:化学工业出版社,2012.

[5] 向英温,等.煤的综合利用基本知识问答.北京:冶金工业出版社,2002.

[6] 韩景城.二甲醚作为石油替代品的竞争力分析.中外能源,2007(2):12-22.

[7] 白尔铮,胡云光,等.C_1化工技术的研究进展.石油化工,2005(34):304-306.

[8] 付长亮,张爱民.现代煤化工生产技术.北京:化学工业出版社,2011.

[9] 应卫勇,曹发海,房鼎业.碳一化工主要产品生产技术.北京:化学工业出版社,2004.

[10] 王湛,周翀.膜分离技术基础.第2版.北京:化学工业出版社,2006.

[11] 李化治.制氧技术.北京:冶金工业出版社,2006.

[12] 张柏钦.环境工程原理.第2版.北京:化学工业出版社,2012.

[13] 于遵宏,王辅臣,等.煤炭气化技术.北京:化学工业出版社,2013.

[14] 梁凤凯.有机化工生产技术与操作技能.北京:化学工业出版社,2009.

[15] 刘振河.化工生产技术.北京:化学工业出版社,2006.

[16] 周波.反应过程与技术.第2版.北京:化学工业出版社,2013.

[17] 谢克昌.甲醇及其衍生物.北京:化学工业出版社,2004.

[18] 陈五平.无机化工工艺:上册.北京:化学工业出版社,2002.

[19] 刘小隽.有机化工生产技术.北京:化学工业出版社,2009.

自测题

一、填空

1. 一步法生产二甲醚是以_____为原料，在反应器内同时完成_____反应和_____反应。

2. 两步法生产二甲醚是目前最理想的生产方法，它是先由_____制得_____，再由_____脱水来制取。

3. 吸入过量的二甲醚，会引起_____，失去知觉和_____损伤。

4. 二甲醚十六烷值高，对环境污染小，可以直接作为_____发动机燃料。

5. 二甲醚的_____影响了其作为商业化制冷剂的推广使用。

二、判断

1. 二甲醚是一种清洁燃料，可用于发电。 （ ）

2. 二甲醚为含氧化合物，燃烧后生成的碳烟少，对金属无腐蚀性。 （ ）

3. 甲醇脱水生产二甲醚是可逆、吸热反应，温度升高，甲醇转化率提高。 （ ）

4. 甲醇脱水生产二甲醚的催化剂是浓硫酸。 （ ）

5. 甲醇脱水生产二甲醚的工艺可分为反应和精馏两部分。 （ ）

三、简答

1. 简述二甲醚的主要物理性质。

2. 简述二甲醚的主要用途。

3. 简述二甲醚生产的主要方法和特点。

4. 甲醇气相脱水制二甲醚的生产过程中会发生哪些反应？如何提高二甲醚的转化率？

5. 简述甲醇气相脱水制二甲醚生产过程主要包括哪些部分，各部分的作用是什么？

6. 简述甲醇气相脱水制二甲醚反应器的主要类型及特点。

7. 简述甲醇气相脱水制二甲醚反应系统开车的主要步骤。

8. 简述汽化塔塔釜液位持续上升的原因。

9. 简述反应器温度波动的原因。

10. 简述反应系统压力过高的原因。